露天煤矿其他从业人员安全技术培训教材

运 输 作 业

国家电投集团内蒙古能源有限公司 编

应急管理出版社
· 北 京 ·

图书在版编目（CIP）数据

运输作业／国家电投集团内蒙古能源有限公司编．--北京：应急管理出版社，2024

露天煤矿其他从业人员安全技术培训教材

ISBN 978-7-5237-0060-0

Ⅰ.①运… Ⅱ.①国… Ⅲ.①露天煤矿—煤矿运输—安全技术—技术培训—教材 Ⅳ.①TD82

中国国家版本馆 CIP 数据核字(2023)第 224846 号

运输作业（露天煤矿其他从业人员安全技术培训教材）

编　　者　国家电投集团内蒙古能源有限公司
责任编辑　罗秀全
编　　辑　杜　秋　贾　音
责任校对　李新荣
封面设计　安德馨

出版发行　应急管理出版社（北京市朝阳区芍药居 35 号　100029）
电　　话　010-84657898（总编室）　010-84657880（读者服务部）
网　　址　www.cciph.com.cn
印　　刷　海森印刷（天津）有限公司
经　　销　全国新华书店

开　　本　710mm×1000mm 1/16　**印张**　22　**字数**　418 千字
版　　次　2024 年 3 月第 1 版　2024 年 4 月第 2 次印刷
社内编号　20230585　**定价**　68.00 元

编　委　会

前　　言

为深入贯彻落实习近平总书记关于安全生产重要指示批示精神，加强和规范煤矿从业人员安全生产培训工作，提高煤矿从业人员的安全生产意识和防灾自救能力，强化煤矿安全风险管控能力，减少煤矿生产安全事故的发生，特编制本教材。

本教材严格按照《煤矿安全培训规定》《露天煤矿其他从业人员安全技术培训大纲》（内能安监字〔2019〕413 号）要求编写，涵盖煤矿安全生产法律法规、安全技术基础知识、典型事故案例等知识要点，内容准确、案例丰富、实用性强，适用于煤矿其他从业人员安全技能培训，也可供露天煤矿企业学习、参考。

本套教材的出版，将提高露天煤矿其他从业人员整体安全素质，增强安全生产意识和法制观念，从根本上夯实露天煤矿安全生产基础，对露天煤矿安全生产工作起到了积极促进作用。

由于编者水平所限，书中难免有疏漏之处，敬请广大读者批评指正。

编　者

2024 年 3 月

目　　录

通　用　部　分

矿用自卸车运输作业部分

带式输送机运输作业部分

通 用 部 分

第一章　煤矿安全生产方针及法律法规

第一节　煤矿安全生产方针和安全生产理念

我国安全生产的基本方针是“安全第一、预防为主、综合治理”。安全生产方针是对过去经验、教训的规律性总结。它高度概括了当前我国安全生产的核心理念、基本原则和方法及安全管理的综合措施，也是安全生产工作的方向和指针，对于指导安全生产工作有着十分重要的意义。

安全生产工作应当以人为本，坚持人民至上、生命至上，把保护人民生命安全摆在首位，树牢安全发展理念，坚持安全第一、预防为主、综合治理的方针，从源头上防范化解重大安全风险。

安全生产工作实行管行业必须管安全、管业务必须管安全、管生产经营必须管安全，强化和落实生产经营单位主体责任与政府监管责任，建立生产经营单位负责、职工参与、政府监管、行业自律和社会监督的机制。

作为露天煤矿从业人员，必须要认真学习、深刻领会安全生产方针的含义，并在本职工作中自觉地遵守和执行，牢固树立安全生产意识。

一、安全第一

“安全第一”是我国安全生产工作的核心理念，它要求我们在生产经营过程中应始终把安全放在第一位，真正做到“不伤害自己、不伤害他人、不被他人伤害、保护他人不受伤害”，切实保护自身和他人的生命安全与身体健康。

从业人员贯彻执行“安全第一”的方针，必须牢固树立以下四种意识：

（1）“生命至上，安全第一”意识。安全为天，生命至上，安全是首要条件、先决条件，没有安全一切都无从谈起，当安全与生产、安全与效益、安全与进度相冲突时，必须首先保证安全，即生产必须安全，先安全后生产，不安全不能生产。从业人员不仅要珍惜自己的生命，还要珍惜他人的生命，思想上从“要我安全”向“我要安全”转变，真正把安全放在首位，坚决抵制安全生产

“说起来重要、做起来次要、忙起来不要”的行为和现象。

（2）安全生产法律意识。《中华人民共和国安全生产法》规定，生产经营单位的从业人员有依法获得安全生产保障的权利，并应当依法履行安全生产方面的义务。由此可见，安全生产是法定的权利和义务。从业人员违反安全生产相关法律法规，造成重大责任事故，同样需要承担包括刑事责任在内的法律责任。所以，从业人员必须牢固树立安全生产的法律意识，了解安全生产相关法律法规、安全规程及技术标准，严格遵守相关作业规定。

（3）安全生产责任意识。安全生产，人人有责。安全责任是安全生产方针及相关法律法规要求在岗位上的落实和体现。从业人员践行安全生产方针，必须从自身做起，从岗位做起，切实履行安全职责，信守安全承诺，树立“我的安全我负责，他人安全我有责，公司安全我尽责”的责任观念，把安全生产责任落到实处。

（4）安全生产纪律意识。企业为维持正常的生产秩序，会根据安全生产相关法律法规制定劳动纪律和制度，劳动纪律和制度是保障企业安全生产的重要手段。执行制度不力、纪律松弛严重威胁正常生产和从业人员的生命安全，危害极大。从业人员要严格遵守劳动纪律及相关制度，增强劳动纪律观念、养成遵章守纪、规范作业的良好习惯。

二、预防为主

“预防为主”是做好安全生产工作的基本原则和方法，它要求我们要把安全生产的重心前移，防治结合、以防为主，从事故发生的源头入手，防患于未然，杜绝违章，把事故隐患消灭在萌芽状态。

从业人员贯彻“预防为主”的方针，需要做好以下工作：

（1）确立“一切事故皆可预防，皆可避免”的安全观念。海因里希安全法则告诉我们：每 1 起严重伤害事故的背后，必有 29 起轻微伤害事故；29 起轻微伤害事故的背后，必有 300 次未遂事件先兆；300 次未遂先兆事件的背后，必有 1000 个事故隐患，即人的不安全行为和物的不安全状态。任何一起事故的发生都是有原因的，并且都有征兆。如果能够从预防着手，把不安全的因素消灭在萌芽状态，消除或者控制事故隐患，就可以有效预防或避免生产安全事故的发生，实现“零事故，零伤亡”。相反，如果对潜在事故隐患毫无觉察，对轻微事故熟视无睹、麻木不仁，必将导致无法挽回的重大伤害或损失，甚至付出生命的代价。

（2）掌握风险预知预控的方法。风险预知是指预先知道生产或作业过程中的危险性或存在的安全风险，进而采取措施，控制危险，保障安全。从业人员落实“预防为主”的方针，就要在作业前对所开展的作业项目、任务、可能会发生的风险、可能引发的事故类型、可能会造成的伤害等情况仔细预想，列出防范对策和措施，并加以落实，防患于未然，以此来提高知险、识险、排险能力和自我保护能力。

（3）认真做好日常的隐患排查治理工作。“预防为主”的方针落实到工作上便是日常的隐患排查治理。从业人员应当按照企业的规定和要求，在班前、班中和班后对作业环境、生产工艺过程、设备运行状况、安全装置、个人劳动防护用品等进行日常检查，发现问题和隐患，积极进行自主改善，或及时上报、处理。

三、综合治理

“综合治理”是安全管理工作的重要措施。从安全监管层面来讲，“综合治理”是指综合运用经济、法律、行政等手段，人管、法治、技防等防范手段多管齐下，并充分发挥社会、从业人员、舆论的监督作用，实现安全生产的齐抓共管；从企业层面来讲，则指充分调动各部门、各级人员，采取多种措施和方法，群策群力，群防群控，共同抓好安全生产工作。

对于从业人员而言，则需要做好以下几点：

（1）服从并积极配合企业开展安全管理。安全生产，人人有责，从业人员应遵守安全管理相关制度和规范，按章作业、规范作业、标准化作业，使自己成为“综合治理”的重要环节、防范事故发生的重要屏障。

（2）认真参加安全生产知识教育培训。从业人员要经常接受和参加安全生产相关的教育和培训，熟练掌握应知应会的安全知识，提高安全技能，不仅做到“我要安全”，还要做到“我懂安全”。

（3）积极参加各类安全活动。从业人员要积极参加公司、区队、班组组织的各类安全宣传教育活动。在活动中，积极参与，主动学习，从思想上筑牢安全防线，提高安全业务技能、安全综合素质和安全作业的自觉性。

第二节　煤矿安全生产相关法律法规

一、中华人民共和国刑法

2020 年 12 月 26 日，十三届全国人大常委会第二十四次会议表决通过《中华人民共和国刑法修正案（十一）》，自 2021 年 3 月 1 日起施行。

（一）修正重点

一是对应安全生产法，将安全生产法有关新增条款入刑；二是加大安全生产整治力度，将事故前的严重违法行为入刑。

三、中华人民共和国劳动法

《中华人民共和国劳动法》于1994年7月5日第八届全国人民代表大会常务委员会第八次会议通过。根据2018年12月29日第十三届全国人民代表大会常务委员会第七次会议《关于修改〈中华人民共和国劳动法〉等七部法律的决定》第二次修正，该法自2018年12月29日起施行。

（一）立法目的

为了保护劳动者的合法权益，调整劳动关系，建立和维护适应社会主义市场经济的劳动制度，促进经济发展和社会进步。

（二）主要内容

（1）劳动者享有平等就业和选择职业的权利、取得劳动报酬的权利、休息休假的权利、获得劳动安全卫生保护的权利、接受职业技能培训的权利、享受社会保险和福利的权利、提请劳动争议处理的权利以及法律规定的其他劳动权利。

（2）劳动合同是劳动者与用人单位确立劳动关系、明确双方权利和义务的协议。建立劳动关系应当订立劳动合同。

（3）订立和变更劳动合同，应当遵循平等自愿、协商一致的原则，不得违反法律、行政法规的规定。劳动合同依法订立即具有法律约束力，当事人必须履行劳动合同规定的义务。

（4）用人单位必须建立、健全劳动安全卫生制度，严格执行国家劳动安全卫生规程和标准，对劳动者进行劳动安全卫生教育，防止劳动过程中的事故，减少职业危害。

（5）用人单位必须为劳动者提供符合国家规定的劳动安全卫生条件和必要的劳动防护用品，对从事有职业危害作业的劳动者应当定期进行健康检查。

（6）劳动者在劳动过程中必须严格遵守安全操作规程。劳动者对用人单位管理人员违章指挥、强令冒险作业，有权拒绝执行。对危害生命安全和身体健康的行为，有权提出批评、检举和控告。

（7）禁止安排女职工从事矿山井下、国家规定的第四级体力劳动强度的劳动和其他禁忌从事的劳动。

（8）不得安排未成年工从事矿山井下、有毒有害、国家规定的第四级体力劳动强度的劳动和其他禁忌从事的劳动。

（9）下列劳动合同无效：

①违反法律、行政法规的劳动合同；

②采取欺诈、威胁等手段订立的劳动合同。

无效的劳动合同，从订立的时候起，就没有法律约束力。确认劳动合同部分无效的，如果不影响其余部分的效力，其余部分仍然有效。劳动合同的无效，由劳动争议仲裁委员会或者人民法院确认。

（10）劳动合同应当以书面形式订立，并具备以下条款：

①劳动合同期限；

②工作内容；

③劳动保护和劳动条件；

④劳动报酬；

⑤劳动纪律；

⑥劳动合同终止的条件；

⑦违反劳动合同的责任。

劳动合同除前款规定的必备条款外，当事人可以协商约定其他内容。

（11）劳动合同的期限分为有固定期限、无固定期限和以完成一定的工作为期限。

劳动者在同一用人单位连续工作满十年以上，当事人双方同意续延劳动合同的，如果劳动者提出订立无固定期限的劳动合同，应当订立无固定期限的劳动合同。

（12）劳动合同可以约定试用期。试用期最长不得超过六个月。

（13）劳动合同当事人可以在劳动合同中约定保守用人单位商业秘密的有关事项。

（14）劳动合同期满或者当事人约定的劳动合同终止条件出现，劳动合同即行终止。

（15）经劳动合同当事人协商一致，劳动合同可以解除。

（16）劳动者有下列情形之一的，用人单位可以解除劳动合同：

①在试用期间被证明不符合录用条件的；

②严重违反劳动纪律或者用人单位规章制度的；

③严重失职，营私舞弊，对用人单位利益造成重大损害的；

④被依法追究刑事责任的。

（17）有下列情形之一的，用人单位可以解除劳动合同，但是应当提前三十日以书面形式通知劳动者本人：

①劳动者患病或者非因工负伤，医疗期满后，不能从事原工作也不能从事由用人单位另行安排的工作的；

②劳动者不能胜任工作，经过培训或者调整工作岗位，仍不能胜任工作的；

③劳动合同订立时所依据的客观情况发生重大变化，致使原劳动合同无法履行，经当事人协商不能就变更劳动合同达成协议的。

（18）用人单位濒临破产进行法定整顿期间或者生产经营状况发生严重困难，确需裁减人员的，应当提前三十日向工会或者全体职工说明情况，听取工会或者职工的意见，经向劳动行政部门报告后，可以裁减人员。用人单位依据本条规定裁减人员，在六个月内录用人员的，应当优先录用被裁减的人员。

（19）用人单位依据本法第二十四条、第二十六条、第二十七条的规定解除劳动合同的，应当依照国家有关规定给予经济补偿。

（20）劳动者有下列情形之一的，用人单位不得依据本法第二十六条、第二十七条的规定解除劳动合同：

①患职业病或者因工负伤并被确认丧失或者部分丧失劳动能力的；

②患病或者负伤，在规定的医疗期内的；

③女职工在孕期、产期、哺乳期内的；

④法律、行政法规规定的其他情形。

（21）用人单位解除劳动合同，工会认为不适当的，有权提出意见。如果用人单位违反法律、法规或者劳动合同，工会有权要求重新处理；劳动者申请仲裁或者提起诉讼的，工会应当依法给予支持和帮助。

（22）劳动者解除劳动合同，应当提前三十日以书面形式通知用人单位。

（23）有下列情形之一的，劳动者可以随时通知用人单位解除劳动合同：

①在试用期内的；

②用人单位以暴力、威胁或者非法限制人身自由的手段强迫劳动的；

③用人单位未按照劳动合同约定支付劳动报酬或者提供劳动条件的。

（24）企业职工一方与企业可以就劳动报酬、工作时间、休息休假、劳动安全卫生、保险福利等事项，签订集体合同。集体合同草案应当提交职工代表大会或者全体职工讨论通过。集体合同由工会代表职工与企业签订；没有建立工会的企业，由职工推举的代表与企业签订。

（25）集体合同签订后应当报送劳动行政部门；劳动行政部门自收到集体合同文本之日起十五日内未提出异议的，集体合同即行生效。

（26）依法签订的集体合同对企业和企业全体职工具有约束力。职工个人与企业订立的劳动合同中劳动条件和劳动报酬等标准不得低于集体合同的规定。

四、中华人民共和国职业病防治法

《中华人民共和国职业病防治法》于2001年10月27日第九届全国人民代表大会常务委员会第二十四次会议通过。根据2018年12月29日第十三届全国人民代表大会常务委员会第七次会议《关于修改〈中华人民共和国劳动法〉等七部法律的决定》第四次修正，该法自2018年12月29日起施行。

（一）立法目的

为了保护劳动者的合法权益，调整劳动关系，建立和维护适应社会主义市场经济的劳动制度，促进经济发展和社会进步。

（二）主要内容

（1）获得职业卫生教育、培训。

（2）获得职业健康检查、职业病诊疗、康复等职业病防治服务。

（3）了解工作场所产生或者可能产生的职业病危害因素、危害后果和应当采取的职业病防护措施。

（4）要求用人单位提供符合防治职业病要求的职业病防护设施和个人使用的职业病防护用品，改善工作条件。

（5）对违反职业病防治法律、法规以及危及生命健康的行为提出批评、检举和控告。

（6）拒绝违章指挥和强令进行没有职业病防护措施的作业。

（7）参与用人单位职业卫生工作的民主管理，对职业病防治工作提出意见和建议。

五、中华人民共和国矿山安全法

《中华人民共和国矿山安全法》于 1992 年 11 月 7 日第七届全国人民代表大会常务委员会第二十八次会议通过。根据 2009 年 8 月 27 日第十一届全国人民代表大会常务委员会第十次会议《关于修改部分法律的决定》修正，该法自 2009 年 8 月 27 日起施行。

（一）立法目的

为了保障矿山生产安全，防止矿山事故，保护矿山职工人身安全，促进采矿业的发展。

（二）主要内容

（1）矿山企业职工有权对危害安全的行为，提出批评、检举和控告。

（2）矿山企业工会发现企业行政方面违章指挥、强令工人冒险作业或者生产过程中发现明显重大事故隐患和职业危害，有权提出解决的建议；发现危及职工生命安全的情况时，有权向矿山企业行政方面建议组织职工撤离危险现场，矿山企业行政方面必须及时作出处理决定。

（3）矿山企业必须向职工发放保障安全生产所需的劳动防护用品。

（4）矿山企业主管人员违章指挥、强令工人冒险作业，因而发生重大伤亡事故的，依照刑法有关规定追究刑事责任。

六、国务院关于预防煤矿生产安全事故的特别规定

《国务院关于预防煤矿生产安全事故的特别规定》于2005年9月3日以国务院令第446号发布实施，经国务院2013年7月18日修订。该特别规定的制定是为了及时发现并排除煤矿安全生产隐患，落实煤矿安全生产责任，预防煤矿生产安全事故发生，保障职工的生命安全和煤矿安全生产。

（一）立法目的

为了及时发现并排除煤矿安全生产隐患，落实煤矿安全生产责任，预防煤矿生产安全事故发生，保障职工的生命安全和煤矿安全生产。

（二）主要内容

（1）煤矿的防治水、防灭火、防煤尘等安全设备、设施和条件应当符合国家标准、行业标准，并有防范生产安全事故发生的措施和完善的应急处理预案。

（2）煤矿企业应当建立健全安全生产隐患排查、治理和报告制度。煤矿企业应当对本规定第八条第二款所列情形定期组织排查，并将排查情况每季度向县级以上地方人民政府负责煤矿安全生产监督管理的部门、煤矿安全监察机构写出书面报告。报告应当经煤矿企业负责人签字。

（3）煤矿企业应当免费为每位职工发放煤矿职工安全手册。煤矿职工安全手册应当载明职工的权利、义务，煤矿重大安全生产隐患的情形和应急保护措施、方法以及安全生产隐患和违法行为的举报电话、受理部门。煤矿企业没有为每位职工发放符合要求的职工安全手册的，由县级以上地方人民政府负责煤矿安全生产监督管理的部门或者煤矿安全监察机构责令限期改正；逾期未改正的，处5万元以下的罚款。

七、生产安全事故报告和调查处理条例

《生产安全事故报告和调查处理条例》（国务院令第493号）是为了规范生产安全事故的报告和调查处理，落实生产安全事故责任追究制度，防止和减少生产安全事故而制定的，自2007年6月1日起施行。

（一）立法目的

为了规范生产安全事故的报告和调查处理，落实生产安全事故责任追究制度，防止和减少生产安全事故。

（二）主要内容

（1）根据生产安全事故造成的人员伤亡或者直接经济损失，《生产安全事故报告和调查处理条例》将事故分为以下四个等级：

①特别重大事故，是指造成30人以上死亡，或者100人以上重伤（包括急

性工业中毒，下同)，或者 1 亿元以上直接经济损失的事故。

②重大事故，是指造成 10 人以上 30 人以下死亡，或者 50 人以上 100 人以下重伤，或者 5000 万元以上 1 亿元以下直接经济损失的事故。

③较大事故，是指造成 3 人以上 10 人以下死亡，或者 10 人以上 50 人以下重伤，或者 1000 万元以上 5000 万元以下直接经济损失的事故。

④一般事故，是指造成 3 人以下死亡，或者 10 人以下重伤，或者 1000 万元以下直接经济损失的事故。

上述所称的“以上”包括本数，所称的“以下”不包括本数。

(2) 事故报告应当及时、准确、完整，任何单位和个人对事故不得迟报、漏报、谎报或者瞒报。事故发生后，事故现场有关人员应当立即向本单位负责人报告；单位负责人接到报告后，应当于 1 小时内向事故发生地县级以上人民政府安全生产监督管理部门和负有安全生产监督管理职责的有关部门报告。

情况紧急时，事故现场有关人员可以直接向事故发生地县级以上人民政府安全生产监督管理部门和负有安全生产监督管理职责的有关部门报告。

(3) 安全生产监督管理部门和负有安全生产监督管理职责的有关部门逐级上报事故情况，每级上报的时间不得超过 2 小时。

报告事故应当包括下列内容：

①事故发生单位概况；

②事故发生的时间、地点以及事故现场情况；

③事故的简要经过；

④事故已经造成或者可能造成的伤亡人数（包括下落不明的人数）和初步估计的直接经济损失；

⑤已经采取的措施；

⑥其他应当报告的情况。

事故报告后出现新情况的，应当及时补报。自事故发生之日起 30 日内，事故造成的伤亡人数发生变化的，应当及时补报。道路交通事故、火灾事故自发生之日起 7 日内，事故造成的伤亡人数发生变化的，应当及时补报。

(4) 事故发生单位负责人接到事故报告后，应当立即启动事故相应应急预案，或者采取有效措施，组织抢救，防止事故扩大，减少人员伤亡和财产损失。

八、生产安全事故应急条例

《生产安全事故应急条例》经 2018 年 12 月 5 日国务院第 33 次常务会议通过，以国务院令第 708 号公布，自 2019 年 4 月 1 日施行。

（一）立法目的

（二）主要内容

（1）本规定所称煤矿作业场所职业病危害（以下简称职业病危害），是指由粉尘、噪声、热害、有毒有害物质等因素导致煤矿劳动者职业病的危害。

（2）煤矿应当对劳动者进行上岗前、在岗期间的定期职业病危害防治知识培训，督促劳动者遵守职业病防治法律、法规、规章、标准和操作规程，指导劳动者正确使用职业病防护设备和个体防护用品。上岗前培训时间不少于 4 学时，在岗期间的定期培训时间每年不少于 2 学时。

（3）对接触职业病危害的劳动者，煤矿应当按照国家有关规定组织上岗前、在岗期间和离岗时的职业健康检查，并将检查结果书面告知劳动者。职业健康检查费用由煤矿承担。

（4）煤矿应当为劳动者个人建立职业健康监护档案，并按照有关规定的期限妥善保存。职业健康监护档案应当包括劳动者个人基本情况、劳动者职业史和职业病危害接触史，历次职业健康检查结果及处理情况，职业病诊疗等资料。劳动者离开煤矿时，有权索取本人职业健康监护档案复印件，煤矿必须如实、无偿提供，并在所提供的复印件上签章。

十一、煤矿安全培训规定

《煤矿安全培训规定》于 2018 年 1 月 11 日以国家安全生产监督管理总局令第 92 号公布，自 2018 年 3 月 1 日起施行。

（一）立法目的

为了加强和规范煤矿安全培训工作，提高从业人员安全素质，防止和减少伤亡事故。

（二）主要内容

（1）煤矿其他从业人员应当具备初中及以上文化程度。本规定所称煤矿其他从业人员，是指除煤矿主要负责人、安全生产管理人员和特种从业人员以外，从事生产经营活动的其他从业人员，包括煤矿其他负责人、其他管理人员、技术人员和各岗位的工人、使用的被派遣劳动者和临时聘用人员。

（2）煤矿企业应当对其他从业人员进行安全培训，保证其具备必要的安全生产知识、技能和事故应急处理能力，知悉自身在安全生产方面的权利和义务。

（3）煤矿企业应当建立健全从业人员安全培训档案，实行一人一档。煤矿企业从业人员安全培训档案的内容包括：

①学员登记表，包括学员的文化程度、职务、职称、工作经历、技能等级晋升等情况；

②身份证复印件、学历证书复印件；

③历次接受安全培训、考核的情况；

④安全生产违规违章行为记录，以及被追究责任，受到处分、处理的情况；

⑤其他有关情况。

（4）煤矿企业或者具备安全培训条件的机构应当按照培训大纲对其他从业人员进行安全培训。其中，对从事采煤、掘进、机电、运输、通风、防治水等工作的班组长的安全培训，应当由其所在煤矿的上一级煤矿企业组织实施；没有上一级煤矿企业的，由本单位组织实施。煤矿企业其他从业人员的初次安全培训时间不得少于72学时，每年再培训的时间不得少于20学时。煤矿企业或者具备安全培训条件的机构对其他从业人员安全培训合格后，应当颁发安全培训合格证明；未经培训并取得培训合格证明的，不得上岗作业。

十二、生产安全事故应急预案管理办法

《生产安全事故应急预案管理办法》于2016年6月3日以国家安全生产监督管理总局令第88号公布，根据2019年7月11日应急管理部令第2号《应急管理部关于修改〈生产安全事故应急预案理办法〉的决定》修正，该法自2019年9月1日起施行。

（一）立法目的

为规范生产安全事故应急预案管理工作，迅速有效处置生产安全事故。

（二）主要内容

（1）生产经营单位应急预案分为综合应急预案、专项应急预案和现场处置方案。

（2）应急预案的编制应当遵循以人为本、依法依规、符合实际、注重实效的原则，以应急处置为核心，明确应急职责、规范应急程序、细化保障措施。

（3）生产经营单位应当在编制应急预案的基础上，针对工作场所、岗位的特点，编制简明、实用、有效的应急处置卡。

（4）应急处置卡应当规定重点岗位、人员的应急处置程序和措施，以及相关联络人员和联系方式，便于从业人员携带。

十三、煤矿安全规程

2022年1月6日，应急管理部令第8号公布了关于修改《煤矿安全规程》的决定，新修订的《煤矿安全规程》自2022年4月1日起施行。本次共修订18条，涉及第一编总则（第四条、第十条，共2条），第三编井工煤矿第二章开采（第九十五条、第一百一十五条、第一百一十九条，共3条）、第四章煤（岩）与瓦斯（二氧化碳）突出防治（第一百九十条、第一百九十四条、第二百零九

必须实行群众监督。煤矿企业必须支持群众组织的监督活动，发挥群众的监督作用。

从业人员有权参加本单位安全生产工作的民主管理和民主监督，对本单位的安全生产工作提出意见和建议，用人单位应重视和尊重职工的意见和建议，并及时作出答复。

四、参加安全生产教育培训的权利

《煤矿安全规程》第九条规定，煤矿企业必须对从业人员进行安全教育和培训。培训不合格的，不得上岗作业。

用人单位应依法对职工进行安全生产法律法规、规程及相关标准的教育培训，使职工掌握从事岗位工作所必须具备的安全生产知识和技能。用人单位没有依法对职工进行安全生产教育培训的，职工可拒绝上岗作业。

五、获得职业健康防治的权利

对于从事接触职业病危害因素，可能导致职业病的作业的职工，有权获得职业健康检查并了解检查结果。被诊断为患有职业病的职工有依法享受职业病待遇，接受治疗、康复和定期检查的权利。

六、合法拒绝权

《煤矿安全规程》第八条第二款规定，从业人员有权制止违章作业，拒绝违章指挥。

违章指挥是指用人单位的有关管理人员违反安全生产的法律法规和有关安全规程、规章制度的规定，指挥从业人员进行作业的行为；强令冒险作业是指用人单位的有关管理人员，明知开始或继续作业可能会有重大危险，仍然强迫职工进行作业的行为。违章指挥、强令冒险作业违背了安全生产方针，侵犯了职工的合法权益，职工有权拒绝。用人单位不得因职工拒绝违章指挥和强令冒险作业而打击报复，降低其工资、福利等待遇或解除与其订立的劳动合同。

七、紧急避险权

《煤矿安全规程》第八条第二款规定，当工作地点出现险情时，有权立即停止作业，撤到安全地点；当险情没有得到处理不能保证人身安全时，有权拒绝作业。

职工发现直接危及人身安全的紧急情况时，有权停止作业，或者在采取可能的应急措施后，撤离作业场所。用人单位不得因职工在紧急情况下停止作业或者采取紧急撤离措施而降低其工资、福利待遇或者解除与其订立的劳动合同。但职工在行使这一权利时要慎重，要尽可能正确判断险情危及人身安全的程度。

八、工伤保险和民事索赔权

用人单位应当依法为职工办理工伤保险，为职工缴纳工伤保险费。职工因安全生产事故受到伤害，除依法应当享受工伤保险外，还有权向用人单位要求民事赔偿。工伤保险和民事赔偿不能互相取代。

九、提请劳动争议处理的权利

当职工的劳动保护权益受到伤害，或者与用人单位因劳动保护问题发生纠纷时，有向有关部门提请劳动争议处理的权利。

十、批评、检举和控告权

职工有权对本单位安全生产工作中存在的问题提出批评，有权将违反安全生产法律法规的行为，向主管部门和司法机关进行检举和控告。检举可以署名，也可以不署名；可以用书面形式，也可以口头形式。但是，职工在行使这一权利时，应注意检举和控告的情况必须真实，要实事求是。用人单位不得因职工行使上述权利而对其进行打击、报复，包括不得因此而降低其工资、福利待遇或者解除与其订立的劳动合同。

十一、及时救治权

生产经营单位发生生产安全事故后，应当及时采取措施救治有关人员。

第二节　从业人员安全生产的义务

根据《中华人民共和国安全生产法》规定，从业人员在作业过程中，应当严格落实岗位安全责任，遵守本单位的安全生产规章制度和操作规程，服从管理，正确佩戴和使用劳动防护用品等义务。

一、遵守安全生产规章制度和操作规程的义务

《煤矿安全规程》第八条第三款规定，从业人员必须遵守煤矿安全生产规章制度、作业规程和操作规程，严禁违章指挥、违章作业。

职工不仅要严格遵守安全生产有关法律法规，还应当遵守用人单位的安全生产规章制度和操作规程，这是职工在安全生产方面的一项法定义务。职工必须增

强法纪观念，自觉遵章守纪，从维护国家利益、集体利益以及自身利益出发，把遵章守纪、按章操作落实到具体的工作中。

二、服从管理的义务

用人单位的安全生产管理人员一般具有较多的安全生产知识和较丰富的经验，职工服从管理，可以保持生产经营活动的良好秩序，有效地避免、减少生产安全事故的发生，因此，职工应当服从管理这也是职工在安全生产方面的一项法定义务。

三、正确佩戴和使用劳动防护用品的义务

《煤矿安全规程》第十三条规定，入井（场）人员必须戴安全帽等个体防护用品，穿带有反光标识的工作服。入井（场）前严禁饮酒。

劳动防护用品是保护职工在劳动过程中安全与健康的一种防御性装备，不同的劳动防护用品有其特定的佩戴和使用规则、方法，只有正确佩戴和使用，方能真正起到防护作用。用人单位在为职工提供符合国家或行业标准的劳动防护用品后，职工有义务正确佩戴和使用劳动防护用品。

四、发现事故隐患及时报告的义务

职工发现事故隐患和不安全因素后，应及时向现场安全生产管理员或本单位负责人报告，接到报告的人员应当及时予以处理。一般来说，职工报告得越早，接受报告的人员处理得越早，事故隐患和其他职业危险因素可能造成的危害就越小。

五、接受安全生产培训教育的义务

职工应依法接受安全生产的教育和培训，掌握所从事岗位工作所需的安全生产知识，提高安全生产技能，增强事故预防和应急处理能力。特殊性工种从业人员和有关法律法规规定须持证上岗的从业人员，必须经培训考核合格后，依法取得相应的资格证书或合格证书，方可上岗作业。

第三章　露天煤矿从业人员入矿常识

第一节　露天煤矿安全须知及常用名词术语

一、安全须知

露天煤矿的生产条件、工作环境相对特殊，工作现场环境变化大，作业环境艰苦，且存在很多不确定性，安全风险较大，易发生排土场滑坡、采场滑坡、触电伤害、运输机械伤害、检修伤害、火灾、水灾等事故。图 3-1 为露天煤矿生产作业现场。

图 3-1　露天煤矿生产作业现场

露天煤矿企业不得录用未成年人从事工作。新员工入矿之前，必须进行职业健康体检。煤矿企业必须对从业人员进行安全培训，否则不得上岗作业。从事生产作业前员工要清楚工作地点、任务和安全注意事项，充分了解作业场所的安全状况和应急措施。作业人员要正确佩戴劳保用品。

（一）入坑前安全须知

（1）非煤矿员工未经允许不准入坑。

（2）未经考试合格的新员工不准单人入坑。

（3）入坑车辆必须遵守坑内交通规则。

（4）必须穿戴好劳动保护用品，佩戴好操作工具，劳动保护用品及工具不合格严禁作业。

（二）铁路沿线行走安全须知

企业员工因工作需要沿铁道线路行走时，必须遵守“一停、二看、三通过”的原则。横跨两条以上的线路时，越过第一条线路后，要确认第二条线路无车再通过，以防列车突然行驶而来不及防范。当遇到有列车堵住通路时，严禁扒、蹬、跳列车，不准从车底下钻越强过。

（三）生产作业现场安全须知

露天煤矿严禁坑内行人，但从业人员遇特殊情况时应遵守以下规则：沿坑下道路行走时要靠道路的边缘行走；两人以上在道路上行走时不准闲谈、说笑、打闹，应有一人负责监护；因工作需要横跨道路时，必须遵守“一停、二看、三通过”的规则（图3-2）；遇有重车通过时，要避让大车，以防车上掉物伤人；在高段道路行走时，要注意台阶片帮、滚块伤人。

图3-2 一停二看三通过

（四）机电设备附近及警戒区域内行走安全须知

（1）非工作人员不准钻越用钢丝绳、木杆、草绳等材料围起来的区域。

（2）非工作人员不准触动坑内电气设备。

（3）非工作人员不准触摸折断的电缆、电线。

（4）采掘、运输、排土等机械设备作业时，严禁人员上下设备。

（5）在危及人身安全的作业范围内，禁止人员停留或通过。

（6）非工作人员不准擅自进入设有警戒标志的生产作业区域。

（7）入坑人员遇到爆破时，应听从爆破警戒人员的指挥，不准强行通过，待警戒信号解除后，方可通行。

（8）非爆破人员，不得在爆区及爆破器材存放地附近逗留，如遇图 3-3 所示的作业区域，应快速离开。

图 3-3　危险作业区域

（五）台阶行走安全须知

（1）不准在台阶根部行走，若遇有台阶滑落、片帮，要到安全地点行走。

（2）要佩戴好安全帽，不准在高段下及火区附近逗留。

（3）要时刻注意台阶变化，出现滑落、片帮、裂隙、浮块等危险迹象时，要立即撤离，不许通过或停留。

（4）要注意瞭望，时刻注意台阶上方滚块、掉块。

（5）因工作原因需要沿矿山道路行走的人员，必须时刻注意前后方向来车。躲车时，必须躲到安全地点。

（六）皮带廊道行走安全须知

（1）沿皮带廊道行走时，要时刻集中注意力，以防滑倒摔伤。

（2）横过带式输送机时，必须沿着装有栏杆的栈桥通过，不准横跨、钻越皮带。

（3）要与正在运转中的输送带以及旋转的托辊保持一定的距离。

（4）要注意瞭望带式输送机两侧边坡及上部情况，预防滚块滑落伤人。

（七）其他安全须知

（1）每一个入坑的工作人员都必须熟悉本矿规定的各种信号并爱护信号设备，听从信号指挥。熟悉并爱护矿山安全警示标志。

（2）当发生事故时，要听从指挥，履行应急救援的义务。

二、露天煤矿常用名词术语

露天开采是在敞露的地表把有用的矿物开采出来。露天煤矿常用名词如下。

（1）地质：位于煤层上面的岩土层为覆盖层，煤层下的岩层为底板。覆盖层及底板的岩性一般由炭质泥岩、砂质泥岩、砂岩或石灰岩等组成。

（2）煤层：煤层的形态可分为层状、似层状和非层状三类。我国露天矿煤层大多呈层状，由于其层位有明显的连续性，厚度变化不大，是我国大中型露天煤矿主要开采对象。

露天煤矿按煤层厚度分类：薄煤层的厚度<3.5 m；中厚煤层的厚度3.5~10 m；厚煤层的厚度>10 m。

露天煤矿按煤层倾角分类：近水平煤层的倾角$<5°$；缓倾斜煤层的倾角5°~10°；倾斜煤层的倾角10°~45°；急倾斜煤层的倾角$>45°$。

三、露天煤矿开采名词术语

（1）走向：煤层层面与水平面相交的线称走向线，走向线两端所指方向是煤层走向。

（2）倾向：在煤层层面上与走向线垂直沿层面向下延伸的直线称为倾向线。倾斜线的水平投影所指的方向称为倾向。

（3）倾角：煤层层面与水平面所夹的最大锐角称为倾角。煤层倾角越大，开采难度越大。

（4）台阶：在开采过程中，按剥离、采矿或排土作业的要求，以一定高度划分的阶梯，台阶在露天矿场中的位置往往以下部平台的水平标高来表示。

（5）开采程序：采场内土岩的剥离和采煤工程，在空间与时间上合理配合的开采发展顺序。

（6）剥采比：剥离量和有用矿物量之比。

（7）边帮：露天矿场四周是由台阶平台和台阶坡面组成的总体。边帮位于矿体底盘的称为底帮；位于顶盘称为顶帮；位于矿场端部的称为端帮。

（8）上部境界线：露天矿边帮与地表面相交而成的空间闭合曲线。

（9）底部境界线：露天矿边帮与矿场底相交而成的空间闭合曲线。

（10）工作帮：露天矿场内由进行着矿山工程的台阶平台及其坡面组成的边帮。

（11）非工作帮：露天矿场内由已结束矿山工程的台阶平台及其坡面组成的边帮。

（12）工作平台：宽度足以布置钻孔爆破、采装和运输设备及其他必要设备的台阶平台。

（13）最终边坡角：露天采场终了时最上台阶坡顶线和最下台阶坡底线组合而成的假想平面与水平面的夹角。

第二节　露天煤矿开采工艺

一、露天煤矿主要生产环节简介

1. 钻孔、爆破作业

钻孔、爆破作业是露天煤矿开采的首道工艺，其目的是为随后的采装、运输提供适宜的矿岩物，所以钻孔、爆破作业的质量好坏，对后续工作有着很大的影响。

（1）钻孔采用的设备：凿岩机、凿岩台车、钢丝冲击式钻机、潜孔钻机、牙轮钻机等。其中，牙轮钻机效率高，适应性强，效果好。

（2）爆破采用的工业炸药：铵梯炸药、铵油炸药、乳化炸药等。起爆方法为电起爆和非电起爆。

2. 采装作业

采装作业是使用机械将矿岩直接从地下或爆堆中挖掘出来，并装入运输机械的车厢内或直接卸到指定的地点。采装作业是露天开采过程的中心环节。

露天矿采装常用的设备是挖掘机，分为单斗和多斗两种。机械铲铲斗或勺斗装在铲杆或勺杆上，靠铲杆伸缩、推压来挖掘矿、岩，使用最广泛；索斗铲铲斗挂在钢丝绳上，靠自重和钢丝绳牵引挖掘，多用于倒堆。

3. 运输作业

在露天开采过程中，矿山运输的基本建设投资约占矿山基建总投资的60%，运输成本和劳动量分别占矿石总成本和总劳动量的一半以上，由此可见露天煤矿运输在开采中的重要地位。

露天煤矿运输方式有铁路运输、公路运输、带式输送机运输、箕斗运输及联合运输。露天煤矿大多采用自卸车运输。其优点是具有较高的机动灵活性，爬坡能力比列车大，转弯曲线半径小，建设速度快投资低；缺点是运输成本高，合理运距小。

4. 排土作业

排土是运输终端的作业，将剥离下的表土和废石运输到废石场进行排弃。

排土方式有铁路运输排岩、公路运输排岩、带式输送机运输排岩。排土场位置选择应优先考虑近距离排土，尽可能少占地或不占用农田，减少对环境污染，排弃空间要满足总剥离量排弃要求。目前全国各露天煤矿主要推土机排土，作业简单。

二、露天煤矿主要开采工艺简介

露天煤矿典型开采工艺主要有间断式开采工艺、连续式开采工艺、半连续式开采工艺、倒堆式开采工艺和联合开采工艺。

1. 间断式（或称循环式）开采工艺

间断式开采工艺中的采装、运输和排土作业是间断进行的，包括机械铲、铁道工艺和机械铲、汽车工艺。间断式开采工艺主要采掘设备和运输设备是单斗挖掘机和容器式的运输设备（如铁道机车车辆和汽车等），也可利用铲运机和前装机等设备来完成采装、运输和排土三个生产环节。

2. 连续式开采工艺

连续式开采工艺中的采装、运输和排土的物料流的输送是连续不断的，包括轮斗挖掘机、带式输送机和排土桥、悬臂排土机等工艺。主要设备有多斗挖掘机（如轮斗挖掘机、链斗挖掘机等）、带式输送机和排土机等。

3. 半连续式开采工艺

半连续式开采工艺是介于间断式和连续式之间的一种开采工艺，整个生产过程中一部分环节是间断式的，另一部分生产环节是连续式的，包括连续采掘、间断运输工艺系统（如轮斗、汽车）和间断采掘、连续运输工艺系统（如机械铲、带式输送机）。半连续式开采工艺主要设备有单斗挖掘机、破碎机、带式输送机和排土机的组合，或者是多斗挖掘机、铁道机车车辆或汽车的组合。

4. 倒堆式开采工艺

倒堆式开采工艺是指剥离物的铲挖、运输和排弃的整个生产过程由一台设备来完成，由设备将采出的剥离物直接倒至采空区，形成内排土场。倒堆式开采工艺主要设备有大型剥离机械铲或拉铲等。

5. 联合开采工艺

联合开采工艺是露天煤矿开采工艺发展方向，适用于各种赋存条件的煤矿。

第三节　露天煤矿生产现场安全警示标识

一、安全色

安全色是传递安全信息含义的颜色，提醒注意安全。我国安全色标准规定有四种颜色，如图 3-4 所示。

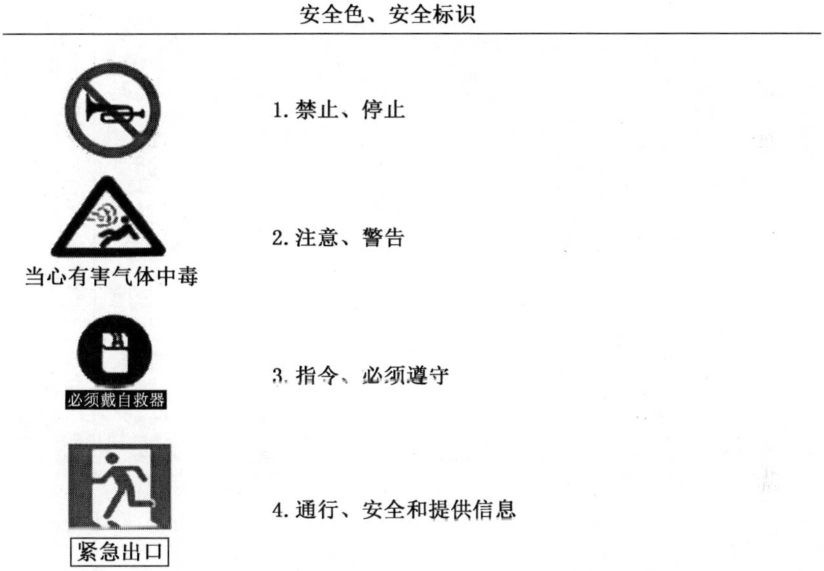

图 3-4　安全色、安全标识

（1）红色：传递的是禁止、停止、危险或提示消防设备、设施的信息。

（2）蓝色：传递必须遵守规定的指令性信息。

（3）黄色：传递注意、警告的信息。

（4）绿色：传递安全的提示性信息。如安全通道、应急通道等。

二、矿山安全标志

露天煤矿安全标志种类有禁止标志、警告标志、提示标志、指令标志四种。禁止标志用红色表示、警告标志用黄色表示、提示标志用绿色表示、指令标志用蓝色标志，如图 3-5 所示。

图 3-5　内蒙古公司所属露天煤矿常用安全警示标示

（1）禁止标志含义是禁止或制止某种不当行为，禁止标志是红色带斜杠的圆形标志。

（2）警告标志含义是警告可能发生危险的标志，警告标志是黄色三角形标志。

（3）指令标志含义是指示人们必须遵守某种规定的标志，指令标志是圆形带相应图案的标志。

（4）提示标志含义是告诉人们方向、地点、目标的标志，提示标志是长方形的绿色标志。

第四节　“三违”及其危害、安全意识及习惯培养

一、“三违”的含义

“三违”是指露天煤矿从业人员在生产建设中所发生或出现的违章指挥、违章作业（操作）和违反劳动纪律的现象及行为。从业人员如果违反了其中一项，则被称为“三违”人员。

（1）违章指挥是指露天煤矿各级管理人员下达违反法律、法规、规程及有关规定的指令，并强使从业人员执行的行为。违章指挥行为往往会引导、促使从业人员的违章作业行为，其危害性很大。安全生产管理人员、班（组）长要杜绝违章指挥行为。

（2）违章作业是指违反“三大规程”，冒险蛮干的行为。违章作业主要发生在一线作业人员和直接操作的班（组）长身上，这是人为事故的主要原因之一。

（3）违反劳动纪律是指违反企业制定的有关规章制度的行为。露天煤矿企业虽然制定了严格的劳动纪律和严格的惩罚制度，但违反劳动纪律的现象还是时常发生。

二、“四不伤害”的含义

（1）不伤害自己。就是要提高自我保护意识，不能由于自己的疏忽、失误而使自己受到伤害。

（2）不伤害他人。就是自己的行为或行为后果不能给他人造成伤害。在多人同时作业时，由于自己不遵守操作规程、对作业现场周围观察不够以及自己操作失误等原因，可能对现场周围的人员造成伤害。

（3）不被他人伤害。每个人都要加强自我防范意识，工作中要避免被他人的错误操作或其他隐患对自己造成伤害。

（4）保护他人不受伤害。任何组织中的每个成员都是团队中的一分子，要担负起关心爱护他人的责任和义务，不仅自己要注意安全，还要保护团队的其他人员不受伤害。

三、安全意识及习惯培养

安全行为的养成不是一朝一夕、一蹴而就的，而是需要有一个从被动到主动、从不自觉到自觉、从不习惯到习惯成自然的过程。不端正的态度、遵章守纪意识不强、缺乏安全知识、操作不熟练、身心状况不佳等情况，再加之露天煤矿

工作面噪声大、设备多等这些因素都可能导致事故的发生。因此，安全行为的养成要从主动学习、掌握安全信息、自觉服从和自我身心调适四个方面入手。

（1）主动学习。从业人员要认真参加露天煤矿培训教育学习，积极参加各种比武、练兵、竞赛活动；在现场操作过程中，自觉苦练技能，达到岗位作业标准化水平；对主要操作动作展开要领分析、动作分析，由作业动作的规范化、标准化，逐步实现作业动作的最优化、精细化。

（2）掌握安全信息。从业人员应准时参加班前班后会，认真听，主动想；现场交接班时，详细了解作业现场的安全条件变化及设备、动力、工具、材料等安全状态；掌握现场各种危险因素及应急措施。

（3）自觉服从。从业人员应自觉接受对“三违”的处罚教育，接受各种安全监督检查和现场指导，自觉爱护、维护安全设施；用顺从、服从的态度执行规章制度；坚决避免因逆反心理和不满情绪抵触规章制度；坚决避免用各种借口理由，为违章行为辩解。

（4）自我身心调整。从业人员需高度重视休息和饮食起居，戒除不良嗜好和不利于身体健康的生活习惯，经常参加体育锻炼；妥善处理各种人际关系，解除各种烦恼的干扰冲击；当疲惫伤病、体力不支或者情绪波动、精神萎靡时，要及时告知管理人员。

第四章　安全生产规章制度

第一节　安全生产管理制度

为全面推进煤矿安全生产标准化工作，煤矿须制定安全生产管理制度。安全生产管理制度应符合相关法律、法规、规章、规程和标准的规定，内容具体、责任明确，并能够对照执行和检查；对违反制度的各种行为有明确、具体的处罚措施和责任追究办法；明确所引用的依据及适用范围，表述规范，条款清晰，以方便相关人员了解和掌握。

一、全员安全生产责任制

煤矿企业要按照岗位、职能、权利和责任相统一的原则，明确各级负责人、职能机构和各岗位人员责任范围、执行标准、考核标准等内容。要将企业、部门或单位的全部安全生产责任逐项分解，逐级落实到各岗位和人员。企业建立相应的机制，加强对全员安全生产责任制落实情况的监督考核，保证全员安全生产责任制的落实。

二、安全办公会议制度

煤矿企业要明确安全办公会议的召开周期，每半年应至少召开一次安委会会议或安委会扩大会议，每月组织召开一次安全生产分析会和安全监督例会。安全办公会议要明确会议内容、主持人和参加人员，并由安全生产第一责任人主持。会议应当有完整的记录，载明议定的事项、决定以及落实的人员、措施和期限，会议记录、纪要应纳入档案管理。

三、安全目标管理制度

煤矿企业应本着“四不伤害”及“等同管理”的原则，坚持以安全为价值导向，依据上级下达的安全指标，结合实际制定年度或阶段性安全生产目标，并将指标逐级分解，明确责任、保障措施、考核和奖惩办法。

工、工程爆破、坡顶堆载、地表灌溉、破坏植被等行为。

（1）坡体开挖。露天边坡角设计偏大，或台阶未按设计施工，都会显著增加边坡滑坡的风险。发生采动滑坡的坡体几何形态大多有如下特点：从平面形状看，采动滑坡大多发生在凸形或突出的梁峁坡体上；从竖直剖面看，采动滑坡或崩塌主滑轴线方向的剖面大多在总体上呈凸形状态，即坡顶比较平缓，坡面外鼓，坡角为陡坎；坡体的上、下部均成陡坎状，中间有起伏的不规则斜坡或直线斜坡。

（2）地下施工。施工对边坡的最大扰动就是工程开挖使得岩土体内部应力发生变化，从而导致岩体以位移的形式将积聚的弹性能量释放出来，因此带来了边坡结构的变形破坏现象。尤其是在坡体内部或下部施工，由于地应力的复杂变化，造成的滑坡风险难以预测。

（3）工程爆破。大范围的工程爆破对山体有很大的破坏作用，瞬时激发的强大地震加速度和冲击能量会导致岩层或土层裂隙的增加，减弱边坡整体稳定性。

（4）坡顶堆载。在边坡上进行工业活动，将固体废弃物堆放在坡顶，可能导致下滑力增加，当下滑力大于坡体的抗滑力时，会引起边坡失稳。

（5）地表灌溉。人为地向边坡灌溉、排放废水、堵塞边坡地下水排泄通道，以及破坏防排水设施的行为，使边坡地下水位平衡遭到破坏，进而破坏边坡岩土体的应力平衡，增加岩层容重，增加滑动带孔隙水压力，增大动水压力和下滑力，减小抗滑力，将引发滑坡。

（6）破坏植被。植被可以固定边坡表土，避免水土流失。对边坡上覆植被的破坏，会加大地表水下渗速度，导致下滑力增大，抗滑力减小，从而诱发滑坡。

四、边坡灾害防治措施

（一）合理确定工作阶段坡面角

露天开采时，应先剥离后开采，严禁掏底部、放上部等易造成滑坡的野蛮冒险作业行为。在工作阶段上，常进行爆破、装运和地质测量等作业。

坡面附近的矿岩受爆破震动的影响，常因为阶段坡面角过大而造成岩石塌落或使平台宽度变窄引起事故发生。为此，在露天煤矿设计和生产中，必须根据矿山的地质条件、岩石力学性质、设备的性能和规格尺寸等因素，确定合适的坡面角，并规定出最小工作平台宽度，把剥离、采矿和运输设备，供电和通信线路设置在工作平台稳定坡面内。

（二）边坡维护

露天矿边坡，必须进行经常性的检查和维护，以保证边坡稳定，防止灾害发生。企业应建立一支边坡维护专业队伍，加强检查维修，必要时可进行人工放坡，铺上草皮，种植灌木，砌筑局部挡土墙或者预埋防滑坡的木桩。要设置排水网络，防止地表雨水流入矿坑冲刷边坡，润滑层理。深凹露天煤矿要在坑外周围设置防山洪、防泥石流的阻挡或者疏导的设施。排水网络包括地表排水、地下排水、立体排水系统。

（三）抗滑工程

抗滑工程是防止山体滑坡的有效措施之一，尤其对于事关生命、财产安全的矿区坡体来说，意义非同寻常。抗滑工程包括抗滑挡墙、加筋挡墙、锚定板挡墙、预应力锚索挡墙、锚杆挡墙。

（四）边坡的监测

边坡监测目前采用边坡雷达、GNSS 边坡监测点位、人工巡视三种监测手段。边坡雷达技术人员进行 24 h 监控，各矿生产技术部按照边坡管理制度要求每周不少于 2 次对边坡进行巡视。

矿方要求技术人员每日将雷达监测成果及监测日报在边坡监测群内汇报，每周出具边坡监测周报，每月出具边坡监测月报，每季度出具边坡监测分析季报。各矿应按照边坡稳定性及管理要求，制定相应管理制度及相应安全技术措施，保证煤矿边坡稳定，杜绝边坡事故的发生。

五、滑坡应急避险

（1）发生滑坡后，现场人员应立即撤离危险区域并报告当班班组长和调度室。

（2）矿调度室接到事故报告后，应立即按照事故汇报程序进行汇报、并通知专业人员 24 h 观测滑坡情况，以防止事态进一步扩大，等待值班矿长的命令和指示。

（3）当班班组长、值班主任、值班矿领导接到报告后，应立即启动相应的应急救援预案，并立即赶赴现场了解情况，同时派专人保护现场。在保证安全、不发生意外的情况下，积极组织当班人员抢救伤员，生产指挥车、通勤等车辆要及时赶到现场，随时送伤员到医院救治。

（4）当滑坡事故没有造成人员伤亡或事态没有扩大的迹象时，不要急于抢险，要等抢险技术人员到达现场后，按照工程技术人员制定抢险措施，有条不紊地开展救援工作。

（5）如果发生的事故规模较大，有人员伤亡或设备损坏或导致生产不能正常运行，在确保不会再次发生事故的前提下，企业应立即组织现场人员、设备抢救和转移被困人员，被困人员应在实施自救争取时间的同时耐心等待专业救护人员的到来。

（6）当人员被埋入岩石中较深，随着救援时间的延长可能出现生命危险时，可采用多台前装机平行转移滑落的大面积岩石，并设专人居高指挥，发现被埋人员露出时，要立即停止前装机作业，采用人工救援，防止在救援过程中误伤受伤人员。

（7）当滑坡事故有进一步扩大的迹象时，总指挥要立即疏散周围人员，避免造成更多的人员伤亡，待滑坡事态稳定后再组织人员、设备在工程技术及安全人员的指导下积极进行救援。

（8）营救人员时应沉着冷静，根据灾情和现有条件进行施工，行动中必须保证统一的指挥和严密的组织，防止灾情扩大，避免二次事故的发生。

（9）抢救出伤员后，必须判断伤情的轻重，人员较多时应先抢救重伤人员，后抢救轻伤人员，并按照“三先三后”的原则对伤员进行搬运救治。

（10）在现场设置警戒，除抢险人员外，禁止无关人员入内，防止发生次生事故。

第二节　露天煤矿水灾防治与应急避险

一、露天煤矿防治水相关规定

《煤矿防治水细则》已于2018年5月2日国家煤矿安监局第16次局长办公会议审议通过，自2018年9月1日起施行。原《煤矿防治水规定》（国家安全监管总局令第28号）同时废止。

（1）露天煤矿应当制定防治水中长期规划，对地下水、地表水和降水可能对排土场、工业广场、采场等区域造成的危害进行风险评估；应当在每年年初制定防排水计划和措施，由煤矿企业负责人审批。雨季前必须对防排水设施作全面检查，并完成防排水设施检修。新建的重要防排水工程必须在雨季前完工。

（2）露天煤矿各种设施要充分考虑当地历史最高洪水位的影响，对低于当地历史最高洪水位的设施，必须按规定采取修筑堤坝沟渠、疏通水沟等防洪措施，矿坑内必须形成可靠排水系统。

（3）露天煤矿地表及边坡上的防排水设施，应当避开有滑坡危险的地段；当采场内有滑坡区时，应当在滑坡区周围采取设置截水沟等措施。排水沟应当经常检查、清淤，不应渗漏、倒灌或者漫流；当水沟经过有变形、裂缝的边坡地段时，应当采取防渗措施。排土场应当保持平整，不得有积水，周围应当修筑可靠的截泥、防洪或者排水设施。

（4）用露天采场深部做储水池排水时，必须采取安全措施，备用水泵的能力不得小于工作水泵能力的 50%。

（5）地层含水影响采矿工程正常进行时，应当进行疏干，当疏干不可行，可以采取帷幕注浆截流等措施，疏干、帷幕注浆截流等工程应当超前于采矿工程。在矿床疏干漏斗范围内，如果地面出现裂缝、塌陷时，应当圈定范围加以防护、设置警示标志，并采取安全措施。（半）地下疏干泵房应当设通风装置。

（6）受地下水影响较大和已进行疏干排水工程的边坡，应当施工水文观测孔，进行地下水位、水压及矿坑涌水量的观测，分析地下水对边坡稳定的影响程度及疏干的效果，并制定地下水治理措施。

（7）排土场进行排弃时，底部应当排弃易透水的大块岩石，确保排土场正常渗流。对含有泉眼、冲沟等水文地质条件复杂的排土场，应当采用引水隧道、暗涵、盲沟等工程措施，确保排土场排水畅通。因地下水水位升高，可能造成排土场或者采场滑坡时，必须进行地下水疏干。

（8）露天煤矿采排场周围存在地表河流、水库或者地下水体，且水体难以疏干，应当进行专门的水文地质勘探，确定含水区域准确边界，进行专门设计，确定防隔水煤（岩）柱尺寸。并定期对水位水情进行观测，分析防隔水煤（岩）柱稳定情况。

二、水灾事故产生原因

露天煤矿因缺乏对矿区及其附近地表水流系统、水文气象等的准确了解，没有建立地表防排水系统，或建立的地表防排水系统不能满足生产安全需要，都会引起水灾事故的发生。

三、水灾防治措施

（一）地表水防治措施

地表水是地面防水的主要对象。针对地表水的防治，可采用地面防水工程拦截或引走的地面水流，不让其流入采场；通过拦截地下水，或者其他方式引走坡面流水，使其不流入采场。

1. 修筑拦水堤坝和截、排水沟渠引流

企业可于采场、排土场、储煤场的四周构建拦水堤坝和截、排水沟渠，防止洪涝灾害的发生。当雨季降水量增加时，既能起到阻挡作用，又能起到疏流作用。拦水堤坝高度不应低于 1.5 m，宽度不应低于 2 m，坝体材料为露采剥离物，坝体外部覆盖黄土。当采场、排土场范围内出现自然纵坡较大的冲沟时，需修筑临时拦水坝。截、排水沟宽度不应低于 0.3 m，深度不应低于 0.3 m，底部铺露采剥离物。储煤场内应设排水沟，防止雨水冲刷煤及运煤道路。

地表及边坡上修筑的防排水设施，应当避开有滑坡危险的地段。排水沟应当经常检查、清淤，防止渗漏、倒灌或者漫流。当采场、排土场内有滑坡区时，应当在滑坡区周围设置截水沟。当水沟在变形、裂缝的边坡地段时，应当采取防渗措施，水沟内铺设土工布。

2. 河流改道

针对穿过矿区的河流，必须对河流进行改道迁徙，改道应选择路线短、地势平缓、弱渗水的地段，同时还要考虑矿山的后期发展，避免改道河流二次分流。新河道的起点应该在河床冲刷易发区进行选择，并与原有的河道河势相适应，同时修筑拦河堤坝。

3. 对采场、排土场边坡进行监测

企业应建立采场、排土场边坡监测制度，在采场、排土场边坡设置边坡监测点，定期对其进行监测，并做好记录。在雨季时，应加强监测，防止由于降雨诱发滑坡灾害。

（二）采掘场排水安全措施

（1）暴雨后坑底积水量较大且排水时间较长，在生产过程中应做好生产设备及人员的防护工作。

（2）雨季时主要采剥设备应尽量避免在采掘场底部低洼处作业，大型设备附近应备有适量露天剥离物，用于修筑临时防水围堰。

（3）潜水电泵、排水管路应保证正常运行并留有充足的备用量。潜水电泵便于移动，不会产生因淹泵而停泵的现象。

（4）雨季前及每次洪水过后都需及时检修潜水电泵、排水管路等设备，保证排水设备处于良好工作状态。

四、水灾应急避险

（1）做好水灾的预测预报工作，探明水源位置、涌水量大小、被困人员分布情况，并向指挥部提供具有生存条件的地点和场所及其可能进出入的通道。

（2）险情或水灾发生时，应立即启动相应应急救援预案，并按煤矿制定的避灾路线撤离作业人员，来不及撤离的作业人员应迅速撤离到具有生存条件的地点。

（3）及时疏散受水害威胁的作业人员，将受伤人员运至安全地点，必要时应切断电源，避免其他事故发生。

（4）在指挥部的统一领导下，对水灾采取封、堵、泄、排等方法，降低事故的危险程度。

（5）积极与专家组配合，提出现场救灾方案，并及时实施救灾。

（6）抢救出伤员后，必须判断伤情的轻重，人员较多时先抢救重伤人员，后抢救轻伤人员，并按照“三先三后”的原则进行搬运救治。

第三节　露天煤矿火灾防治与应急避险

一、露天煤矿防灭火的相关规定

《煤矿防灭火细则》（矿安〔2021〕156号）已经国家矿山安全监察局2021年第22次局务会议审议通过，自2022年1月1日起执行。

（1）必须制定地面和采场内的防灭火措施。所有建筑物、煤堆、排土场、仓库、油库、爆炸物品库、木料厂等处的防火措施和制度必须符合国家有关法律、法规和标准的规定。

（2）露天煤矿应当对开采煤层自燃倾向性进行鉴定。开采容易自燃和自燃煤层或者开采范围内存在火区时，必须制定防灭火措施。

（3）露天煤矿建设及生产过程中，应当评估所属范围内的井工煤矿采空区的危险性。对存在自然发火危险的采空区必须进行探查并制定安全措施，探明预留煤（岩）柱厚度、气体、温度、塌陷等情况，根据探查结果采取措施进行处理。

（4）遇存在塌陷或者自燃危险的采空区时，必须停止作业，影响范围内所有人员及作业设备撤至安全地点，及时汇报，立即采取有效措施处理。待危险解除后，方可恢复作业。

（5）开采容易自燃和自燃煤层的露天煤矿，应当采取防止采场边坡煤台阶、工作面、排土场自然发火的措施。

露天煤矿排土作业时，应当对高温剥离物料进行降温处理。

（6）采场及排土场发生自燃火灾后，可采取挖除火源、覆土、水消、注（喷）浆等措施进行处理。

（7）采场最终边坡煤台阶必须采取防止煤自然发火的措施。

（8）在高温区、自然发火区进行爆破作业时，必须遵守下列规定：

①测试孔内温度。有明火的炮孔或者孔内温度在80℃以上的高温炮孔应当采取灭火、降温措施。

②高温孔经降温处理合格后方可装药起爆。

③高温孔应当采用热感度低的炸药，或者将炸药、雷管作隔热包装。

（9）露天煤矿内的采掘、运输、排土等主要设备，必须配备灭火器材，并定期检查和更换。

露天煤矿带式输送机在转载点和机头处应当设置消防设施。

(10) 露天煤矿焊割作业时，应当遵守下列规定：

①在重点防火、防爆区焊割作业时，应当办理用火审批单，并制定防火、防爆措施。

②在矿用卡车上焊割作业时，应当防止火花溅落到下方作业区或者油箱，并采取防护措施。

③焊割作业场所应当确保通风良好，无易燃、易爆物品。焊割盛放过易燃、易爆物品或者情况不明物品的容器时，应当制定安全措施。

④使用气焊割动火作业时，氧气瓶与乙炔气瓶间距不小于 5 m，气瓶与动火作业地点均不小于 10 m。

二、露天煤矿火灾的危害

1. 浪费煤炭资源

露天煤矿火灾不仅会降低煤炭质量，还造成资源浪费，减少了露天煤矿可采储量。同时在处理煤炭火灾时需投入大量的人力和物力，而且不易彻底处理，反复影响煤矿采剥生产的进度，严重影响煤矿企业的经济效益。

2. 影响安全生产和边坡稳定

煤层燃烧对露天煤矿的生产安全和持续生产带来很多困难。煤炭燃烧后常引起矿坑内地表裂缝、坍塌，大面积片帮等现象，影响露天煤矿设备的正常作业，给安全生产带来隐患。在特定的气象条件，或处于不利的风向和风速时，煤层燃烧还会造成火灾，并产生大量烟雾烟尘。烟雾烟尘会影响工作人员视线，危害工人呼吸，影响工人的工作效率，不利于安全生产。煤台阶的燃烧将导致煤台阶岩体强度降低，影响露天煤矿整体的边坡稳定。

3. 影响环境空气

煤层自燃产生大量的有毒有害气体和物质，如 CO、CO_2、SO_2、NO_2、烟尘、醇类、醛类等，随风飘散，严重污染矿坑及附近的大气环境，危害职工的身体健康。

三、火灾预防措施

(一) 外因火灾预防措施

露天煤矿防火应遵守《中华人民共和国消防法》和当地消防部门的要求。各类建筑、油库、炸药库和仓库等应建立防火制度，完善防火措施，配备足够的消防器材；各厂房和建筑物之间，要建立消防通道；消防通道上不得堆积各种物料，以利于消防车辆通行。外因火灾预防的一般要求如下：

（1）预防明火引起火灾。使用过的废油、棉纱、布头、油毡、蜡纸等易燃物应放入盖严的铁桶内，并及时集中处理，防止明火与炸药或其包装材料接触而引起燃烧、爆炸。

（2）预防焊接作业引起火灾。不在易燃易爆区域进行焊接作业，焊接作业完毕后，须严格检查和清理现场。

（3）预防爆破作业引起的火灾。

（4）预防电气设备引起的火灾。正确地选择、装配和使用电气设备及电缆，以防止发生短路和过负荷。

（二）内因火灾预防措施

1. 预防煤炭自燃的管理原则

有自然发火可能的露天煤矿，其地质部门向设计部门所提交的地质报告中必须要有"煤岩自燃倾向性判定"内容。贯彻预防为主的精神，在采矿设计中必须采取相应的防火措施；在编制采掘计划的同时，必须编制防灭火计划。自然发火露天煤矿要尽可能掌握各种煤岩的发火期，采取加快开采速度和减少储放量的措施。

2. 开采方法方面的防火措施

对开采方法方面的防火要求是：务必使煤炭在空间和时间上尽可能少受空气氧化作用，万一出现自热区要及时将其封闭。为此，应该采取以下主要措施：

（1）制定合理的开采顺序。

（2）当煤炭有自燃倾向时，应根据矿体倾向采空区的煤量及其集中程度和对采空区的封闭情况，确定是否回采或采取相应的防火安全措施。

（3）在经济合理的前提下，尽量采用回填采空区的采矿法。

3. 煤炭火灾的扑灭方法

扑灭矿内火灾的方法可分为直接灭火法、隔绝灭火法、联合灭火法三大类。

（1）直接灭火法是指用灭火器材在火源附近直接进行灭火，是一种积极的灭火方法。直接灭火法一般可以采用水或其他化学灭火剂、泡沫剂、惰性气体等，或是直接挖除火源。

（2）隔绝灭火法是指密闭火源，填平地面塌陷区的裂隙或将暴露煤层封闭以阻止空气进入火源，从而使火源因缺氧而熄灭。

（3）当发生火灾不能用直接灭火法扑灭时，应采用联合灭火法。此方法就是先将火区密闭后，再向火区注入泥浆或其他灭火材料。

四、火灾应急避险

发生火灾要先进行火情侦察，确定燃烧物质和有无人员被困，制订具体实施方案，展开灭火救援工作。

（1）火灾发生时，应立即启动应急救援预案，开辟救生通道，积极疏散、抢救被困人员和重要物资。

（2）划定警戒区域，实行区域交通管制。

（3）迅速控制危险源，对现场进行不间断监测，防止次生灾害的发生，并按既定灭火救援方案展开灭火工作。

（4）确定水源位置，做好火场供水。

（5）必要时采取火场破拆、排烟和断电措施。

（6）抢救出伤员后，必须判断伤情的轻重，人员较多时先抢救重伤人员，后抢救轻伤人员，并按照“三先三后”的原则进行搬运救治。

第六章　露天煤矿职业危害及职业病防治

第一节　职业病危害因素来源及职业病类型

一、职业病危害及职业病危害因素定义

职业病危害，指对从事职业活动的劳动者可能导致职业病的各种危害。在生产过程中、劳动过程中、作业环境中存在的危害劳动者健康的因素，称为职业病危害因素。

二、职业病危害因素来源

（1）生产过程中产生的职业病危害因素：与生产过程有关的原材料、工业毒物、粉尘、噪声、振动、高温、辐射、传染性因素等。

（2）劳动过程中产生的职业病危害因素：劳动制度与劳动组织不合理均可造成对劳动者健康的损害，如劳动强度过大，劳动时间过长，精神或视力过度紧张等。个别器官或系统过度紧张，如视力紧张等；长时间不良体位或使用不合理的工具。

（3）作业环境造成的职业病危害因素：不良气象条件、厂房狭小、车间位置不合理、照明不良等一般卫生条件和卫生技术措施不良相关的有害因素，都可能造成职业病。

三、职业病危害因素分类

职业病危害因素一般可以分为以下几个类型：

（一）化学因素

（1）生产性毒物：如铅、铬、锰、汞、苯、有机磷农药、一氧化碳、硫化氢、甲烷、氮氧化物、氨等（图 6-1）。

（2）生产性粉尘：如滑石粉尘、尘铅粉尘、合成纤维粉、木质粉尘、骨质

图6-1 防范生产性毒物示例

粉尘。长期在粉尘中作业，可能引起各种尘肺病（如硅肺、石棉肺、煤肺、金属肺等）（图6-2）。

图6-2 生产性粉尘示例

（二）物理因素

（1）异常气候条件：如高温、高湿、低温及辐射热。长期在高温和强烈热辐射的条件下作业，可能引发热辐射病、热痉挛、热射病等。

（2）异常气压：包括高气压和低气压。如高山上作业可能引发高山病。

（3）噪声：长期在噪声强烈的环境中作业，如纺织作业可能引起职业性耳聋。

（4）震动：长期在震动环境中作业可能引起震动病。

（5）辐射线：电离辐射，如X射线；非电离辐射，如红外线、紫外线。

（6）生物因素：附着于皮毛上的炭疽杆菌、布氏杆菌、森林脑炎病毒、真菌孢子等。

四、露天煤矿常见职业病

（一）职业性尘肺病

1. 露天煤粉尘肺病的产生

露天煤矿在生产运输各环节都会产生大量粉尘，人在生产中长期吸入大量微细粉尘而引起的以纤维组织增生为主要特征的肺部疾病。它是一种严重的矿工职业病，一旦患病很难治愈。

2. 尘肺病的分类

（1）硅肺病是指由于吸入含游离二氧化硅含量较高的岩尘而引起的尘肺病。

（2）煤硅肺病是指由于同时吸入煤尘和含游离二氧化硅的岩尘所引起的尘肺病。

（3）煤工尘肺病，由于大量吸入煤尘而引起的尘肺病。

上述三种尘肺病中最危险的是硅肺病。其发病工龄最短（一般在10年左右），病情发展快，危害严重。煤工尘肺病的发病工龄一般为20~30年。煤硅肺病则是介于两者之间，但接近后者。

3. 尘肺病的发病症状及影响因素

（1）尘肺病的发病症状：尘肺病分为三期，第一期重体力劳动时呼吸困难、胸痛、轻度干咳；第二期中等体力劳动或正常工作时，感觉呼吸困难，胸痛、干咳或带痰咳嗽；第三期做一般工作甚至休息时，也感到呼吸困难、胸痛、连续带痰咳嗽，甚至咯血和行动困难等症状。

（2）影响尘肺病的发病因素：粉尘的成分能够引起肺部纤维病变的粉尘，多半含有游离二氧化硅，其含量越高，发病工龄越短，病变的发展程度越快。

（3）粉尘粒度及分散度：尘肺病变主要是发生在肺脏的最基本单元即肺泡内。粉尘粒度不同，对人体的危害性也不同。5 μm以上的粉尘对尘肺病的发生影响不大；5 μm以下的粉尘可以进入下呼吸道并沉积在肺泡中，最危险的粒度是2 μm左右的粉尘。由此可见，粉尘的粒度越小，分散度越高，对人体的危害就越大。

（4）粉尘浓度：尘肺病的发生和进入肺部的粉尘量有直接的关系，也就是说，尘肺的发病工龄和作业场所的粉尘浓度成正比。

（5）个体方面的因素：粉尘引起尘肺病是通过人体而进行的，所以人的机体条件，如年龄、营养、健康状况、生活习性、卫生条件等，对尘肺病的发生、发展有一定的影响。

4. 尘肺病的防治

（1）加强作业环境通风：利用风力因素将密闭环境内的粉尘排除，从而达到降尘的目的。在确保空气中粉尘排除的前提下不会激起作业现场表面的粉尘，也要避免外界的粉尘进入到作业环境内，需要加强对相关措施的完善，提高通风除尘效果。

（2）完善露天煤矿防尘管理制度：随着科学技术的不断进步，目前对于露天煤矿粉尘的防治方法在不断完善，防尘管理制度也在不断健全。通过将完善的管理制度方法应用在实际的降尘工作中，取得的效果十分明显，不仅能够加强露天煤矿工人对粉尘防治监督的力度，还能够及时发现粉尘浓度较高的地区，为防治煤矿粉尘提供有效的帮助，降低各种风险的发生。

（3）采用洒水降尘措施：通过对露天煤矿采掘、运输作业区域进行洒水降尘，能够将露天煤矿中的作业区域煤、土进行湿润，从而在开采、运输过程中不会产生大量的粉尘。这种降尘的方式，不仅能够最大限度地降低粉尘浓度，还能够保证不会对周围环境产生污染。

（4）增强个体防护：露天煤矿各生产环节，尽管采取了多项防尘措施，但个别作业地点粉尘浓度仍达不到卫生标准。此种情况下，特别是强产尘和个别不宜安装防尘设备区域内，作业人员必须正确佩戴个人防尘护具。

（二）噪声

1. 噪声的危害

露天煤矿多采用大型的机械设备，噪声的主要来源有采装设备、运输设备、辅助生产设备和爆破作业等。长期工作在这种环境中，会对人身造成严重危害。如噪声可使人的听觉出现耳聋；作用于神经系统会引起头痛、头晕、失眠多梦、记忆力减退；作用于中枢神经系统会引起肠胃、消化分泌系统障碍；可使交感神经紧张，引起心动过速、心律紊乱、心脏和血管阻力发生变化，血压波动等现象。

2. 噪声防治措施

（1）降低声源噪声。在设备选用上尽量选用低噪声的设备，改进设备的结构，减小设备噪声的产生。

（2）限制噪声的传播。控制噪声传播的措施有隔声、吸声、消声、减震阻尼等，对于露天开采最有效的措施是隔声。对矿山固定设备，如风机、空压机等应装有消声器，用隔声材料制成隔声板、隔声罩封闭声源，减小声音的传播。

（3）个人防护。常用的防噪声的措施有带耳塞、耳罩、头盔等护耳用品，同时实行轮换工作制，减少与噪声的接触时间。

第二节 劳动防护用品配备基本要求

一、劳动防护用品定义

劳动防护用品，是指由用人单位为劳动者配备的，使其在劳动过程中免遭或者减轻事故伤害及职业病危害的个体防护装备。

二、露天煤矿劳动用品管理规定

（1）企业应当健全管理制度，加强劳动防护用品配备、发放、使用等管理工作。

（2）企业应当安排专项经费用于配备劳动防护用品，不得以货币或者其他物品替代。该项经费计入生产成本，据实列支。

（3）企业应当为劳动者提供符合国家标准或者行业标准的劳动防护用品。使用进口的劳动防护用品时，其防护性能不得低于我国相关标准。

（4）劳动者在作业过程中，应当按照规章制度和劳动防护用品使用规则，正确佩戴和使用劳动防护用品。

（5）劳务派遣工、实习学生应当纳入本单位人员统一管理，并配备相应的劳动防护用品。对处于作业地点的其他外来人员，必须按照与进行作业的劳动者相同的标准，正确佩戴和使用劳动防护用品。

三、劳动用品标准

（1）用人单位应按照识别、评价、选择的程序，结合劳动者作业方式和工作条件，考虑其个人特点及劳动强度，选择防护功能和效果适用的劳动防护用品。

①接触粉尘、有毒、有害物质的劳动者应当根据不同粉尘种类、粉尘浓度、游离二氧化硅含量、毒物的种类及浓度配备相应的呼吸器、防护服、防护手套和防护鞋等防护用品。

②接触噪声的劳动者，当暴露于 80 dB≤LEX，8 h（8 h 等效噪声）＜85 dB

的工作场所时，用人单位应当根据劳动者需求为其配备适用的护听器；当暴露于LEX，8 h（8 h 等效噪声）≥85 dB 的工作场所时，用人单位必须为劳动者配备适用的护听器，并指导劳动者正确佩戴和使用。

③存在电离辐射危害的工作场所，经危害评价确认劳动者须佩戴劳动防护用品的，用人单位可参照电离辐射的相关标准及《个体防护装备配备基本要求》（GB/T 29510）为劳动者配备劳动防护用品，并指导劳动者正确佩戴和使用。

④从事存在物体坠落、碎屑飞溅、转动机械和锋利器具等作业的劳动者，还可参照《个体防护装备选用规范》（GB/T 11651）、《头部防护安全帽选用规范》（GB/T 30041）和《坠落防护装备安全使用规范》（GB/T 23468）等标准，为劳动者配备适用的劳动防护用品。

（2）当同一工作地点存在不同种类的危险有害因素时，企业应当为劳动者提供防御各类危害的劳动防护用品，除需配备的劳动防护用品，还应考虑其可兼容性。劳动者在不同地点工作，并接触不同的危险、有害因素，或接触不同危害程度的有害因素的，为其选配的劳动防护用品须满足不同工作地点的防护需求。

（3）劳动防护用品的选择还应当考虑其佩戴的合适性和基本舒适性，并根据个人特点和需求选择适合的型号、样式。

（4）用人单位应当在可能发生急性职业损伤的有毒有害工作场所中配备应急劳动防护用品，并放置于现场临近位置并有醒目标识。用人单位应当为巡检等流动性作业的劳动者配备可随身携带的个人应急防护用品。

第三节 职业病防护诊断与保障

一、职业病防护与管理基本要求

关于劳动过程中职业病防护与管理，《中华人民共和国职业病防治法》有如下要求：

（1）任何单位和个人不得生产、经营、进口和使用国家明令禁止使用的可能产生职业病危害的设备或者材料。

（2）任何单位和个人不得将产生职业病危害的作业转移给不具备职业病防护条件的单位和个人。不具备职业病防护条件的单位和个人不得接受产生职业病危害的作业。

（3）用人单位与劳动者订立劳动合同（含聘用合同，下同）时，应当将工作过程中可能产生的职业病危害及其后果、职业病防护措施和待遇等如实告知劳动者，并在劳动合同中写明，不得隐瞒或者欺骗。

劳动者在已订立劳动合同期间因工作岗位或者工作内容变更，从事与所订立劳动合同中未告知的存在职业病危害的作业时，用人单位应当依照前款规定，向劳动者履行如实告知的义务，并协商变更原劳动合同相关条款。

用人单位违反前两款规定的，劳动者有权拒绝从事存在职业病危害的作业，用人单位不得因此解除与劳动者所订立的劳动合同。

（4）对从事接触职业病危害的作业的劳动者，用人单位应当按照国务院安全生产监督管理部门、卫生行政部门的规定组织上岗前、在岗期间和离岗时的职业健康检查，并将检查结果书面告知劳动者。职业健康检查费用由用人单位承担。

用人单位不得安排未经上岗前职业健康检查的劳动者从事接触职业病危害的作业；不得安排有职业禁忌的劳动者从事其所禁忌的作业；对在职业健康检查中发现有与所从事的职业相关的健康损害的劳动者，应当调离原工作岗位，并妥善安置；对未进行离岗前职业健康检查的劳动者不得解除或者终止与其订立的劳动合同。

职业健康检查应当由取得《医疗机构执业许可证》的医疗卫生机构承担。卫生行政部门应当加强对职业健康检查工作的规范管理，具体管理办法由国务院卫生行政部门制定。

（5）用人单位应当为劳动者建立职业健康监护档案，并按照规定的期限妥善保存。

职业健康监护档案应当包括劳动者的职业史、职业病危害接触史、职业健康检查结果和职业病诊疗等有关个人健康资料。

劳动者离开用人单位时，有权索取本人职业健康监护档案复印件，用人单位应当如实、无偿提供，并在所提供的复印件上签章。

（6）劳动者享有下列职业卫生保护权利：

①获得职业卫生教育、培训；

②获得职业健康检查、职业病诊疗、康复等职业病防治服务；

③了解工作场所产生或者可能产生的职业病危害因素、危害后果和应当采取的职业病防护措施；

④要求用人单位提供符合防治职业病要求的职业病防护设施和个人使用的职业病防护用品，改善工作条件；

⑤对违反职业病防治法律、法规以及危及生命健康的行为提出批评、检举和控告；

⑥拒绝违章指挥和强令进行没有职业病防护措施的作业；

⑦参与用人单位职业卫生工作的民主管理，对职业病防治工作提出意见和

建议。

用人单位应当保障劳动者行使前款所列权利。因劳动者依法行使正当权利而降低其工资、福利等待遇或者解除、终止与其订立的劳动合同的，其行为无效。

二、职业病诊断与职业病人保障基本要求

关于职业病诊断与职业病人保障，《中华人民共和国职业病防治法》有如下要求：

(一) 职业病诊断

(1) 劳动者可以在用人单位所在地、本人户籍所在地或者经常居住地依法承担职业病诊断的医疗卫生机构进行职业病诊断。

(2) 职业病诊断，应当综合分析下列因素：

①病人的职业史；

②职业病危害接触史和工作场所职业病危害因素情况；

③临床表现以及辅助检查结果等。

没有证据否定职业病危害因素与病人临床表现之间的必然联系的，应当诊断为职业病。

职业病诊断证明书应当由参与诊断的取得职业病诊断资格的执业医师签署，并经承担职业病诊断的医疗卫生机构审核盖章。

(二) 职业病人保障

(1) 用人单位应当保障职业病病人依法享受国家规定的职业病待遇。

用人单位应当按照国家有关规定，安排职业病病人进行治疗、康复和定期检查。

用人单位对不适宜继续从事原工作的职业病病人，应当调离原岗位，并妥善安置。

用人单位对从事接触职业病危害的作业的劳动者，应当给予适当岗位津贴。

(2) 职业病病人的诊疗、康复费用，伤残以及丧失劳动能力的职业病病人的社会保障，按照国家有关工伤保险的规定执行。

(3) 职业病病人除依法享有工伤保险外，依照有关民事法律，尚有获得赔偿的权利的，有权向用人单位提出赔偿要求。

(4) 劳动者被诊断患有职业病，但用人单位没有依法参加工伤保险的，其医疗和生活保障由该用人单位承担。

(5) 职业病病人变动工作单位，其依法享有的待遇不变。

用人单位在发生分立、合并、解散、破产等情形时，应当对从事接触职业病危害的作业的劳动者进行健康检查，并按照国家有关规定妥善安置职业病病人。

（6）用人单位已经不存在或者无法确认劳动关系的职业病病人，可以向地方人民政府民政部门申请医疗救助和生活等方面的救助。

地方各级人民政府应当根据本地区的实际情况，采取其他措施，使前款规定的职业病病人获得医疗救治。

第二节　露天煤矿安全生产特点

由于露天煤矿特有的开采工艺、生产作业条件和环境等原因，其安全生产一般具有以下几个特点：

（1）季节性：露天煤矿的生产是在露天场所进行的，受季节气候的影响，如夏季、雨季和冬季。

（2）变动性：露天煤矿的作业地点和环境始终处于动态中，如采掘线的推进、带式输送机运输线的移设、排土场的扩张和发展、公（铁）路运输道路的频繁更替。

（3）开放性：露天煤矿生产很难封闭式或工厂化，其采场和排土场始终与外界相连。

（4）机动性：露天煤矿生产的一个重要环节就是运输环节，并以汽车运输工艺为主，露天煤矿的运输卡车和生产指挥车具有很强的机动性。

（5）多样性：露天煤矿的生产主要涉及采、运、排三大环节，所采用的生产设备呈多样化，如斗轮机、转载机、电铲、挖掘机、装载机、推土机等大中型工程机械设备；大型汽车、矿车运输设备、辅助生产用机械设备等完成生产涉及多种行业特性。

（6）自然条件：具有“二发、三大、二高”特点，“二发”，即自然发火、雨季发水；“三大”，即大带式输送机运输、大汽车运输、大型机电设备；“二高”，即高压输配电、高段采掘。

露天煤矿的生产过程涉及多个生产环节和多种生产设备，完成整个生产将涉及多种行业特性，同样地存在一般企业和露天矿山各方面的安全生产问题。在露天煤矿生产过程中，常发生运输车辆交通事故、边坡坍塌、触电、火灾、水灾、机械伤害、爆破、高处坠落等人身伤害，以及损坏设备的非人身伤害事故。

第三节　国家电投集团内蒙古能源有限公司概况

国家电投集团内蒙古能源有限公司（以下简称内蒙古公司）是国家电力投资集团公司在内蒙古的全资子公司，与国家电投集团蒙东能源有限责任公司、内蒙古电投能源股份有限公司一体化运作。内蒙古公司是集煤炭、火电、新能源、电解铝、铁路、港口等产业一体化协同发展的大型综合能源企业。现有煤炭产能8100万t；火电装机680万kW；新能源装机245.24万kW，其中风电装机169.24万kW、光伏发电装机76万kW；电解铝运行产能86万t；铁路运营里程

627 km，港口规模 1800 万 t/a。资产总额 1075 亿元，员工 14500 余人，拥有 40 家所属单位，分布在内蒙古的通辽、赤峰、锡林郭勒盟、阿拉善、包头、鄂尔多斯、呼和浩特等盟市，以及湖南、湖北、河南、山西、辽宁等省份。

多年来，公司始终致力于循环经济建设和打造产业协同优势，探索出一条产业集群化、绿色循环发展的新路，成为全国循环经济工作先进单位。公司按照“用煤发电，用电炼铝，以铝带电，以电促煤”的发展思路，在霍林河地区形成了包括年消耗 1000 万 t 劣质煤的 180 万 kW 自备火电装机、40 万 kW 自备风电装机、86 万 t 电解铝产能，以及配套自备电网、监控指挥中心的煤电铝循环经济产业集群，构建了高载能产业清洁发展示范区，社会效益和经济效益明显，得到了广泛认可。2014 年 12 月在利马联合国气候大会“中国角”边会上获得了由联合国气候变化框架公约组织、中国低碳联盟、美国环保协会、中国低碳减排专委会联合颁发的“今日变革进步奖”。2018 年投资建设的达拉特光伏发电应用领跑基地一期项目，开创了国内 133 天一次建成 30 万 kW 沙漠光伏电站的先河。项目创造性地将光伏组件设计排布为骏马图形，并成功申报吉尼斯世界纪录，对促进达拉特旗打造“沙漠经济先导区”、发展“光伏+生态治理+农林+旅游”的经济模式发挥了积极作用。

下阶段，内蒙古公司将围绕国家电力投资集团公司奉献绿色能源的企业使命和建设具有全球竞争力的世界一流清洁能源企业的总目标，以“2035 一流战略”为统领，大力实施“建设世界一流清洁综合能源企业”的子战略目标和“绿色效益再翻番，低碳智慧创双一”的转型战略。公司坚持产业一体化协同发展思路，以智能自备电网建设为龙头做强做优做大霍林河、白音华煤电铝循环经济产业集群；以清洁能源为主导，建设乌兰察布、鄂尔多斯、阿拉善、包头北、赤峰等大型可再生能源基地，打造集群化、基地化、国际化发展的世界一流清洁综合能源企业。

一、内蒙古公司演变历程

内蒙古公司成立伊始就被定位为集团公司跨区域煤电联营电煤资源保障和蒙东煤电铝产业链利润支撑的战略性能源基地。自原中电投集团 2004 年进入蒙东地区发展以来，内蒙古公司的战略发展大致分为以下阶段。

第一阶段，2004—2007 年，探索实施煤电铝一体化协同发展战略、“五年三番百亿”时期。蒙东产业集群的发展历史可追溯到 1976 年霍林河煤田开发建设的霍林河矿务局时期，该煤田是国家“七五”“八五”重点项目，全国 13 个大型煤炭基地之一，我国自行设计施工、最早开发建设的首座千万吨级现代化露天煤矿。1999 年 5 月，霍林河矿务局改制为霍煤集团。2000 年，为了提高煤炭产

任何风险都可以控制
任何违章都可以预防
任何事故都可以避免

释义：风险无时无处不在，正确辨识、认真分析、科学应对，便能有效控制各类风险。违章源于麻痹侥幸，严格程序、标准作业、正确指挥，便能有效预防各类违章。事故来自隐患积累，把握规律、改进管理、消除隐患，便能有效避免各类事故。

员工需始终秉持质疑的工作态度、严谨的工作方法、相互沟通的工作习惯，认真遵循公司安全文化及核安全文化要求。

第八章　安全双重预防机制建设

第一节　安全双重预防机制基础理论

一、安全双重预防机制提出背景

当前我国已基本形成了“国家监察、地方监管、企业负责”的煤矿安全生产格局，初步建立了以《中华人民共和国安全生产法》和《煤矿安全监察条例》为主体的煤矿安全生产法律法规体系，煤矿安全生产的经济政策得到了进一步完善，煤矿安全基础管理工作得到了进一步加强，安全生产形势持续稳定好转，重特大事故多发势头得到初步遏制，事故起数和死亡人数大幅下降，职业健康得到重视。

尽管我国事故总量和死亡人数逐年下降，但煤矿安全生产形势依然严峻，具体表现为事故总量仍然很大、重特大事故时有发生、职业健康危害依然严重等基本特征。安全管理中仍然存在以下问题：

（1）在安全管理机制方面，大多数煤矿在安全管理上没有建立系统化、程序化、标准化的工作模式。

（2）没有对风险提前进行管控，在认知上是反应式、后知后觉式，仅强调事后处理，没能事前主动辨识风险、评估风险的大小、制定防范措施、开展有效的管控，工作跟着问题跑，这必然形成被动式、“救火式”的安全管理局面。

（3）煤矿安全监督管理机制不够完善，部分职能部门监管不力。

（4）违法违规组织生产现象严重，企业安全生产主体责任落实不到位。

（5）企业技术管理薄弱，安全保障能力差。

（6）现场基础安全管理混乱，“三违”现象严重。

对于我国煤矿安全生产和管理工作存在的突出问题，迫切需要通过管理和技术创新来解决。加强在重大灾害治理、煤矿安全准入和退出机制设计、煤矿安全基础管理、煤矿安全监管监察执法和责任追究、煤矿安全科技投入和规范高效的应急救援体系建设等方面的工作，全面建立煤矿安全生产的长效机制，大力提高煤矿安全保障能力。

风险管理是安全管理的高级阶段，它从造成事故的根源出发，可在根本上减少、消除事故。风险管理的基本原理是在全面辨识风险的基础上，运用风险管控的技术，综合采用技术和管理相结合的措施，以管理危险源和事件来控制事故，从而实现“一切风险皆可控制”“一切意外均可避免”的风险管理目标。

二、煤矿安全双重预防机制基本概念

双重预防机制是对原有安全管理的总结和创新，因此其建设涉及的一些基本概念与原有概念相比既有继承性，也有创新性。

1. 风险点

风险点是指有风险伴随的设施、部位、场所和区域，以及在特定设施、部位、场所和区域实施的伴随风险的作业过程，或以上两者的组合，如采场、边坡等。风险点是风险分级管控的基础，即不同层级的人管控具有对应等级风险的风险点。风险管控时，不同层级的人检查需要其控制的风险点，核对该风险点中本层级及以上层级的风险管控措施是否到位，并予以确认，如果不到位则将风险转换成隐患，走隐患闭环流程。

2. 危险源

危险源指的是可能导致伤害或疾病、财产损失、工作环境破坏或以上情况组合的根源或状态，从能量的角度可归结为两类危险源。

因意外释放而造成事故的能量或危险物质称为第一类危险源。煤矿使用的炸药、油料、油漆等易燃物品就存在能量，机械运转中的机械能、起重及高空作业中的势能，高压气体、高压液体都是第一类危险源，属于根源危险源。在正常情况下，能量或危险物质受到约束或限制时不会发生意外的释放，但是一旦这些约束或限制能量的措施失效，则将发生事故，导致能量或危险物质约束或限制措施失效的各种因素称为第二类危险源。第二类危险源属于状态危险源，风险分级管控的主要对象就是第二类危险源。

3. 风险

风险是指某一特定危险情况发生的可能性和其可能造成的损失的组合，用公式表示为

$$风险=可能性\times严重性$$

风险依托于危险源存在，一个危险源有若干个风险。

4. 管控措施

管控措施是对第二类危险源的细化措施，是为了确保第一类危险源处于可控状态而采取的相关措施，包括技术措施、管理措施、培训教育措施、个体防护措施、应急处置措施等，即采用怎样的方法和手段（监督、检查、培训、检修、

维护）才能让危险源/风险的状态或行为符合标准要求；明确谁应该干什么、怎么干、何时何地干。显然，管控措施针对的是对风险进行防护，降低其发生的可能性或降低其损害程度。

5. 隐患

隐患是指生产经营单位违反安全生产法律、法规、规章、标准、规程和安全生产管理制度的规定，或者因其他因素在生产经营活动中存在可能导致事故发生的物的危险状态、人的不安全行为和管理上的缺陷。一个风险点包含若干个危险源，一个危险源会带来若干个风险，一旦某个风险因素失控，就会造成危险源的风险上升，如果风险值超过某个阈值，该危险源（带能量）将演变成隐患。

在双重预防机制建设中，生产经营单位应首先划分风险点，其次辨识风险点中的危险源，然后辨识该危险源有哪些风险，最后确定每一个风险的管控措施。如果管控措施失控，则形成隐患。通过隐患治理，可以实现对风险值实时变化进行监控。

三、双重预防机制的意义和作用

对于煤矿而言，双重预防机制既是对原有安全管理思想和方法的继承，也是新的理论创新，不仅从理论上解决了安全管理的问题，而且考虑了如何与原有安全管理思想、方法结合，如何在企业中落地生根的问题。双重预防机制的提出和推广实施，对于新形势下推进安全生产管理工作有着重要的意义，对于我国煤矿的安全生产水平提升必将起到巨大的促进作用。

1. 体现全过程风险管理的思想，实现安全管理的关口前移

传统的安全管理，只关注对隐患的排查和治理，即在工作中排查是否存在各类隐患，排查出隐患后再采取措施进行治理，忽视了事前预控。煤矿风险分级管控与隐患排查治理“双重预防机制”对风险进行全过程管理，其过程如图 8-1 所示。

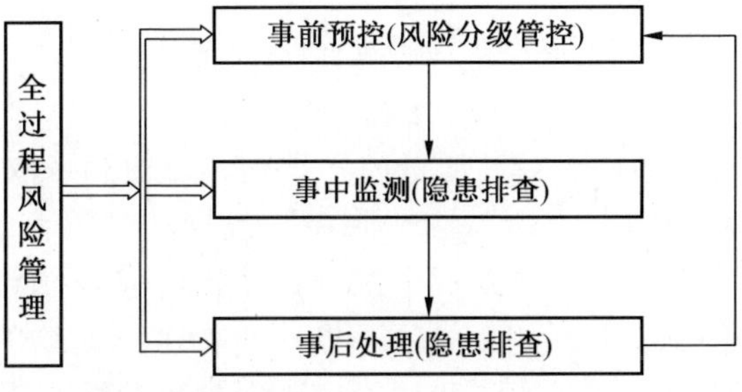

图 8-1　全过程风险管理示意图

首先，事前进行预控。事前就是产生隐患之前，先通过识别风险、评估风险，进而采取预防措施进行分级管控，减少风险，降低风险的程度，防止隐患的产生。其次，在作业过程中对风险管控情况进行监测，随时关注风险的失控情况，此过程也是对隐患进行排查的过程。再次，对发现的失控情况采取措施进行治理（隐患治理），并分析风险管控失效的原因，对事前预控管理要求和措施进行分析，查找薄弱环节，逐步对风险分级管控的要求和措施进行完善。

因此，风险分级管控和隐患排查治理之间的关系是风险分级管控在前，隐患排查治理在后。“双重预防机制”对隐患产生前的预控、事中监测、事后处理都有要求，体现了对风险的全过程管控，改变以往的被动排查和处理隐患，变为主动进行全过程管控，且更关注隐患产生前的预控。

2. 体现“预控为主”的思想，切断事故发生的因果链

危险源有人、机（包括机器设备、材料、设施等）、环境三种载体。对危险源管控存在缺陷时，就可能导致人的不安全行为、物的不安全状态和环境的不安全条件。人的不安全行为主要就是传统煤矿安全管理中的“三违”行为，物的不安全状态和环境的不安全条件就是“隐患”，因此危险源的失控就能够导致“三违”和“隐患”的产生。事故发生的因果链如图 8-2 所示。

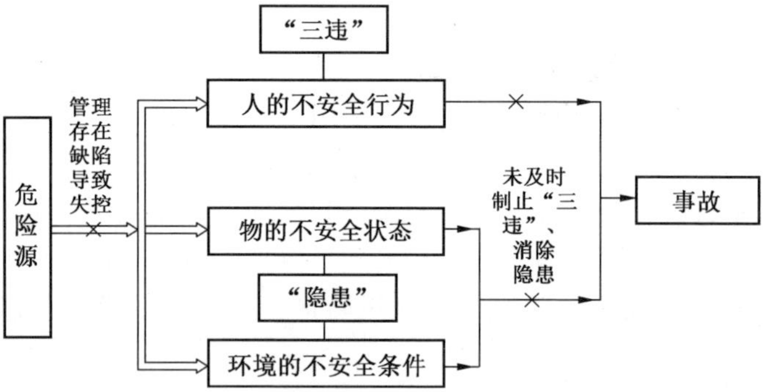

图 8-2 事故发生的因果链

风险分级管控是在事前管控，通过风险识别、评估和采取预控措施等步骤，能够有效切断由危险源向“三违”和“隐患”发展的链条。在工作过程中，通过安全检查和隐患排查能够及时发现个别因预控措施失效而导致的“三违”和“隐患”，从而制定措施，及时纠正人的不安全行为，整改物的不安全状态和环境的不安全条件，切断由“三违”和“隐患”向事故发展的链条。

因此，风险分级管控和隐患排查治理充分体现了“预控为主”的思想，能

够分别切断由危险源向“隐患”和“三违”发展、“隐患”和“三违”向事故发展的链条，构成安全管控的两道防线，因此称其为“双重预防机制”。

3. 体现主动安全控制的思想，提升全体员工的风险意识

推动安全生产关口前移成了防范事故、减少死亡人数的重要举措，但如何前移，却一直没有系统的理论可供指导，没有切实可行的方法可供操作。

“双重预防机制”的推广和实施，要求煤矿干部和职工对危险源进行辨识、评估、分级和预先采取措施进行控制，这些措施都是工作之前制定和采取的，因此可以说是主动对危险源进行控制的措施，改变了以往仅在发生事故后或出现隐患后才被动整改的局面。这些预控措施的制定需要管理人员以及部分职工参与，并需要全体员工共同执行。“双重预防机制”的深入推广和实施，必将逐步提升煤矿全体员工的风险意识，逐步由被动地背诵、被动地学习、被动地执行，转变为员工自己能辨识危险源、能够评估其风险、能够主动地采取措施。

“对易发重特大事故的行业领域，要采取风险分级管控、隐患排查治理双重预防性工作机制，推动安全生产关口前移。”这是习近平总书记对安全生产工作提出的要求，也为安全生产关口前移指明了道路。基于“危险源—安全风险—事故隐患—事故”的推演，双重预防性工作机制，既是安全生产方面的重大理论创新，又具有很强的操作性。

根据《中华人民共和国安全生产法》关于“生产经营单位必须加强安全生产标准化、信息化建设，构建安全风险分级管控和隐患排查治理双重预防机制”的规定，在新标准制定时，将原有的“煤矿安全质量标准化”改名为“煤矿安全生产标准化”，其最重要的调整是新增了安全风险分级管控和事故隐患排查治理两部分内容。

第二节　风险辨识与评估

全面风险辨识与评估是双重预防机制建设中最重要、工作量最大，也是最为复杂的一个环节，直接影响着后续工作的科学性和准确性。风险全面辨识与评估涉及煤矿每个科室、部门的人员，受主观因素影响较大，与辨识人员的素质密切相关。因此，煤矿必须充分重视全面风险辨识工作的难度和复杂性，调配足够的人力、物力，集中一段时间予以完成。

一、风险辨识的步骤

煤矿的初始风险辨识是一个复杂的过程，会产生各种各样的问题，需要负责的管理人员有清醒的认识，并加强考核，保障工作的有效开展。

（一）风险辨识模板和规范的确认

风险辨识模板中的信息大致可分为风险本身的信息、风险等级信息、风险管控信息三类，每一类信息中的具体数据项会因各个煤矿的实际情况而有所不同。明确风险辨识模板后，还需要对模板中的每一个数据项的含义、取值类型、范围等予以明确的定义，并详细解释每一个数据项的取值方法，确保所有人制作的风险辨识结果具有相同的标准。

（二）风险辨识方法

风险辨识常见的方法有：工作任务分析法、直接询问法、现场观察法、查阅记录法等直接经验分析法和事故树分析法、安全检查表法、预先危险性分析法等系统安全分析法。目前煤矿常用的风险辨识方法有：

1. 工作任务分析法

工作任务分析法是指把一项作业活动分解成几个步骤，辨识整个作业活动以及每一步骤中的危害及其危险性。在辨识过程中，以清单的形式列出系统中所有的工作任务以及每项任务的具体工序，对照相关的规程、条例、标准，并结合实际工作经验，分析每道工序中可能出现的危害因素。该方法需要合理划分工作任务，优点是与员工的工作结合紧密；不足之处是容易缺失，也容易造成重复。

2. 直接询问法

直接询问法是指组织有现场工作经验的人员进行交谈，询问具体工作有哪些危害因素，根据交谈来初步辨识出工作中存在的危险源。该方法对于被询问对象有较高的要求，适用于煤矿员工素质较高，而辨识人员经验不足的情况，或用于完善已经完成的辨识结果。

3. 现场观察法

现场观察法是指通过对工作环境的现场观察，辨识系统中存在的危险源。该方法要求现场观察的人员要具有安全技术知识和掌握完善的职业健康安全法规、标准，观察人员还必须有丰富的现场工作经验，且对于风险辨识也有充分的了解。

上述几种方法都属于直接经验分析法，都是在大量实践经验基础上，依据安全技术标准、安全操作规程和工艺技术标准等进行分析，对系统中存在的危险源作出定性的描述。

4. 预先危险性分析法

预先危险性分析又称为初步危险性分析，是在进行某项工程活动（包括设计、施工、生产、维修等）之前，对系统存在的各种危险因素（类别、分布）、出现条件和事故可能造成的后果进行宏观、概略分析的系统安全分析方法。

该方法主要用于分析危险物质和主要工艺、装置。通过对生产装置及工艺、设备的安全性进行危险性预先分析，辨别装置的危险部位、主要危险特性以及可导致重大事故的缺陷和隐患，防止这些危险发展成事故。

煤矿企业存在的风险复杂多样，仅靠一种方法是难以辨识完整的，在煤矿企业风险辨识实际工作中，需要综合运用多种辨识方法。但无论采用哪种方法，都应对煤矿的所有系统及活动和区域进行风险辨识，而不仅仅是重点灾害因素。

（三）风险辨识人员的选取

风险辨识是一项基础性的工作，对于建设煤矿双重预防机制的效果具有决定性的影响。这项工作需要参与人员熟悉现场、懂技术、会辨识方法，而且工作量往往比较大，因此在人员的选择上非常重要。在很多煤矿的风险辨识工作中，大量的经验教训往往都集中在风险辨识环节，这些事实突显了风险辨识人员选取的重要性。

（四）风险辨识结果的审核

由于风险辨识是一个临时性的任务，所召集的人员大多来自于各个部门，虽然进行过培训，统一了辨识规范，但仍无法保证辨识结果的科学性和准确性，尤其是有些辨识人员对于一些具体规则的理解有所不同，不同人员的素质和责任心等也有不同。因此，对于辨识小组提交的辨识结果应组织相关专家进行审核。

（五）风险辨识结果的再辨识与发布

辨识结果经审核后，审核人提交具体审核意见，并就其中的共性问题进行重新培训、讨论，组织辨识小组进行新一轮的辨识结果修改。一般情况下，经过2~3轮的辨识结果审核，风险辨识结果基本上就能够满足双重预防机制运行的需要，经总工程师签字后，在煤矿企业内予以发布。

二、风险辨识的人员组织与培训

任何工作的有效开展都需要找到合适且足够的人，同时保证这些人有工作能力和意愿，才能够保质保量达成预期目标。对于风险辨识而言，解决这个问题的环节就是人员组织与辨识培训。

（一）风险辨识人员的选取原则与要求

风险辨识是集中一段时间进行的专项工作，需要辨识人员能够全身心投入，因此选择的人员应是各职能科室和区队的年轻骨干，而不是刚入职的年轻员工。由于风险辨识的工作量非常大，不是少量员工轻易就能够完成的，因而需要和辨识人员所在部门协商。

（二）风险辨识培训

双重预防机制建设小组将风险辨识格式和规范向风险辨识小组做讲解，使其能够准确了解风险辨识的规则，并组织所有成员进行讨论。一次培训难以保证所有辨识人员对每一个具体情况的准确理解，因此需要专业人员对培训后的辨识结果进行快速审核，从中发现存在的问题和误解，然后针对具体的案例进行讲解、答疑，从而保证整个辨识工作的顺利开展。

三、风险辨识与评估的内容

风险辨识与评估的内容取决于煤矿企业安全管理的目标、思想、方法等，无论采用哪一种方法，基本都包括风险自身信息、风险评估信息、风险管控信息三类信息。

（一）风险自身信息

风险自身的信息包括专业属性、危险源名称、作业活动、风险描述、伤害类别等。

（1）专业属性是落实风险管控的主要专业，如钻孔、爆破、采掘、运输、排土、机电等。

（2）危险源名称是对危险源的命名，并不与风险类型一一对应，可以将之尽量与环境要素、机器要素相对应。

（3）作业活动是指该危险源所涉及的作业活动。

（4）风险描述是对该危险源体可能造成的风险的具描述，让工作人员可更准确了解风险的情况。

（5）伤害类别为该风险所造成的伤害种类，按照国家职业伤害的类别划分，伤害类别可以分为：物体打击、车辆伤害、机械伤害、起重伤害、触电、淹溺、灼烫、火灾、高空坠落、坍塌、冒顶片帮、透水、爆破、瓦斯爆炸、火药爆炸、锅炉爆炸、容器爆炸、其他爆炸、中毒和窒息以及其他伤害。

（二）风险评估信息

风险辨识出来后，就应对风险的大小进行评估，为后续的风险分级提供依据。风险评估的信息主要是对风险大小、程度进行评估的相关信息，风险评估信息包括风险等级、风险类型等。

风险评估是指评估风险大小以及确定风险是否可容许的全过程。风险评估的核心是对风险发生的可能性和造成后果的严重性进行权衡，从而对风险的整体危险性进行评估。比较常用的评估方法有风险矩阵法和 LEC 法。

1. 风险矩阵法

风险矩阵评估法所依据的风险等级划分表包括事故发生的可能性和后果严重性这两个维度，从而形成一个风险数值的矩阵。风险数值计算出来后，根据该数值在矩阵中的位置，判断该风险的等级。矩阵法用 R 表示风险值的大小，其计算方法如下：

$$R=L\times S$$

式中 R——危险源风险值；

L——发生事故的可能性；

S——发生事故的后果严重性。

风险矩阵	一般风险（Ⅲ级）	较大风险（Ⅱ级）		重大风险（Ⅰ级）		有效类别	赋值	可能造成的损失：人员伤害程序及范围	可能造成的损失：由于伤害估算的损失
6	12	18	24	30	36	A	6	多人死亡	500万元以上
5	10	15	20	25	30	B	5	一人死亡	100万元到500万元之间
4	8	12	16	20	24	C	4	多人受严重伤害	4万元到100万元
3	6	9	12	15	18	D	3	一人受严重伤害	1万元到4万元
2	4	6	8	10	12	E	2	一人受到伤害，需要急救；或多人受轻微伤害	2000元到1万元
1	2	3	4	5	6	F	1	一人受轻微伤害	0元到2000元
1	2	3	4	5	6	赋值			
L	K	J	I	H	G	有效类别			
不能	很少	低可能	可能发生	能发生	有时发生	发生的可能性			

低风险（Ⅳ）级

风险等级划分

风险值	风险等级	备注
30～36	重大风险	Ⅰ级
18～25	较大风险	Ⅱ级
9～16	一般风险	Ⅲ级
1～8	低风险	Ⅳ级

图 8-3 风险矩阵及风险等级划分表

图 8-3 将发生事故的后果严重性（S）分为 6 类（A～F），依次递减赋值为 6～1；发生事故的可能性 L 分为六类 G～L，依次递减赋值为 6～1。根据危险源风险值 R 的大小，可将风险分为四个等级，即低风险、一般风险、较大风险和重大风险。

2. LEC 法

所谓 LEC 法，意思是其风险评估从三方面考虑：事故或危险事件发生的可能性、人体暴露于危险环境的频率和事故发生的后果。每一方面用一个字母表示，故称之为 LEC 法。

LEC 法用 D 表示风险值的大小，其风险计算公式为

$$D=L\times E\times C$$

式中 L——发生事故或危险事件的可能性，其取值见表 8-1；

E——人体暴露于危险环境的频率，其取值见表 8-2；

C——发生事故可能产生的后果，其取值见表 8-3；

D——危险性分值，其取值见表 8-4。

无法确定可能性时，可以对照表格给定值，集体讨论确定。赋值后，可倒推风险大小，根据煤矿实际管控状况和接受程度重新判断赋值合理性。

表 8-1 LEC 法 L 的取值

分数值	事故发生的可能性
10	完全可以预料
6	相当可能
3	可能，但不经常
1	可能性小，完全意外
0.5	很不可能，可以设想
0.2	极不可能
0.1	实际不可能

表 8-2 LEC 法 E 的取值

分数值	暴露于危险环境的频繁程度
10	连续暴露
6	每天工作时间内暴露
3	每月一次或偶然暴露
2	每月一次暴露
1	每年一次暴露
0.5	非常罕见暴露

表 8-3 LEC 法 C 的取值

分数值	发生事故产生的后果
100	10 人以上死亡
40	3~9 人死亡
15	1~2 人死亡
7	严重
3	重大、伤残
1	引人注意

表 8-4　LEC 法 D 的取值

D 的取值	危险程度
$D \geqslant 270$	重大风险
$140 \leqslant D \leqslant 270$	较大风险
$70 \leqslant D \leqslant 140$	一般风险
$D < 70$	低风险

风险类型分为人、机、环、管，体现风险是由哪方面的因素造成的。

（1）人——人的不安全行为，一般指明显违反安全操作规程的行为，这种行为往往直接导致事故发生，例如人员误操作、检修人员未执行停电挂牌制度等。

（2）机——物的不安全状态，是指机械设备、物质等明显不符合安全要求的状态，例如没有防护装置的传动齿轮、裸露的带电体等。物的不安全状态可能直接使控制措施失效而发生事故，例如电线绝缘损坏发生漏电。

（3）环——环境的不良因素，主要指系统运行的环境，包括温度、照明、粉尘、噪声和振动等物理环境。

（4）管——由于管理上存在失误，导致人的不安全行为或物的不安全状态发生。

第三节　风险分级管控体系的建立

在国家对煤矿安全生产越来越重视的大背景下，许多煤矿企业越来越重视煤矿职业健康和安全生产工作，一些促进煤矿切实做好安全管理工作的法规制度、经济政策、安全标准和管理措施先后出台。煤矿企业通过建立目标，并应用安全管理新技术来追求安全绩效的实现。特别是近年来，我国一些中大型煤矿企业牢固树立“风险就是隐患，隐患就是事故”的理念，超前谋划、精细管理、强化执行、严格落实，深入开展安全风险分级管控体系建设，确保风险分级管控工作与安全生产管理工作无缝对接，全力落实安全高效发展理念，取得了良好的效果。

一、风险分级管控基本目的

建立煤矿安全风险分级管控体系基本目的就是弘扬“生命至上、安全第一”的思想，坚持关口前移、预防为主，推动煤矿安全生产从治标为主向标本兼治、重在治本转变，从事后调查处理向事前预防、源头治理转变，从传统安全管理方式向信息化管理方式转变。坚持以系统化推动程序化，以程序化推动标准化，以标准化推动煤矿达到和保持一定的安全技术条件，通过全员参与、全过程参与、分级管控、信息化预警、责任考核，避免不可承受的风险，全面提高煤矿安全生产防控能力和水平，从而实现煤矿的安全生产。

二、风险分级管控组织与流程

（一）风险分级管控组织

风险分级管控是指在安全生产过程中，针对各系统、各环节可能存在的安全风险、危害因素，进行超前辨识、分析评估，并采取分级管控的管理措施。为保证风险分级管控工作有效有序开展，各企业都应建立风险分级管控工作责任体系。

1. 组织机构

组长：矿长。

副组长：各系统分管负责人。

成员：各系统副总工程师、各部室和区队负责人。

2. 安全风险分级管控部门

煤矿需明确安全风险分级管控工作的管理部门，负责检查、督促安全风险分级管控工作的实施情况。

3. 职责分工

建立安全风险分级管控工作责任体系，矿长全面负责，分管负责人负责分管范围内的安全风险分级管控工作，明确组织机构各成员在风险分级管控工作中的责任。

4. 制度建设

建立安全风险分级管控工作制度，明确安全风险的辨识范围、方法和安全风险的辨识、评估、管控工作流程。

（二）风险分级管控基本流程

风险分级管控管理遵循煤矿安全管理的一般性程序，覆盖了从风险辨识开始到风险受控为止的全过程，基本流程如图 8-4 所示。

1. 风险辨识

煤矿风险辨识必须以科学的方法，全面、详细地剖析生产系统，确定危险因素存在的部位、存在的方式、事故发生的途径及其变化规律，并予以准确描述。风险辨识的目的是明确管理的范围，只有对风险进行全面、系统的辨识，才能做到安全管理无遗漏。岗位风险辨识可以让员工自主辨识自身岗位风险，增强个体

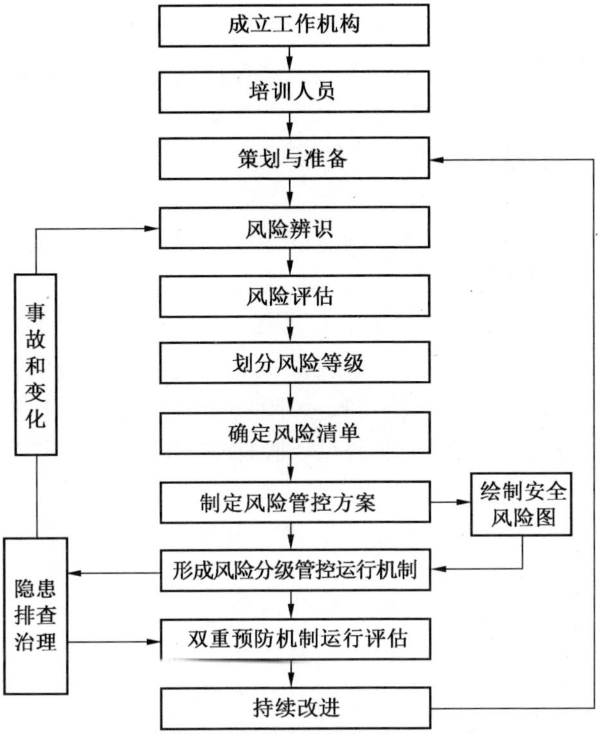

图 8-4　风险分级管控基本流程

防范意识，让每个员工真正掌握自己身边风险的分布情况，做到心中有数，应对有策。对于系统性重大风险辨识，可采用事故机理分析法，由技术和管理部门组织辨识，必要时可借助外部科研力量帮助开展风险辨识工作。

2. 风险评估

风险评估是在风险辨识的基础上，通过确定风险导致事故的条件、事故发生的可能性和事故后果严重程度，进而确定风险大小和等级的过程。通过评估对风险进行排序，分清轻重缓急，帮助煤矿在危险源辨识的基础上，借助可量化的技术，明确安全管理的重点。风险评估有多种方法，可根据系统的复杂程度，采用定性、定量和半定量的评价方法。

煤矿可根据自身实际情况，选择适用的风险评估方法，然后根据统一标准对风险进行有效分级。安全风险一般分为重大风险、较大风险、一般风险和低风险四个等级，分别用红、橙、黄、蓝四种颜色标示。风险清单（风险数据库）至少应包括风险名称、风险位置、风险类型、风险等级、管控主体、管控措施等内容。

煤矿应将重大风险进行汇总，登记造册，并对重大风险存在的作业场所或作业活动、工艺技术条件、技术保障措施、管理措施、应急处置措施、责任部门及工作职责等进行详细说明。对于重大风险，煤矿应及时按照职责范围报告属地负有安全生产监督管理职责的部门。

3. 绘制安全风险图

煤矿应根据风险类别和等级，确定安全风险清单，制定安全风险管控措施，建立风险数据库，绘制安全风险四色分布图。

4. 研究和制定风险分级管控标准和措施

煤矿应研究和制定相应的风险管控标准和措施，防止危险源转变成为隐患，通过安全技术应用预防隐患产生。制定风险管控标准可以明确管理的依据，制定管理措施可以明确管理的途径。在通过风险评估明确了管理重点之后，需要对管理对象进行管控。

风险分级管控标准和措施的制定、修订和完善是一项技术性很强的系统工程，煤矿应遵循“分类、分级、分层、分专业、分区域”的方法，按照风险分级管控基本原则，根据风险评估的结果，针对安全风险的特点，从组织、制度、技术、应急等方面对安全风险进行有效管控。针对已辨识的危险源和风险评估结果，制定相应的风险管理标准，确定相关责任人、监管部门、监管人员，进而制定管理措施。根据“谁主管、谁负责”的原则，明确各自的安全风险管控重点，逐一落实所有风险的安全管理与监管责任，强化风险管控技术、制度和管理措施，把风险控制在可接受范围。

5. 形成风险分级管控运行机制

煤矿应建立安全风险分级管控工作制度，制定工作方案，明确安全风险分级管控原则和责任主体，分别落实领导层、管理层、员工层的风险管控职责和风险管控清单，分类别、分专业明确部门、车间、班组、岗位的安全风险管理措施。要通过隔离危险源、采取技术手段、实施个体防护、设置监控设施等措施，达到回避、降低和监测风险的目的。要对安全风险分级、分层、分类、分专业进行管理，逐一落实煤矿、部门、班组和岗位的管控责任，尤其要强化对重大危险源和存在重大安全风险的生产经营系统、生产区域、岗位的重点管控。

煤矿应建立完善安全风险公告制度，并加强风险教育和技能培训，确保管理层和每名员工都掌握安全风险的基本情况及防范、应急措施。要在醒目位置和重点区域分别设置安全风险公告栏，制作岗位安全风险告知卡，标明主要安全风险、可能引发事故隐患类别、事故后果、管控措施、应急措施及报告方式等内容。对存在重大安全风险的工作场所和岗位，要设置明显警示标志，并强化危险源监测和预警。

煤矿应对重大风险进行重点管控，制定有效的管理控制措施。煤矿应根据自身组织机构特点，按照分级管控要求，做到事故应急的机构、编制、人员、经费、装备“五落实”。建立重大风险监测预警系统，开展重大风险分级预警和事故应急响应，做到风险预警准确，事故应急响应及时。

煤矿应建立风险管控信息系统，健全配套制度，提高风险管控信息化水平。各相关单位做好相关信息的录入、维护，实现政府、部门、企业及社会服务组织信息共享，形成全方位、立体化监管格局，提高安全监管效能。

6. 风险动态管理

风险分级管控机制建设不是临时性、阶段性的工作任务，而是规范煤矿安全生产管理的常态化工作系统。煤矿要高度关注运营状况和危险源变化后的风险状况，通过动态评估、调整风险等级和管控措施，确保安全风险始终处于受控范围内。煤矿应定期组织对风险分级管控机制运行情况进行评估，及时修正发现问题和偏差，不断循环往复，促进和提高双重预防机制的实效性。

煤矿要制定企业安全风险清单、事故隐患清单和安全风险图定期更新制度，制定双重预防机制相关制度文件定期评估制度，确保双重预防机制不断完善，持续保持有效运行。

三、风险数据库持续完善

建立全面的煤矿企业安全风险信息数据库，是煤矿企业实现系统化安全管理的基础。

1. 建立风险数据库

数据库是伴随着通信技术以及计算机技术的不断进步而产生的，将这些技术应用于生产安全事故预防、处理，以及安全生产的日常管理中，从而改变传统安全生产过程控制的结构，提高安全生产管控效率，减少生产安全事故发生概率。风险数据库通过计算机实现风险数据录入和储存，通过局域网和因特网实现信息传递，通过程序实现相关数据的处理和反馈。煤矿安全双重预防机制信息系统运行的关键是风险数据库的建立。

2. 确保数据质量，强化数据分析利用

风险数据库是安全双重预防机制信息系统运行的基础，只有确保数据的质量才能保证信息系统的有效运行，所以必须保证风险数据的质量，规范数据采集和审核流程。在数据采集环节，重点强化风险辨识人员对风险辨识的全面性以及评估的准确性，严把数据入口关；在数据审核阶段，加大审核力度，提高审核人员专业素养，按照“谁审核，谁负责”的原则，明确数据质量责任主体，重点要做好风险数据的分析利用工作，提高风险数据的利用价值。

3. 规范风险数据标准

规范和科学的标准数据，是实现煤矿与煤矿之间以及煤矿各部门之间风险数据交换、资源共享和对接的前提，可以促进信息系统高质量、秩序化的运行和实现数据的高效、准确的传输以及应用。但目前煤矿企业缺少一个规范化的风险数据标准，煤矿企业各自按照自己的标准整理风险数据，这就给风险数据的交换造成了极大的不便。因此，确立风险数据的国家标准和行业标准是风险数据完善的重要方向。

第四节　隐患排查治理体系的建立

隐患排查治理体系是双重预防机制的重要组成部分，是防范事故发生的最后一道防线，也是我国煤矿长期以来非常重视的一个机制。煤矿安全生产标准化中以“事故隐患排查治理”为名，将之作为一个专业，纳入强制建设的要求中来。煤矿安全生产标准化中的“事故隐患排查治理”来源于双重预防中的隐患排查治理，并为其提出了一个更加细化的框架。以此为基础，考虑双重预防机制的内涵，提出了一个满足各方标准要求的隐患排查治理体系，并在一些煤矿得到了成功的实践。

一、隐患排查治理的目的

隐患排查治理是指煤矿企业组织安全生产管理人员、工程技术人员和其他相关人员，对本单位生产组织过程中人、机、环、管等方面存在的不安全因素、不安全行为进行梳理排查，并对排查出的事故隐患按照事故隐患等级记录跟踪，采取相应措施进行治理的工作过程。隐患排查治理的目的是通过对隐患的排查治理，防范煤矿生产安全事故发生。

二、隐患排查治理的组织与流程

隐患排查治理是煤矿安全管理中的一项基础性工作，旨在及时发现并消除一切潜在的不安全因素，将事故控制在萌芽状态，对煤矿安全事故预防有着不可替代的作用。

（一）隐患排查治理的运行机制

隐患排查治理就是以风险分级管控理念为先导，以隐患排查治理运行机制为核心，从而达到“零隐患”的最高目标，其运行机制如图 8-5 所示。

在隐患排查运行机制中，首先，依据危险源辨识与风险评估的结果确定隐患

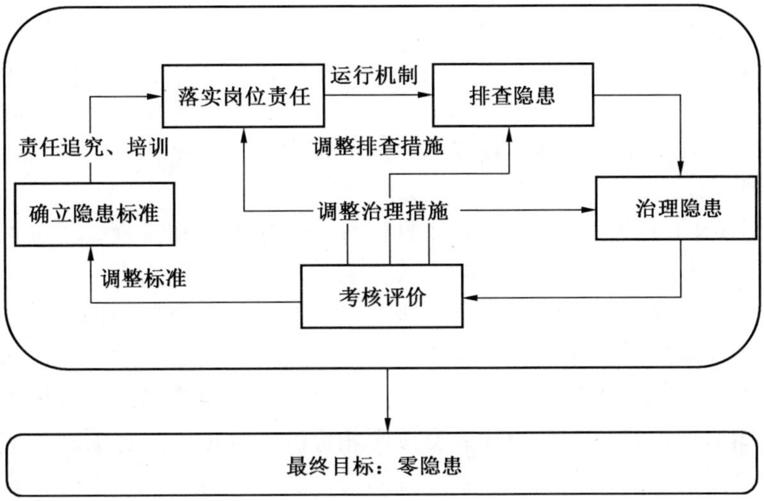

图 8-5 隐患排查治理的运行机制

标准，落实隐患排查的岗位责任，结合具体岗位层层分解落实隐患排查责任人，制定和贯彻落实责任制度，做到“有患必有责”。其次，在“全员、全方位、全过程”隐患排查方针指引下，根据危险源辨识结果制定排查计划，积极引导基层员工自我检查、自觉上报、主动发现未知隐患，并通过层级检查监督体系督导协查隐患，监督查处隐患排查中的不检、漏检、错检行为。其次，对查出的隐患及时反馈、科学评估与制定治理方案，规范操作及时消除隐患，并认真核查、评价排查结果，将排查结果及时汇报给相关部门。最后，通过合理有效的奖惩机制强化落实岗位责任，并根据实际需要调整岗位责任与隐患标准。

隐患排查治理运行机制的准则就是对煤矿企业安全隐患实施全过程的控制，做到确定隐患标准、落实隐患排查岗位责任、排查隐患、治理隐患、考核评价五个环节头尾相接、闭合循环。

1. 确定隐患标准

从煤矿的人、机、环、管四方面，广泛搜集国家法律法规、行业标准等相关资料。综合运用煤矿隐患辨识的方法，如工作任务分析法、事故树分析法等，对煤矿可能存在的隐患进行合理、有效地预测，科学利用安全分析和安全系统评价，对隐患进行定性、定量评估，在评估的基础上分清隐患的类型和性质，提出事故预防措施，确定隐患标准，对隐患进行分类管理。

2. 落实隐患排查岗位责任

根据隐患排查岗位责任要求，制定周密的隐患排查计划，设计科学严密的层级隐患排查体系。层级隐患排查体系可将责任层级分为矿领导、职能部门、基层部门、班组、员工五个层级。将隐患排查工作按责任层层严细分解，以落实隐患排查岗位直接责任人自查为主，间接责任人协查为辅，通过各层级主管部门管理人员督导检查，安全职能部门管理人员监督检查，层层落实。

3. 排查隐患

排查隐患的过程中，以班排查、日排查、周排查、旬排查、月排查周期性排查形式，自查和监督检查相结合的方式，强化现场安全整治。

（1）自查隐患。隐患排查工作贯穿整个生产过程，即工作前要排查静态隐患，工作中要解决过程中出现的隐患，工作后要排查遗漏的安全隐患。交接班时，带班班队长要对生产场所进行全面的安全确认、排查隐患，将排查出来的安全隐患告知治理人员，再由治理人员按照相应的治理措施进行治理。交接班员工需排查各自岗位上的安全隐患，将发现的安全隐患报告班长，由班长安排人员处理。在工作中，班长通过走动式管理，对生产中产生的安全隐患进行排查，并将排查出来的安全隐患和处理措施向治理人员交代清楚，并监督治理人员及时、安全、有效的处理。员工应自觉自查自己岗位工作中安全隐患，并及时报告班长，由班长安排人员处理。生产场所排查出的重大级隐患和现场无法立即治理的安全隐患，不但要向操作人员告知，还要向相关部门汇报，由相关部门安排处理。隐患自查工作的核心环节是现场工作人员的排查，通过开工前的安全确认，生产工作中的走动排查，工作后的安全评估，真正做到全员、全面、全过程、全天候的隐患排查，为煤矿安全生产消除潜在威胁。

（2）监督检查隐患。矿领导、机关职能科室技术管理人员、安环部检查人员监督检查。根据安环部事先制定的矿检查计划，按照规定的检查周期、检查时间、检查路线、检查项目、检查方式进行安全隐患的协查和督查，并将协查情况告知责任单位，由责任单位安排责任人处理。

4. 治理隐患

排查和发现隐患的目的是消除隐患，若对排查出来的安全隐患熟视无睹不去处理，等于没有排查安全隐患，必然会威胁后续生产安全。治理隐患的主要流程如下：

（1）基层单位对已查出的安全隐患评估、分级。基层单位管理人员根据事故隐患的分级标准，对自查和监督检查中已查出的安全隐患进行评估，判断能否自行整治，能够自行整治的自行治理，不能够自行整治的汇报职能部门。

（2）基层单位自主闭合处理隐患。对于能够自行治理的隐患，基层单位管理人员制定整治方案，安排治理责任人，并监督治理，最终检查验收、记录整理。当班不能处理完毕的隐患，由下一班次继续治理。

（3）职能部门负责组织闭合处理隐患。对于不能够自行整治的安全隐患，基层单位应汇报职能部门，由职能部门协调相关部门及人员制定隐患治理方案，组织责任单位实施，并对隐患治理过程进行监督，对治理结果核查。

5. 考核评价

隐患治理工作结束后，要对隐患排查治理工作进行效果评价，由专人负责事故隐患的统计，筛选处理和上报，将隐患排查治理效果公示，使煤矿每一个人都了解存在的事故隐患，在工作中进行防范。再根据隐患排查岗位责任，奖罚结合对各级责任人进行相应追责，从而提高员工排查隐患的积极性，加强隐患排查治理过程控制，打破安全隐患“产生→治理→再产生→再治理”的不良循环。最后要将重特大隐患详细记录，比照原有的治理措施，进行反馈、更新和完善，让隐患排查工作更加规范、更加细致。

（二）隐患分级标准的制定

依据《煤矿重大事故隐患判定标准》及《煤矿安全规程》《煤矿安全生产标准化管理体系基本要求及评分方法（试行）》，结合隐患的治理和排除难度及可能导致事故后果和影响范围，将隐患分为一般隐患和重大隐患。

1. 一般隐患

一般隐患指危害程度和治理难度小，发现后能够立即通过治理排除的隐患。

2. 重大隐患

重大隐患指危害和治理难度大，需全部或局部停产，并需经过一定时间治理方能排除的隐患，或因外部因素影响致使本单位自身难以排除的隐患。

（三）隐患排查治理的组织机构

为保证煤矿安全生产，落实隐患排查治理行动的总体安排和要求，把隐患排查治理工作作为年度重点工作来抓，根据《煤矿安全规程》《煤矿安全生产标准化管理体系基本要求及评分方法（试行）》等相关规定，结合实际情况，煤矿企业可成立隐患排查治理的组织机构，矿长为隐患排查治理工作第一责任人，下设各专业隐患排查治理工作部门。

（1）成立以矿长为组长，其他分管副矿长为副组长，各部门负责人以及安全、生产、技术人员为成员的矿级隐患排查治理领导小组。

（2）成立以各部门负责人为组长，部门生产技术人员、班组长为成员的部门级隐患排查治理领导小组。

（四）隐患排查治理的工作流程

煤矿企业的隐患排查治理的工作实行闭环管理，主要包括隐患的排查、分析、治理、验收等内容，具体工作流程如图 8-6 所示。

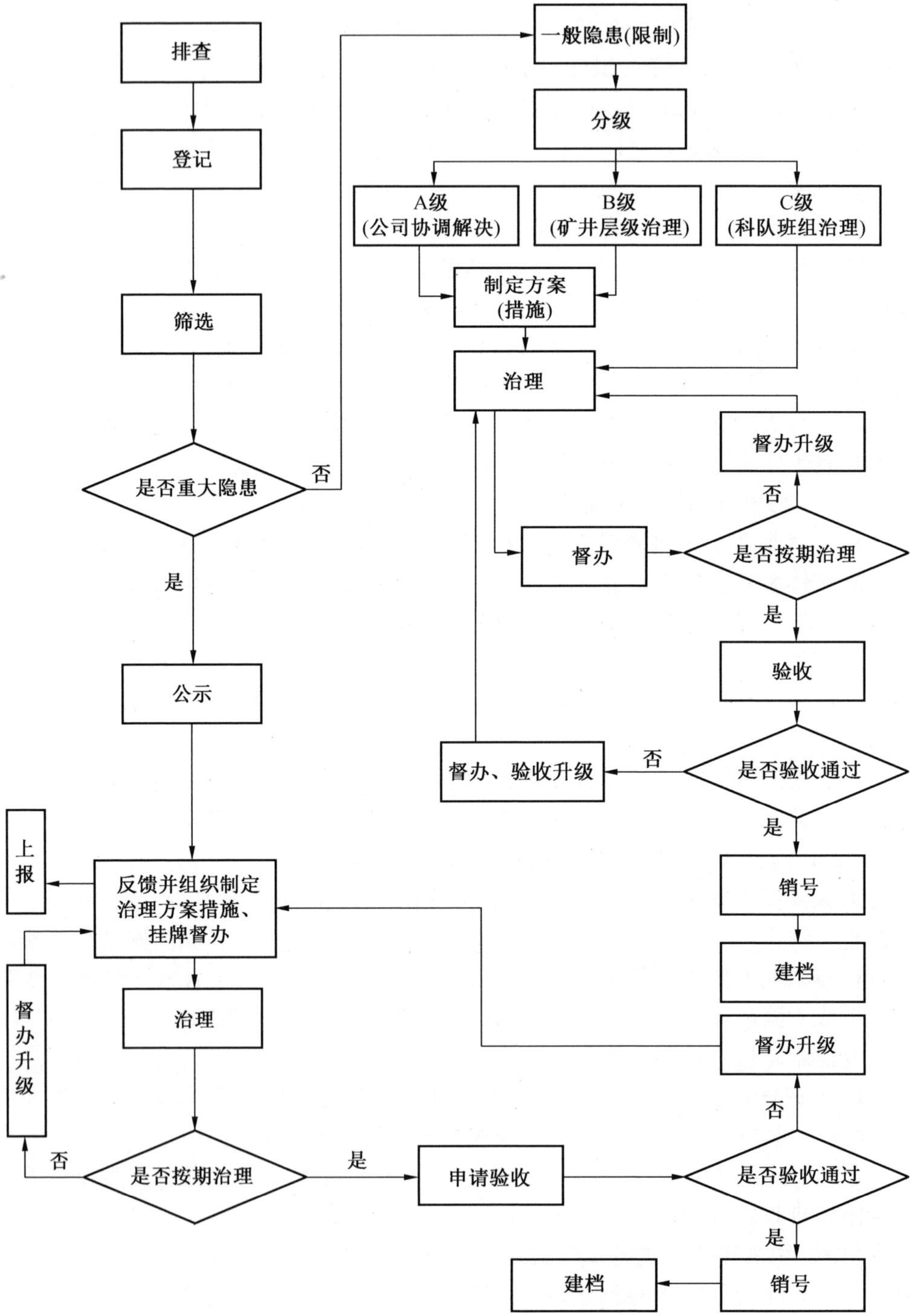

图 8-6　隐患排查治理流程图

三、隐患排查治理的分级管理

隐患排查治理工作实行四级管理，即煤矿、部门、班组、员工。

1. 隐患排查方式方法

企业需建立健全隐患排查制度，按不同生产性质、工作范围、作业特点、危害因素分别确定岗位、班组、部门。

班组长需对本班组作业范围内隐患进行全面排查。发现隐患立即治理，确认无危险时方准作业。当班作业结束，收集整理隐患排查治理情况，形成班组隐患排查台账。

部门对所辖区域进行全面隐患排查，应及时、准确、认真填写隐患排查信息，建立部门隐患排查台账，对排查出的隐患跟踪监督治理。

矿长每月组织一次全面隐患排查，隐患排查情况由安环部建立矿的隐患排查台账，实行档案化管理。

2. 隐患治理及上报

各部门负责人必须亲自安排日常隐患排查及治理工作。每班对现场隐患进行排查，指派专人负责隐患的治理。隐患治理必须符合责任、措施、资金、时限、预案“五落实”要求，确保治理落到实处。部门隐患排查及治理记录、验收记录、有关会议纪要等资料要认真填写，记录由专人负责，并建立台账。

按照隐患分级标准对隐患进行分级治理。一般 D 级隐患由班组负责现场立即治理，并将治理情况上报部门。一般 C 级隐患由部门及时组织治理，治理报告经分管领导签字后报安监部门。一般 B 级隐患由业务科室、安监部门对分管业务范围内的 B 级隐患提出治理意见，指导有关部门制定隐患治理方案，并督促落实治理。一般 A 级隐患由公司安全专题会研究，提出初步治理方案上报上级有关部门，经审批后，根据审批意见组织治理。

3. 隐患治理验收及销号

隐患治理复查验收情况应纳入各级隐患排查台账。隐患治理复查验收合格，经复查验收人员签字，予以销号。

4. 重大隐患治理

重大隐患的治理由矿长负责，成立重大隐患治理领导小组，在业务科室配合下，制定针对性措施，限期治理。对可能危及周边单位和人员的重大隐患，应及时告知。各业务科室、安监部门按照分管业务范围，对重大隐患实行挂牌督办、建档管理、节点控制、逐项验收，做到排查治理闭合管理到位。重大隐患排查治理实行“一案一档”管理。

四、隐患督办与升级制度

事故隐患升级与督办是新的安全生产标准化中对隐患排查治理所提出的新的要求，也是其与传统隐患闭环管理的重要区别。在事故隐患治理过程中实施分级督办，对未按规定（指内容、质量、期限）完成治理的事故隐患，及时提高督办行政层级。按照隐患治理对应的层级，隐患督办升级主要是将原隐患督办层级按照原计划层级向上提升一层，加大督办力度。隐患升级后的督办，由升级后的督办人对隐患治理过程进行监督、指导。

五、隐患排查治理措施的制定

隐患排查治理措施是将失控的隐患恢复到受控状态的核心，也是隐患治理的依据。根据新的安全生产标准化要求，隐患排查治理措施应按照隐患等级和是否能够当班治理完成制定相应的治理措施。

（一）措施制定

一般隐患能现场解决的应按照现有措施要现场治理、当场解决，对于一些治理时间长、治理难度大的隐患，应按照责任、措施、资金、时限、方案“五落实”要求限期治理。

1. 责任

隐患排查治理分级管理要求对排查出的事故隐患进行分级，按照事故隐患等级明确相应层级的单位（部门）、人员负责治理、督办、验收，确保闭环流程各个环节都有单位、人员负责。

2. 措施

治理单位及责任人接到隐患治理任务时，必须编制安全技术措施，并贯彻传达。隐患治理要做到安全技术措施、安全保证措施、强制执行措施和安全培训措施四到位，避免在隐患治理过程中再发生事故。

3. 资金

企业应建立安全生产费用提取、使用制度。事故隐患排查治理工作资金有保障。

4. 时限

检查部门排查出隐患，确定治理单位及责任人、整改期限、督办单位，治理单位制定措施进行限期整改。

5. 方案

对于整改难度较大、部门解决不了的事故隐患由矿组织管理部门专业人员提出整改建议，指导责任单位制定整改方案，并督促落实整改。

（二）措施完善

在隐患排查治理过程中，由于人的不安全行为、管理上的缺陷、技术上的不完善、环境出现的不确定因素等原因往往会出现共性隐患、反复隐患、新增隐患和重大隐患，必须要加强分析隐患产生的原因，通过矿月度事故隐患统计分析和责任单位自我深挖隐患产生的根本原因及内在机理，及时对有关条款进行相应的补充，完善具体措施与反事故隐患措施。

第五节　风险管理及隐患排查信息化应用

为更好地实现风险预控及隐患排查的信息化应用，内蒙古公司开发了智慧安全环保监管平台一、风险管理及风险数据库应用，依托平台实现双重预防机制的信息化管理。

一、安全风险管理及风险数据库应用

平台通过建立正式的、动态的、系统的程序来管理所属单位的设备、作业、环境、职业健康等风险因素，达到对所属单位生产过程中的安健环风险的有效识别及评估，并针对此制定有效的风险控制方案。同时，与风险数据库实现强关联，结果数据与风险数据库互相作用，形成可多维度检索、查询、分析的数据支持，见表8-5。

表8-5　模块列表及功能

序号	模块	子模块	实现的功能
1	安全风险管理	数据中心	通过数据中心模块集中展示安全风险管理工作整体情况、多维度分析、趋势和数据清单
2		设备风险分级管控	设备清单、风险辨识、风险评价、风险管控
3		作业风险分级管控	作业清单、风险辨识、风险评价、风险管控
4		风险统计	多维度风险统计与清单展示
5		隐患排查治理	通过隐患排查治理手段策划定期工作对风险进行检查与整改闭环
6		重大危险源管理	重大危险源辨识、评估存在的重大危险源进行登记、建档、备案、定期检查

1. 数据中心

通过数据中心模块集中展示安全风险管理工作绩效情况、总体工作开展情况、统计图表分析、趋势图分析和清单表，如图 8-7 所示。

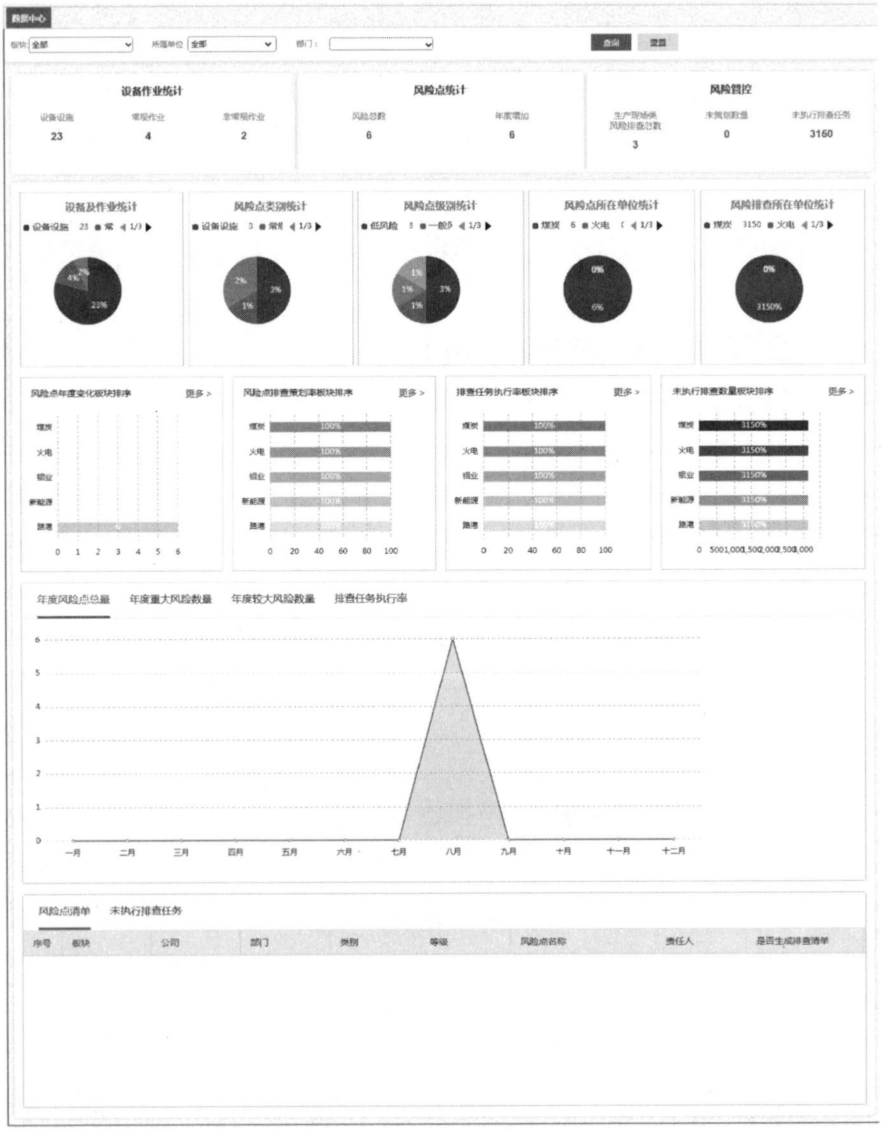

图 8-7 数据中心

2. 风险辨识计划

主要对风险辨识计划提报，如图 8-8 所示。

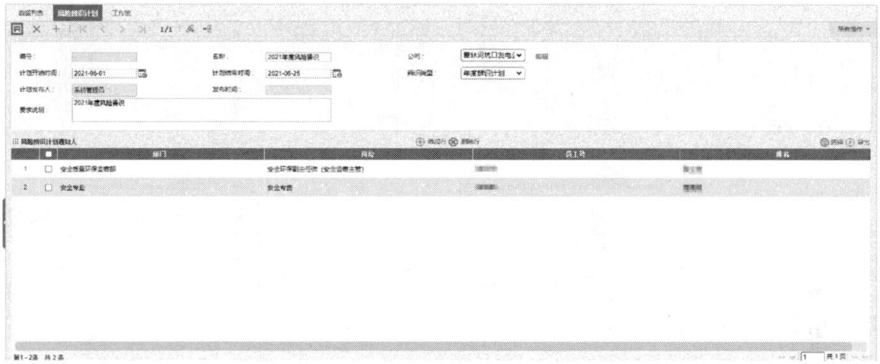

图 8-8　风险辨识计划

3. 作业风险管理

作业风险管理评估流程图如图 8-9 所示。

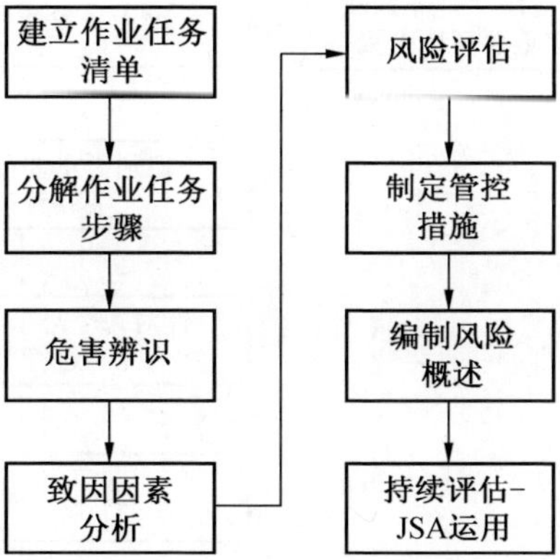

图 8-9　作业风险管理评估流程图

4. 设备风险管理

设备风险管理评估流程图如图 8-10 所示。

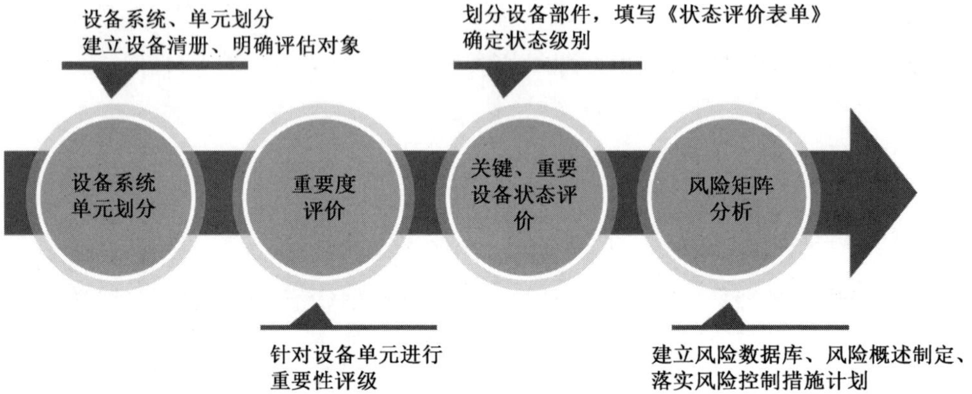

图 8-10 设备风险管理评估流程图

5. 环境风险评估

环境风险评估流程图如图 8-11 所示。

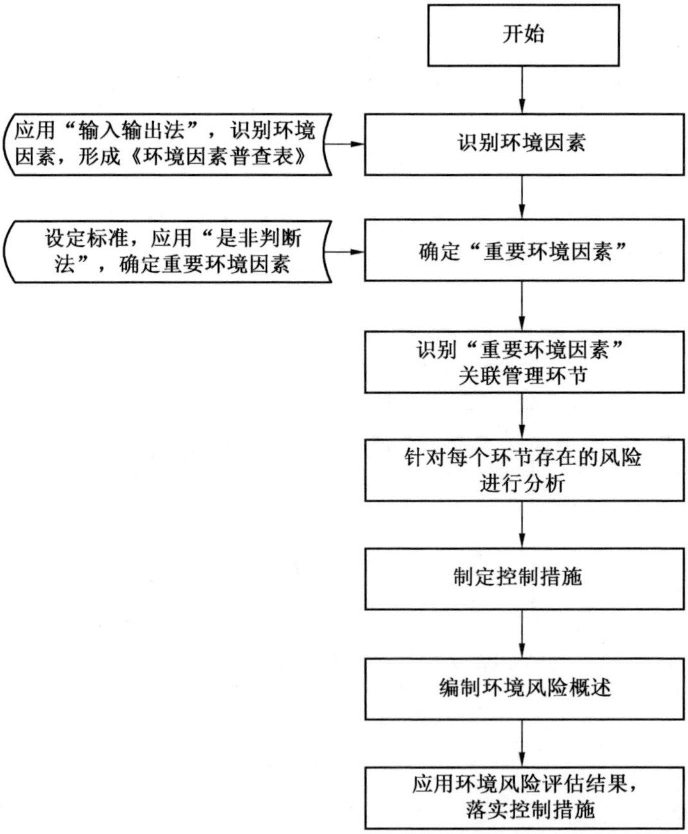

图 8-11 环境风险评估流程图

6. 职业健康风险评估

职业健康风险评估流程图如图 8-12 所示。

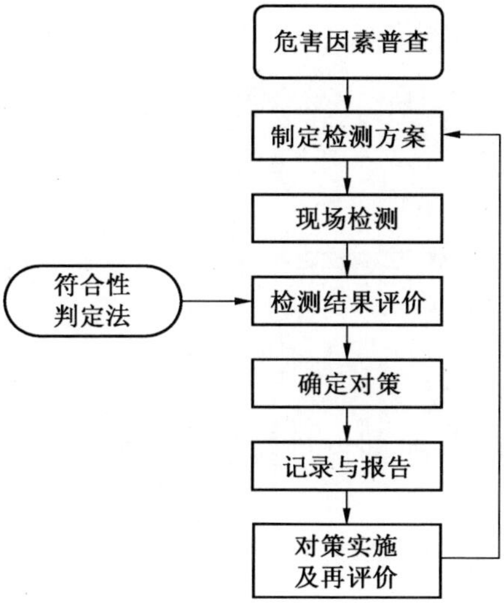

图 8-12　职业评估流程图

7. 风险数据库

对已评审的作业风险进行统一展示与应用，如图 8-13 所示。

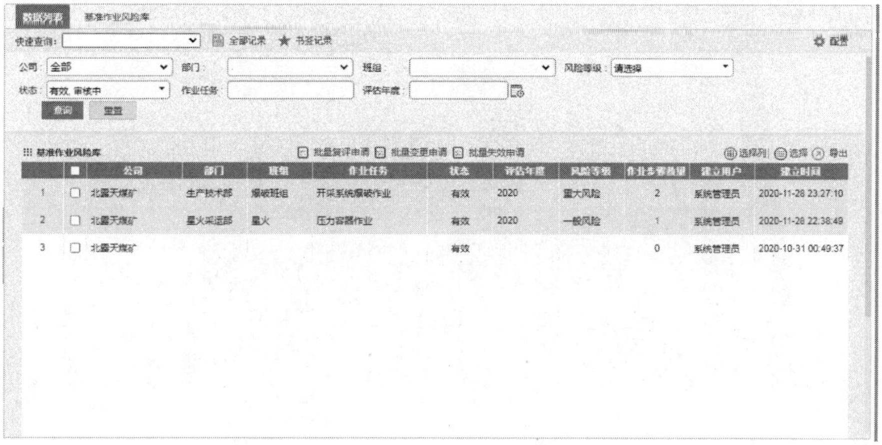

图 8-13　已评审作业风险系统图

8. 重大危险源

对重大危险源进行登记与检查，如图 8-14 所示。

图 8-14　重大危险源

9. 区域划分

对厂区分分布图进行区域划分，如图 8-15 所示。

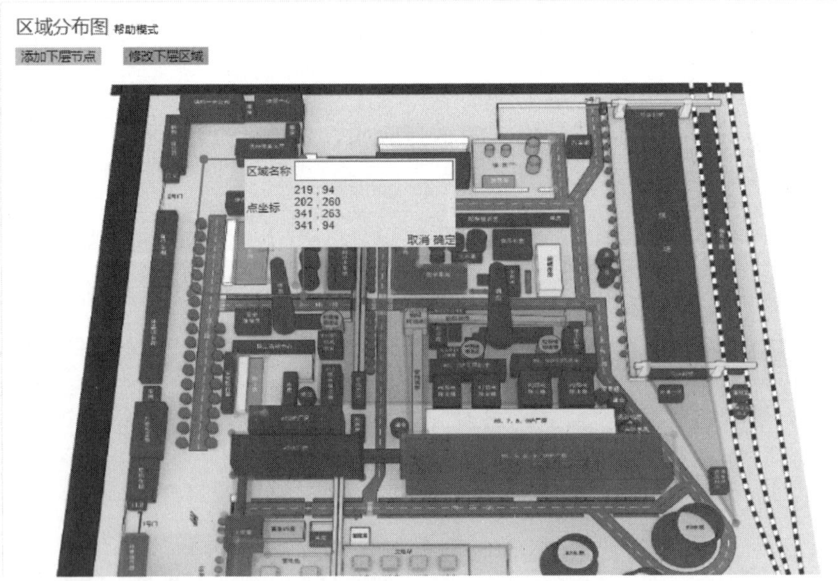

图 8-15　区域划分

二、隐患排查治理

隐患排查治理通过移动 APP 端和电脑 PC 端对发现的隐患进行发起、审核、整改、验收，并对隐患排查治理进行统计分析，见表 8-6。

表 8-6 隐患排查模块列表及功能

序号	模块	子模块	实现的功能
1	隐患排查治理	数据中心	多维度对隐患排查治理信息进行统计与展示，贯穿公司、板块、厂矿、部门、班组、人员，并对整改情况进行统计分析，便于管理人员的管理工作决策
2		隐患排查及督办	通过手机 APP 端和电脑 PC 端对发现隐患进行发起，审核，整改，验收，最终形成闭环
3		隐患统计	多维度对隐患排查治理信息进行统计与展示，贯穿公司、板块、厂矿、部门、班组、人员，并对一般隐患和重大隐患整改情况进行统计分析
4		隐患排查绩效管理	针对每月发现的隐患情况进行奖励分配

1. 数据中心

多维度对隐患排查治理信息进行统计与展示，贯穿公司、板块、厂矿、部门、班组、人员，并对整改情况进行统计分析，便于管理人员的管理工作决策，如图 8-16 所示。

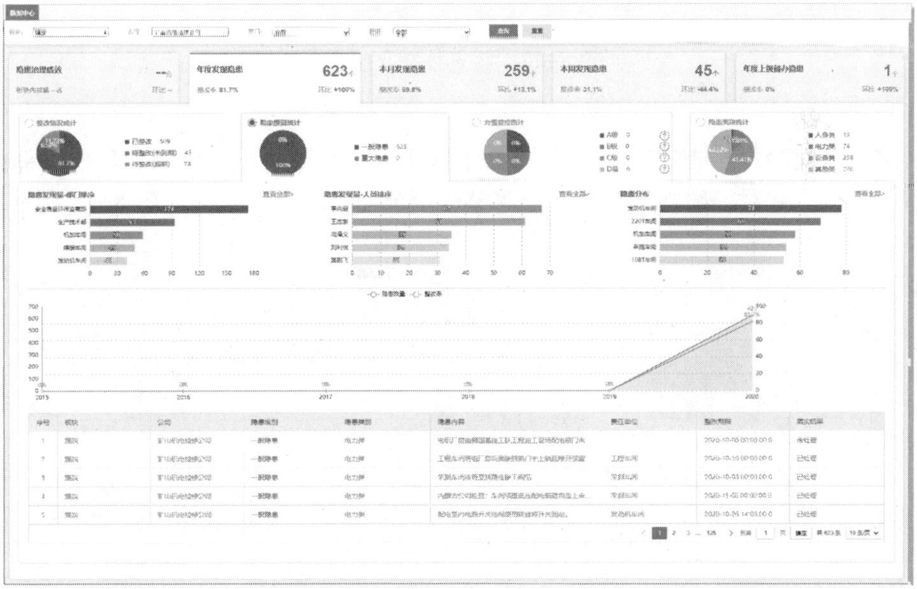

图 8-16 数据中心

2. 移动端隐患排查及督办

隐患排查及督办如图 8-17 所示。

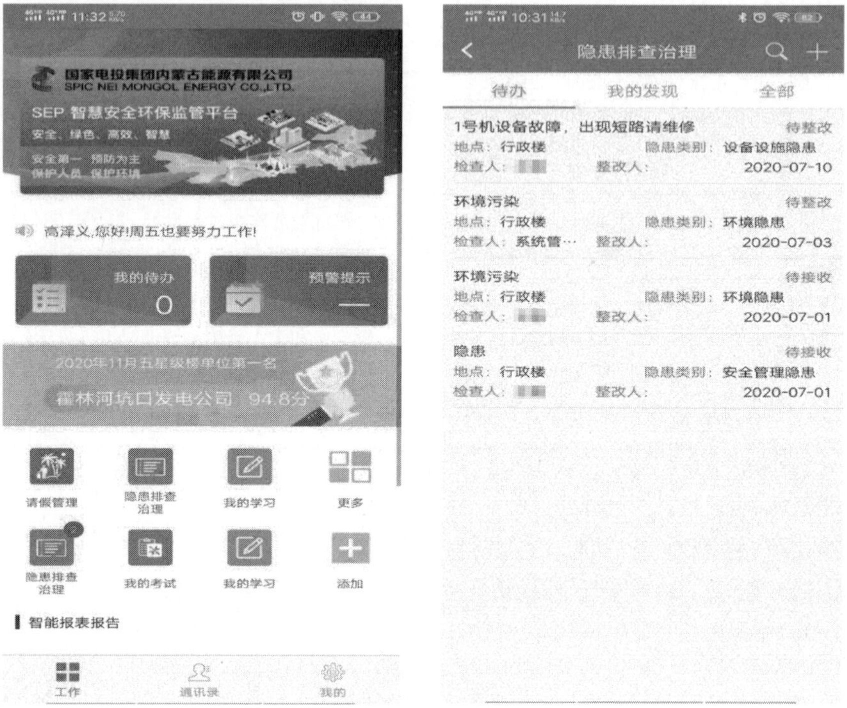

图 8-17　隐患排查及督办

3. 隐患统计

多维度对隐患排查治理信息进行统计与展示，贯穿公司、板块、厂矿、部门、班组、人员，并对一般隐患和重大隐患整改情况进行统计分析，如图 8-18 所示。

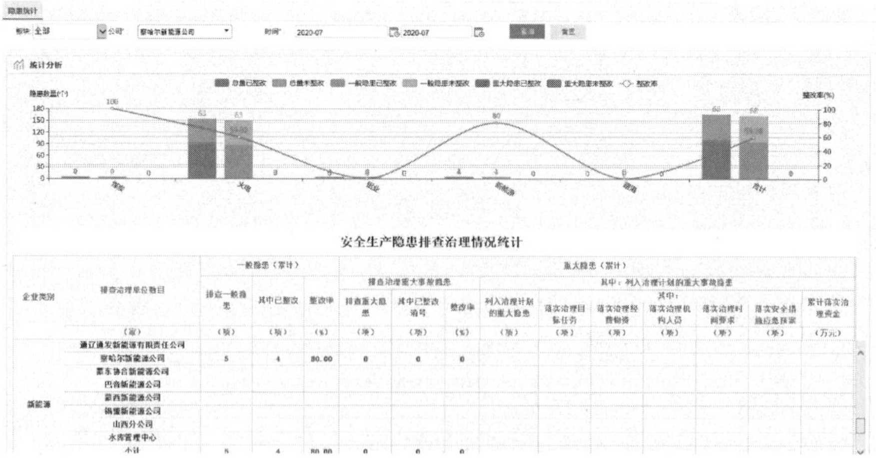

图 8-18　隐患统计

4. 隐患排查绩效管理

针对每月发现的隐患情况进行奖励分配，如图 8-19 所示。

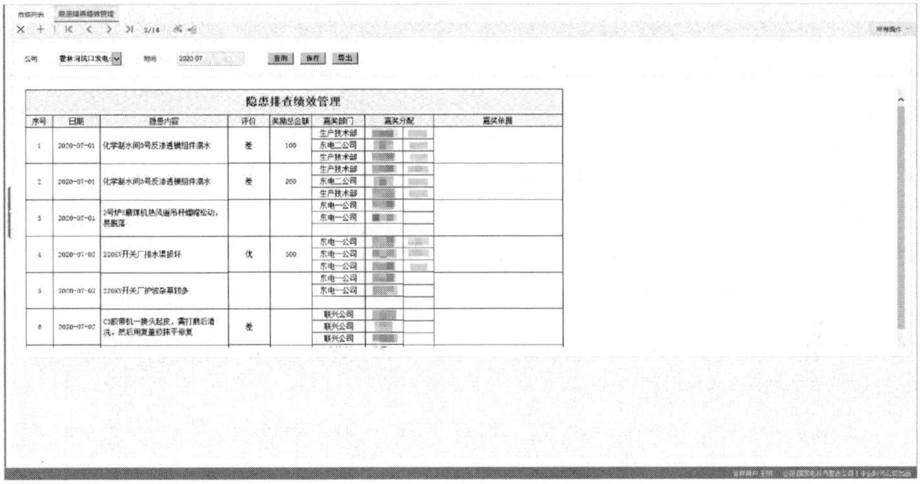

隐患排查绩效管理

序号	日期	隐患内容	评价	奖励总金额	嘉奖部门	嘉奖分配	嘉奖依据
1	2020-07-01	化学制水间3号反渗透模组件漏水	差	100	生产技术部 东电二公司 生产技术部		
2	2020-07-01	化学制水间3号反渗透模组件漏水	差	200	生产技术部 东电二公司 生产技术部		
3	2020-07-01	2号炉E磨煤机热风道吊杆螺帽松动，易脱落			东电一公司 东电一公司		
4	2020-07-02	220KV开关厂排水渠损坏	优	500	东电一公司 东电一公司 东电一公司		
5	2020-07-02	220KV开关厂护坡杂草较多			东电一公司 东电一公司		
6	2020-07-02	C3胶带机一接头起皮，需打磨后清洗，然后用复盖胶抹平修复	差		联兴公司 联兴公司 联兴公司		

图 8-19　隐患排查绩效管理

第九章 露天煤矿常见事故应急处置

第一节 触电事故应急处置

一、触电事故征兆和类型

触电事故是指由于人体直接触碰带电体、因绝缘损坏而漏电的设备或者站在接地故障点的周围而发生的事故。

触电事故分为电伤和电击两种。电伤是指电对人体外部造成局部电灼伤、金属溅伤、电烙印等伤害。电击是指电流通过人体躯体而产生的化学效应、机械效应、热效应及生理效应而导致对人身造成伤害。

触电事故风险：维修班大多从事设备检修，照明灯具的更换，开关更换，配电箱、柜的操作以及电工接线等作业时人员违章或设备故障可导致触电事故。

触电事故危害程度：触电事故可导致人体表皮烧伤、产生水泡、心脏或呼吸器官麻痹，严重的可直接或间接造成死亡事故。

二、触电事故应急处置

发生触电事故按照脱离电源、就地施救、逐级上报的原则进行处置如图 9-1 所示。

（一）脱离电源

救援人员在救援时首先要确保自身安全，防止造成救援人员自身伤害和对伤者造成的二次伤害。现场人员发现人员触电后，如果不具备救助能力或不能确保自身安全，应立即报告现场负责人或紧急求助身边的同事。有人员触电，首先要尽快切断电源，救护人不得用手直接接触触电者，防止发生救护人触电事故。脱离电源的方法应根据现场具体条件，一般有以下几种方法和措施：

（1）如果开关或按钮距离触电地点很近，应迅速拉开开关，切断电源，并应准备充足照明，以便进行抢救。

（2）如果开关距离触电地点很远，可用绝缘手钳或用干燥木柄的斧、刀、铁锹等把电线切断。注意：应切断电源侧（即来电侧）的电线，且切断的电线

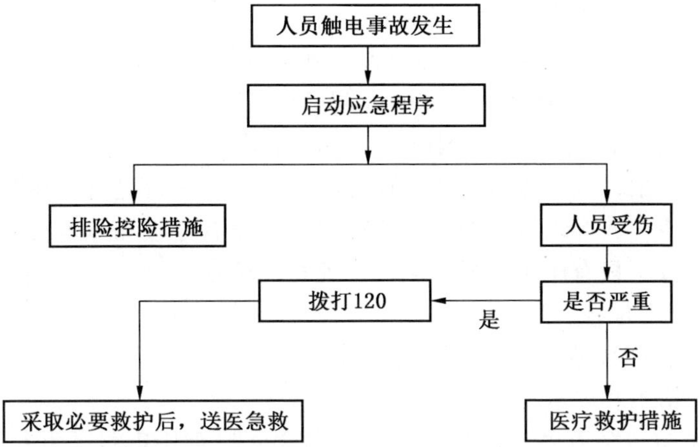

图 9-1　触电事故应急处置流程图

不可触及人体。

（3）当导线搭在触电人身上或压在身下时，可用干燥的木棒、木板、竹杆或其他带有绝缘柄（手握绝缘柄）工具，迅速将电线挑开。注意：千万不能使用任何金属棒或湿的东西去挑电线，以免救护人触电。

（4）如果人在较高处触电，必须采取保护措施防止切断电源后触电人从高处摔下。

（二）就地施救

伤员脱离电源后的处理如下：

（1）如果触电者神志尚清醒，则应使之就地躺平，或抬至空气新鲜、通风良好的地方让其躺下，严密观察，暂时不要让他站立或走动。

（2）如果触电者已神志不清，则应使之就地仰面躺平，且确保空气通畅，并用 5 s 左右时间呼叫伤员，或轻拍其肩部，以判定其是否意识丧失。禁止摇动伤员头部呼叫伤员。

（3）如果触电者已失去知觉，停止呼吸，但心脏微有跳动，则应在通畅气道后，立即施行口对口或口对鼻的人工呼吸。

（4）如果触电者伤害相当严重，心跳和呼吸均已停止，完全失去知觉，则在通畅气道后，应立即同时进行口对口（鼻）的人工呼吸和胸外按压心脏的人工循环。当现场仅有一人抢救时，可交替进行人工呼吸和人工循环：先胸外按压心脏 4~8 次，然后口对口（鼻）吹气 2~3 次，再按压心脏 4~8 次，又口对口（鼻）吹气 2~3 次，……如此循环反复进行。因为人的生命的维持主要是靠心脏跳动而造成的血液循环和呼吸而形成的氧气与废气的交换，所以采取胸外按压心脏的人工循环和口对口（鼻）吹气的人工呼吸的方法，能对处于因触电而暂时停止了心跳和呼吸的“假死”状态的人起暂时弥补的作用，促使其血液循环和正常呼吸，实现“起死回生”。因此，这两种急救方法统称为“心肺复苏法”。

在急救过程中，人工呼吸和人工循环的措施必须坚持进行。在医务人员未来接替救治前，不应放弃现场抢救，更不能只根据没有呼吸和脉搏就擅自判定伤员死亡，放弃抢救。只有医生有权作出伤员死亡的论断。

（三）逐级上报

（1）发生触电事故后，要立即向直接领导和调度室报告事故情况，并按领导或调度室的指示和要求落实下一步工作。

（2）应急救援结束后要由专业人员负责全面检查用电设备和线路，并经设备维修保障中心检验合格、出具专项验收评估报告后，方可恢复现场作业。

三、培训及演练

（1）定期进行触电相关知识和应急救援常识的学习。触电的应急处置见表9-1。

表9-1 触电的应急处置

序号	操作步骤	图示	标准
1	立即切断电源		由“合”到“分”
2	检查伤员全身情况：呼吸和心跳	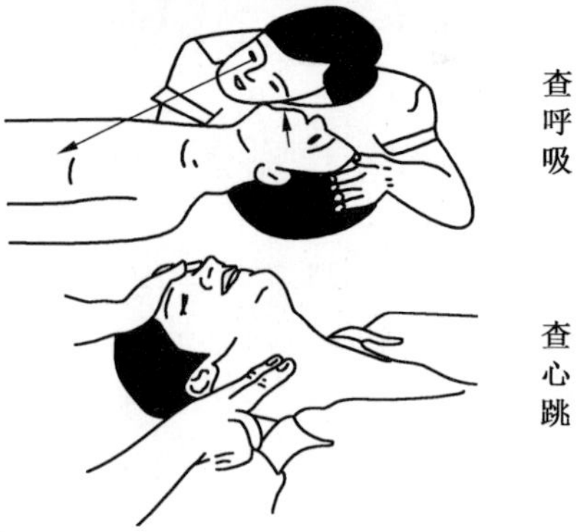	

表9-1(续)

序号	操作步骤	图示	标准
3	如伤势严重者，拨打120急救电话救援		
4	呼吸心跳均自主者：伤员平卧，观察，不要站立或走动	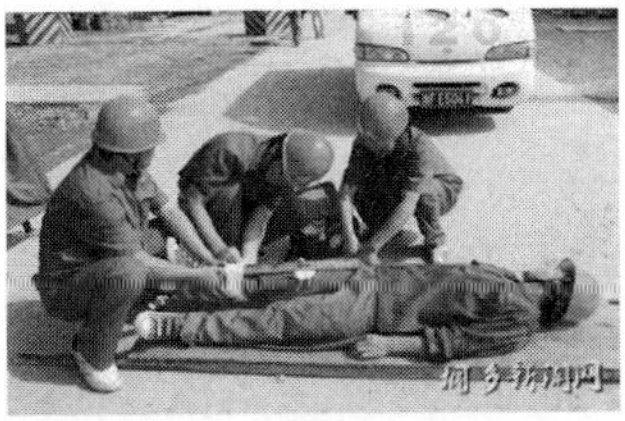	
5	呼吸停止，心搏存在者：就地平卧解松衣扣，通畅气道，立即口对口人工呼吸	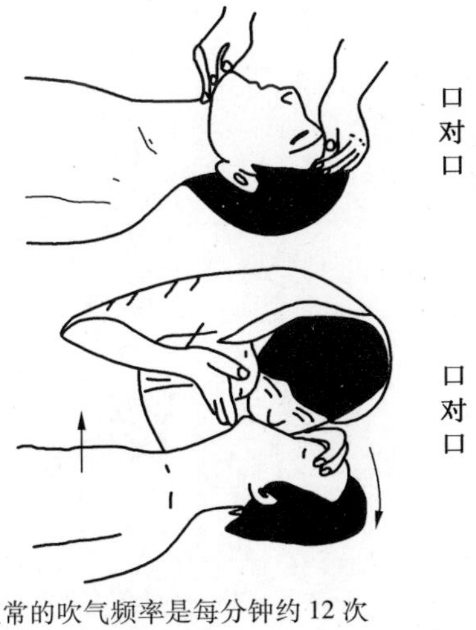 正常的吹气频率是每分钟约12次	1. 清除口中异物，使触电者仰面躺在平硬的地方，迅速解开其领扣、围巾、紧身衣和裤带 2. 救护人用一只手放在触电者前额，另一只手的手指将其颏颌骨向上抬起，两手协同将头部推向后仰，舌根自然随之抬起、气道即可畅通 3. 用放在触电者额上的手的手指捏住其鼻翼，另一只手的食指和中指轻轻托住其下巴；救护人深吸气后，与触电者口对口紧合，在不漏气的情况下，先连续大口吹气两次，每次1~1.5 s

表9-1(续)

序号	操作步骤	图示	标准
6	心搏停止，呼吸存在者：应立即做胸外心脏按压	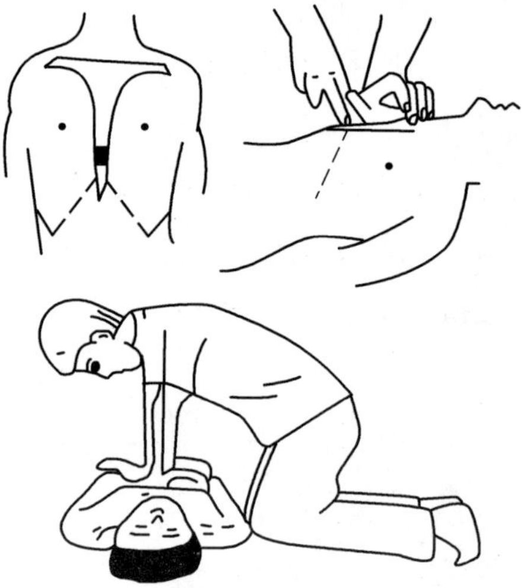 胸外按压要以均匀速度进行。操作频率以每分钟100~120次为宜，每次包括按压和放松一个循环，按压和放松的时间相等	1. 右手的食指和中指沿触电者的右侧肋弓下缘向上，找到肋骨和胸骨接合处的中点 2. 右手两手指并齐，中指放在切迹中点（剑突底部），食指平放在胸骨下部，另一只手的掌根紧挨食指上缘置于胸骨上，掌根处即为正确按压位置 3. 正确的按压姿势 ①使触电者仰面躺在平硬的地方并解开其衣服，仰卧姿势与口对口（鼻）人工呼吸法相同 ②救护人立或跪在触电者一侧肩旁，两肩位于触电者胸骨正上方，两臂伸直，肘关节固定不屈，两手掌相叠，手指翘起，不接触触电者胸壁 ③以髋关节为支点，利用上身的重力，垂直将正常成人胸骨压陷大于等于5 cm（儿童和瘦弱者酌减） ④压至要求程度后，立即全部放松，但救护人的掌根不得离开触电者的胸壁
7	呼吸心跳均停止者：则应在人工呼吸的同时施行胸外心脏按压		单人救护时，每按压30次后吹气2次（30∶2），反复进行；双人救护时，每按压30次后由另一人吹气1次（30∶1），反复进行
8	对于因触电摔跌而骨折的触电者：应先止血、包扎，然后用木板、竹竿、木棍等物品将骨折肢体临时固定并速送医院处理		

表9-1(续)

序号	操作步骤	图示	标准
9	送医		

(2) 加强对员工的安全用电知识的宣传教育和培训。

(3) 定期巡检用电设备和线路，发现问题立即整改或上报处理。

(4) 定期检验电工工具和器材，保持性能完好、可靠。

(5) 定期组织员工进行触电事故应急演练。

第二节　高处坠落事故应急处置

一、高处坠落

高处坠落是指在坠落高度基准面 2 m 以上（含 2 m）有可能坠落的高处进行作业。

1. 高处坠落的危险性

易造成坠落人员身体的摔伤、骨折，严重的可导致人员死亡。

2. 检维修作业易发生高处坠落

维修班大多从事设备检修，照明灯具的更换，管线的维修、焊接以及其他临时需进行的高处作业。

3. 高处作业应做好的防护

脚手架周边设防护栏、脚手架作业面脚手板铺设严实，有符合使用要求的锚固点，戴安全帽，系安全带，使用合格的梯子。

二、高处坠落事故应急处置

发生高处坠落事故按照就地施救、迅速就医、逐级上报的原则进行处置，如

图 9-2 所示。

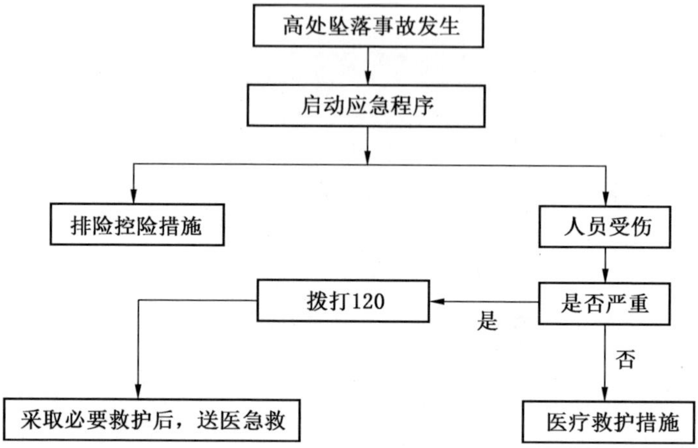

图 9-2 高处坠落事故应急处置流程图

（一）就地施救

发生高处坠落事故后，为保障伤员的生命，减轻伤员的痛苦，现场人员拨打报警后可以进行现场施救。

（1）检查呼吸、神志是否清楚，若心跳呼吸停止应立即复苏。

（2）若受伤者呼吸短促或微弱，胸部无明显呼吸起伏，应立即给其作口对口人工呼吸，频率为每分钟 14～16 次；如脉搏微弱，应立即对其进行人工心脏按压，在心脏部位不断按压、松开，频率为 60 次/min，帮助窒息者恢复心脏跳动。

（3）如有出血、立即止血包扎。

（4）把伤员搬运到安全地带，搬运时要有多人同时搬运，禁止一人抬腿，另一人抬腋下的搬运方法，尽可能使用担架、门板，防止受伤人员加重伤情。

（二）迅速就医

（1）如无能力救护，尽快将受伤人员送往医院或等待医务人员救治。

（2）肢体骨折尽快固定伤肢，减少骨折断端对周围组织的进一步损伤，如没有任何物品可做固定器材，可使用伤者侧肢体，躯干与伤肢绑在一起，再送往医院。

（三）逐级上报

发生高处坠落事故后，要立即向直接领导和调度室报告事故情况，并按领导或调度室的指示和要求落实下一步工作。

三、培训及演练

（1）定期进行高处作业相关知识和救援常识的学习。
（2）加强对员工高处作业知识的宣传教育和培训。
（3）每次高处作业，发现问题立即整改或上报处理。
（4）定期检验登高工具和器材，保持性能完好、可靠。

第三节 机械伤害事故应急处置

一、事故特征

1. 危险性分析

机械伤害是指机械加工设备运动（静止）部件、工具、加工件直接与人体接触引起的夹击、卷入、剪、绞、碾、割、刺等伤害，所涉及机械有切割机、台式钻床、砂轮机、电机等。在实际作业中，由于运动部件安全防护罩损毁失效、员工违章擦洗转动的设备、女员工的长头发未盘在工作帽内、检修时员工违章或误起动设备等原因，都可能造成发生机械伤害。当设备未按技术操作规程进行检修和出现故障时未能及时排除故障，导致带病运行，存在发生突发事故伤人的危险，如砂轮机的砂轮直径已小于直径的1/3时还继续使用，存在砂轮破裂、碎块飞出伤人的危险，使用机械设备无操作规程或员工未经培训就上岗，都可能发生机械伤害。

2. 事故发生的区域、地点或装置

在合成、干燥、采油、钻井及其他使用设备设施的场所，较易发生机械伤害。

3. 事故前可能出现的预兆

（1）设备设施转动部位防护罩失效，或检修后未能及时安装；
（2）检修、清洗设备时，未切断电源及挂上禁止合闸警示牌；
（3）作业人员违反安全操作规程或带病、酒后作业；
（4）作业安全距离不足；
（5）机械设备带病运行；
（6）员工无穿戴好劳护用品。

二、应急处理

1. 事故应急处置程序

机械伤害事故应急处置流程如图 9-3 所示。

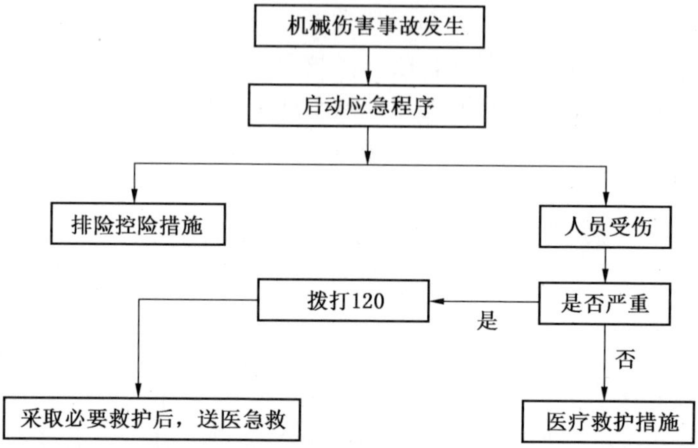

图 9-3 机械伤害事故应急处置流程图

2. 医疗救护应急处置措施

当发生机械伤害事故后，抢救重点是集中现场的人力、物力和设备，将受伤者抬出并立即抢救。

1）轻伤事故

（1）应立即关闭运转机械，保护现场，及时向维修班长、调度室并逐级报告。

（2）对伤者同时采取消毒、止血、包扎、止痛等临时措施。

（3）尽快将伤者送医院进行防感染和防破伤风处理，或根据医嘱做进一步检查。

2）重伤事故

（1）应立即关闭运转机械，保护现场，及时向维修班长、调度室汇报，启动应急预案，应急指挥部接到事故报告后，迅速赶赴事故现场，组织事故抢救。

（2）应立即对伤者进行包扎、止血、固定等临时措施，迅速拨打 120 求救，送附近医院急救。

（3）发生机械伤害事故，抢救的重点应放在对休克、骨折和出血的处理上。

（4）发生机械伤害事故，应马上组织抢救伤者。首先观察伤者的受伤情况、部位、伤害性质，如伤员发生休克，应先处理休克。遇呼吸、心跳停止者，应立即进行人工呼吸，胸外心脏按压。处于休克伤员要让其安静、保暖、平卧、少动，并将下肢抬高约 20°，尽快送医院进行抢救治疗。

（5）出现颅脑损伤，必须维持呼吸道通畅。昏迷者应平卧，面部转向一侧，以防舌根下坠或分泌物、呕吐物吸入，发生喉阻塞。对于骨折者，应初步固定后再搬运。遇有凹陷骨折、严重的颅底骨折及严重的脑损伤症状出现，创伤处用消毒的纱布或清洁布等覆盖伤口，用绷带或布条包扎后，及时送往医院治疗。

（6）发现脊椎受伤者，创伤处用消毒的纱布或清洁布等覆盖伤口，用绷带或布条包扎后。搬运时，将伤者平卧放在帆布担架或硬板上，以免受伤的脊椎移位、断裂造成截瘫，招致死亡。抢救脊椎受伤者，搬运过程，严禁只抬伤者的两肩与两腿或单肩背运。

（7）发现伤者手足骨折，不要盲目搬运伤者。应在骨折部位用夹板把受伤位置临时固定，使断端不再移位或刺伤肌肉，神经或血管。固定方法：以固定骨折处上下关节为原则，可就地取材，用木板、竹头等，在无材料的情况下，上肢可固定在身侧，下肢与健侧下肢缚在一起。

（8）遇有创伤性出血的伤员，应迅速包扎止血，使伤员保持在头低脚高的卧位，并注意保暖。

（9）动用最快的交通工具，及时把伤者送住邻近医院抢救，运送途中应尽量减少颠簸，同时，密切注意伤者的呼吸、脉搏、血压及伤口的情况。

（10）封闭现场，禁止其他无关人员进入。

（11）现场处置的同时立即报告应急指挥部。

3. 逐级上报

发生机械伤害事故后，要立即向直接领导和调度室报告事故情况，并按领导或调度室的指示和要求落实下一步工作。

三、培训及演练

（1）定期进行应急预案相关知识和机械伤害应急救援常识的学习。

（2）每次维修作业，发现问题立即整改或上报处理。

第四节　火灾、爆炸事故应急处置

一、事故类型和危害程度分析

在日常工作中，使用的氧气、乙炔气瓶、原油罐、储罐等危化品及锅炉等压力设备容易发生爆炸。设备发生爆炸的危害通常有：壳体裂成碎块或碎片向四周飞散而造成危害；设备破裂时产生冲击波，导致周围人员伤亡；盛装有毒介质的容器设备破裂时，产生有毒液化气体，造成周围人员伤亡。

易造成容器爆炸的因素主要有：设备维修过程中，未对管线或容器等进行清理、吹扫、隔离及气体检测。

二、应急处理

1. 事故应急处置程序

在安全生产过程中，发生火灾、爆炸等事故，作业人员应立即采取一切办法切断事故源，采取相应措施并向班长汇报，处理的同时上报调度室。当发生重大事故危及人身生命安全时，作业人员撤离现场至安全处，等待应急救援领导小组成员到现场成立应急救援指挥部，有序开展应急救援工作，火灾爆炸事故应急处置流程如图 9-4 所示。

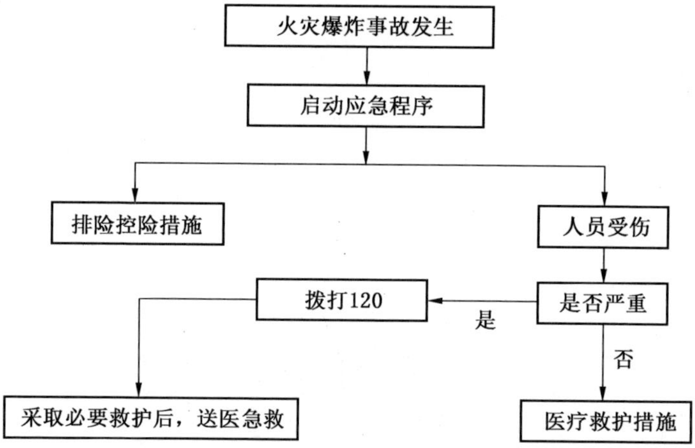

图 9-4 火灾爆炸事故应急处置流程图

2. 采取有效的现场应急处置措施

（1）按照先控制，后消灭的原则，针对火灾的火势发展蔓延快慢和燃烧面积大小的情况，及时采取统一指挥、以快制快、堵截火势、防止蔓延、重点突破、排除险情、分割包围、速战速决的战术。

（2）救援人员首先应迅速查明现场有无人员烧伤、中毒，并以最快的速度将烧伤、中毒者转移现场，严重者应尽快送医院抢救。

（3）事故现场设立火灾、爆炸警戒区域，指挥员工迅速向安全地带疏散。

应急救援指挥部应根据事故状态及危害程度作出应急决定，命令各应急救援队立即开展抢救、扑灭火险。如事故扩大无力自救时，应立即请求外界支援。

（4）进行火情侦察时，应迅速查明燃烧范围，燃烧物品及其周围物品的品名和主要危险特性，火势蔓延的主要途径，并根据险情有针对性地进行火灾扑救及火场疏散的人员。救援人员应穿戴专用防护服装，站上风或侧风位置，以免遭受有毒、有害气体的侵害。

（5）应正确选择最合适的灭火剂和灭火方法，火势较大时，应先堵截火势蔓延控制燃烧范围，然后逐步扑灭火势。

（6）对有可能发生的爆炸、爆裂、喷溅等特别危险的情况时，应按照统一的撤退信号（手持高音话筒）和撤退路线及时撤退。

三、培训及演练

（1）定期进行应急预案相关知识和火灾、爆炸应急救援常识的学习，火灾、爆炸应急处置卡见表9-2。

（2）加强对员工火灾、爆炸知识的宣传教育和培训。

（3）每次动火作业，发现问题立即整改或上报处理。

表9-2　火灾、爆炸应急处置卡

序号	操作步骤	图　示	标准
1	出现火灾		
2	火势不大用灭火器材灭火		

表9-2(续)

序号	操作步骤	图 示	标准
3	有伤员及时抢救并拨打120		
4	对火灾现场进行控制，防止火势蔓延并拨打119		
5	发生爆炸人员及时撤离		

第五节　烫伤事故应急处置

一、事故类型和危害程度分析

在日常生活和工作中，烫伤事故屡见不鲜，尤其夏天，如热水瓶的爆破或被打翻，冲开水时彼此相撞，车间使用蒸汽时误伤或管线破裂烫伤等情况，都易造成烫伤事故。

二、应急处理

1. 事故应急处置程序

烫伤事故应急处置流程如图 9-5 所示。

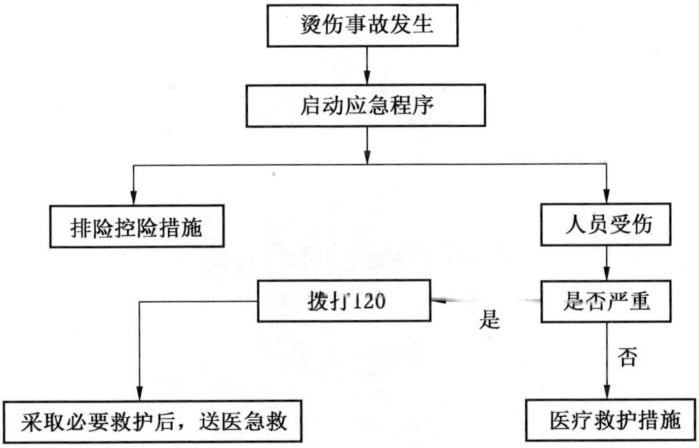

图 9-5　烫伤事故应急处置流程图

2. 采取有效的现场应急处置措施

（1）发生烫伤，首先不要惊慌，也不要急于脱掉贴身单薄的诸如汗衫、丝袜之类衣服，应迅速用冷水冲洗。等冷却后再小心地将贴身衣服脱去，以免撕破烫伤后形成的水泡。冷水冲洗的目的是止痛、减少渗出和肿胀，从而避免或减少水泡形成。冲洗时间约半小时以上，以停止冲洗时不感到疼痛为止，一般水温约 20 ℃即可，切忌用冰水，以免冻伤。

（2）如果烫伤在手指，可用冷水浸浴。

（3）面部等不能冲洗或浸浴的部位可用冷敷。

（4）冷水处理后把创面拭干，然后薄薄地涂些蓝油烃、绿药膏等油膏类药物，再适当包扎 1~2 天，以防止起水泡。但面部需要暴露，不必包扎。

（5）如有水泡形成可用消毒针筒抽吸或剪个小孔放出水液即可；如水泡已破则用消毒棉球拭干，保持干燥，不能使水液积聚成块。

（6）烫伤后切忌用紫药水或红汞涂抹，以免影响观察伤后创面的变化。

（7）大面积或严重的烫伤紧急护理后立即送医院。

三、培训

定期进行烫伤相关知识和救援常识的学习（表 9-3）。

表 9-3 烫伤的应急处置

序号	操作步骤	图示	标准
一、蒸汽烫伤			
1	停止作业或关闭工艺		
2	冷水冲洗降温	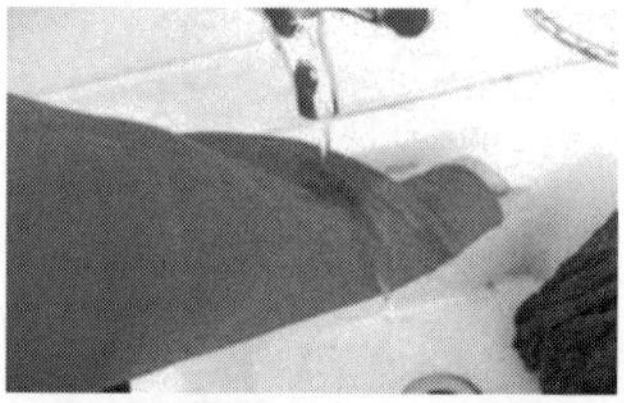	水温越低效果越好，但不能低于-6 ℃。用冷水浸泡时间一般应持续 10~15 min
3	脱去，或剪开衣物	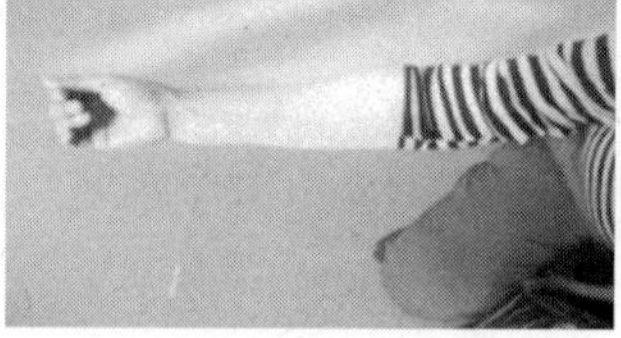	

表9-3(续)

序号	操作步骤	图示	标准
4	产生水疱时：用消过毒的针穿透，涂烫伤膏	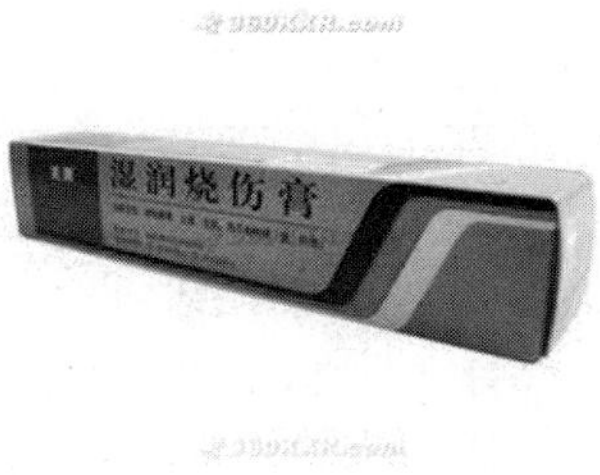	千万不要把皮肤擦破，因为这些皮肤有保护创面的作用
5	用消毒的纱布覆盖伤口，严重者就医	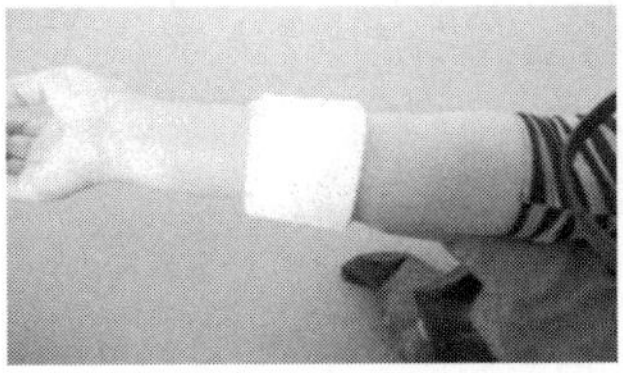	
6	冬季现场处置后应遮盖保暖		
		二、物料烫伤	
1	脱去，或剪开衣物	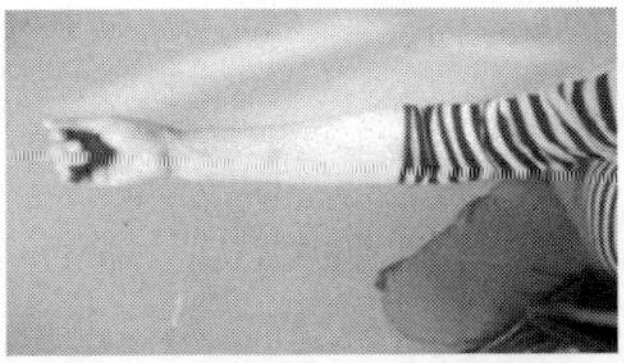	
2	用流动的清水冲洗清理污染物，如有水疱时：用消过毒的针穿透，涂烫伤膏	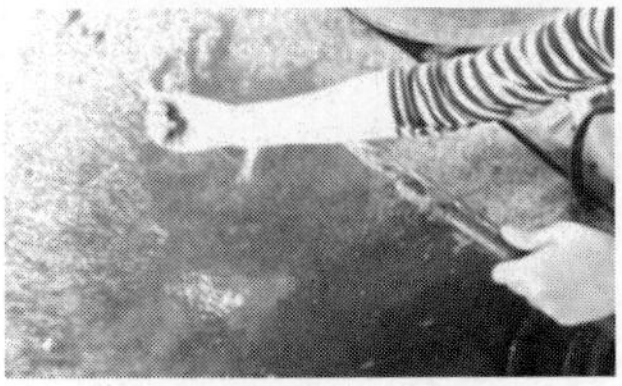	1. 清洗至无物料 2. 千万不要把皮肤擦破，因为这些皮肤有保护创面的作用
3	涂抹烫伤膏，覆盖消毒纱布后送医院	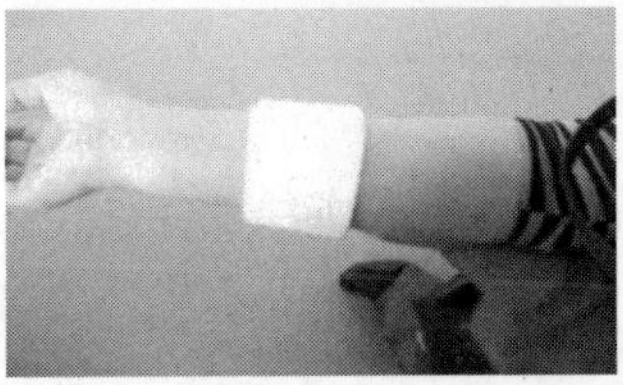	

第六节 弧光灼伤事故应急处置

一、事故类型和危害程度分析

弧光灼伤事故是指电焊工在没有正确安全防护进行电焊时，易出现“电焊打眼”症状，或瞬间视野一片漆黑的症状，俗称“电焊打眼”或“弧光打眼”。电焊伤眼后被伤者会出现眼疼、流泪、眼中有沙等症状，轻者在使用相关消炎药物有效治疗一天半后便可恢复，重者则需多天才能恢复（期间会睁不开眼、怕光），电焊伤眼严重者需及时就医接受正规合理有效的治疗。

二、应急处理

1. 事故应急处置程序

眼睛灼伤事故应急处置流程如图 9-6 所示。

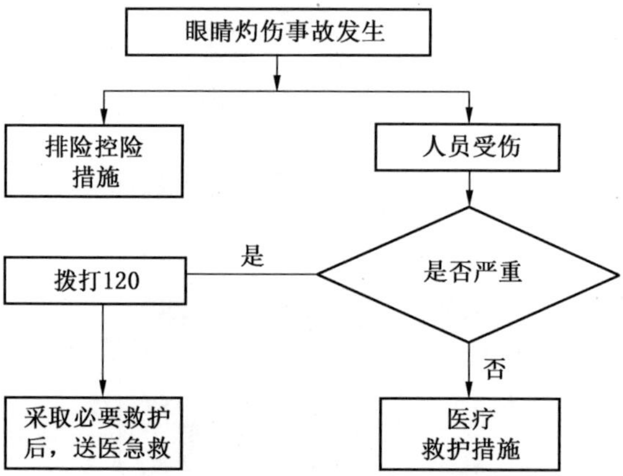

图 9-6 眼睛灼伤事故应急处置流程图

2. 采取有效的处置措施（表 9-4）

（1）发生了电光性眼炎后，其简便的应急措施是用煮过而又冷却的人乳或鲜牛奶点眼止痛。还可用毛巾浸冷水敷眼，闭目休息。

（2）经过应急处理后，除了休息外，还要注意减少光的刺激，并尽量减少眼球转动和摩擦，一般经过一、二天便可痊愈。

表 9-4　弧光灼伤眼睛应急处置

序号	操作步骤	图　示	标准
1	人员电焊作业		
2	弧光灼伤眼睛，眼睛疼痛流泪，视物不清		
3	用煮过而又冷却的人乳或鲜牛奶点眼，能止痛，也可用毛巾浸冷水敷眼，闭目休息	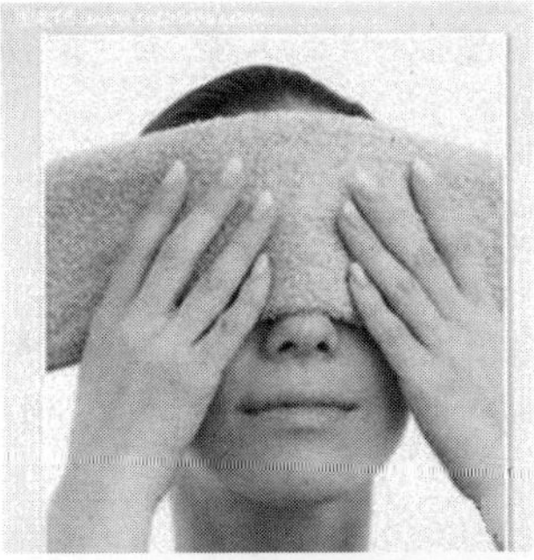 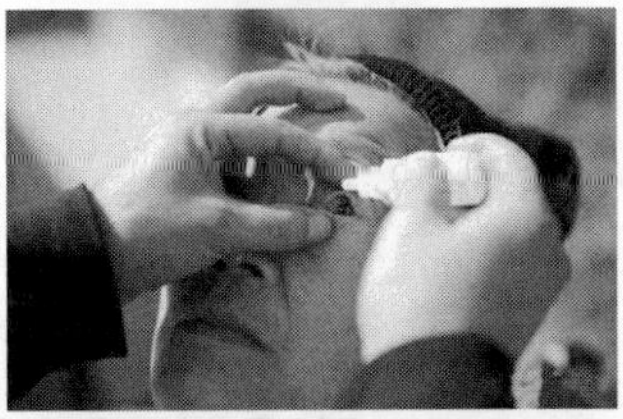	
4	如严重者，拨打 120 急救电话		

表9-4(续)

序号	操作步骤	图 示	标准
5	送医		

第七节 窒息事故应急处置

一、事故类型和危害程度分析

窒息事故是指在清理油罐、维修自卸车后桥等作业项目中，由于通风不良导致作业环境中严重缺氧，以及有毒气体急剧增加，造成作业人员昏倒、急性中毒、窒息等伤害。

二、应急处理

1. 事故应急处置程序

人员中毒和窒息事故应急处置流程如图 9-7 所示。

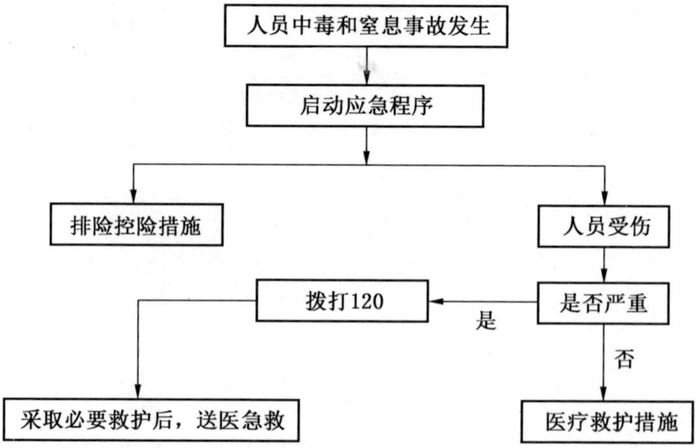

图 9-7 人员中毒和窒息事故应急处置流程图

2. 人员抢救措施

（1）对于在有毒化学药品的地点发生人员窒息的事故时，救援人员应携带隔离式呼吸器到达事故现场，正确戴好呼吸器后，再进入现场进行施救。

（2）对于密闭空间内由于缺氧导致人员窒息的事故时，施救人员应先向空间内部通风换气后方可进入进行施救。

（3）对于电缆沟、排污井、排水井等地下通道内可能产生有毒气体的地点时，救援人员在施救前应先进行有毒气体检测，确认安全或者现场有防毒面具则应正确戴好防毒面具后进入进行施救。

（4）施救人员做好自身防护措施后，将窒息人员救离受害地点至地面以上或通风良好的地点，然后等待医务人员或在医务人员没有到场的情况进行紧急救助。

（5）在密闭空间中毒窒息的伤员如意识丧失，应在 10 s 内用看、听、试的方法判定伤员呼吸心跳情况。

①看——伤员的胸部、腹部有无起伏动作。

②听——用耳贴近伤员的口鼻处，听有无呼气声音。

③试——试测口鼻有无呼气的气流。再用两手指轻试一侧（左或右）喉结旁凹陷处的颈动脉有无搏动。

若看、听、试结果，既无呼吸又无颈动脉搏动，可判定呼吸心跳停止。

（6）若密闭空间中毒窒息伤员呼吸和心跳均停止时，应立即按心肺复苏法支持生命的三项基本措施，就地进行抢救。

（7）人工呼吸的方法：

①伤者取仰卧位，即胸腹朝天。

②救护人站在其头部的一侧，自己深吸一口气，对着伤者的口（两嘴要对紧不要漏气）将气吹入，造成吸气。为使空气不从鼻孔漏出，此时可用一手将其鼻孔捏住，然后救护人嘴离开，将捏住的鼻孔放开，并用一手压其胸部，以帮助呼气。这样反复进行，每分钟进行 14~16 次。

③如果伤者口腔有严重外伤或牙关紧闭时，可对其鼻孔吹气（必须堵住口）即为口对鼻吹气。救护人吹气力量的大小，依伤者的具体情况而定。一般以吹进气后，伤者的胸廓稍微隆起为最合适。口对口之间，如果有纱布。则放一块叠二层厚的纱布，或一块一层的薄手帕，但注意，不要因此影响空气出入。

（8）心肺复苏的方法：

①判断伤者的意识。用双手轻拍病人双肩，问："喂！你怎么了？"

②检查伤者呼吸。观察病人胸部起伏 5~10 s。

③进行呼救。

④判断伤者是否有颈动脉搏动。用右手的中指和食指从气管正中环状软骨划向近侧颈动脉搏动处（判断 5 s 以上 10 s 以下）。

⑤松解伤者衣领及裤带。

⑥人工呼吸：每次送气 400~600 mL，频率 10~12 次/min。

⑦持续 2 min 的高效率的 CPR：以心脏按压：人工呼吸 = 30 : 2 的比例进行，操作 5 个周期。（心脏按压开始送气结束）

⑧对伤者进行胸外心脏按压。两乳头连线中点（胸骨中下 1/3 处），用左手掌跟紧贴病人的胸部，两手重叠，左手五指翘起，用上身力量用力按压 30 次（按压频率至少 100~120 次/min，按压深度至少 5 cm）。

⑨打开伤者气道。仰头抬颌法。口腔无分泌物，无假牙。

⑩判断复苏是否有效（听是否有呼吸音，同时触摸是否有颈动脉搏动）。

⑪根据伤者情况，进一步生命支持。

（9）抢救过程中的再判定：

①按压吹气 1 min 后，应用看、听、试方法在 5~7 s 时间内完成对伤员呼吸和心跳是否恢复的再判定。

②若判定颈动脉已有搏动但无呼吸，则暂停胸外按压，而再进行 2 次口对口人工呼吸，接着每 5 s 吹气一次（即每分钟 12 次）。如脉搏和呼吸均未恢复，则继续坚持心肺复苏法抢救。

③在抢救过程中，要每隔数分钟再判定一次，每次判定时间均不得超过 5~7 s。在医务人员未接替抢救前，现场抢救人员不得放弃现场抢救。

三、培训及演练

（1）定期进行触电相关知识和应急救援常识的学习。

（2）加强对员工的安全用电知识的宣传教育和培训。

（3）定期巡检用电设备和线路，发现问题后及时整改或上报处理。

（4）定期检验电工工具和器材，保持性能完好、可靠。

（5）定期组织员工进行触电事故应急演练。

第八节　车辆运输事故应急处置

一、事故类型和危害程度分析

露天矿的矿用自卸车、场内机动车在作业时，因误操作或违章作业导致发生车辆碰撞造成人员伤亡、设备损坏等为车辆运输事故。

二、应急处理

1. 事故应急处置程序

车辆运输事故应急处置流程如图 9-8 所示。

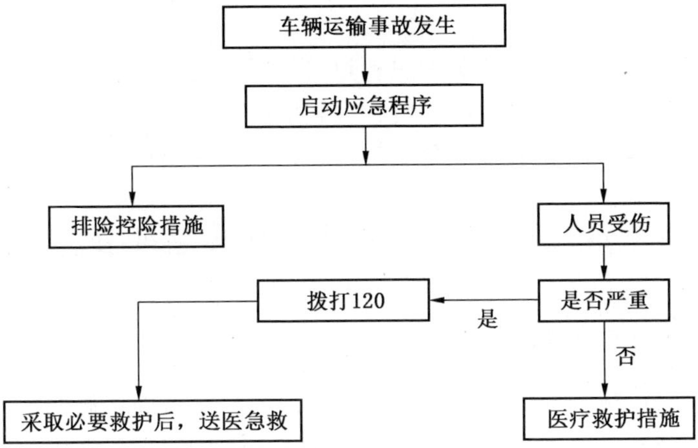

图 9-8 车辆运输事故应急处置流程图

2. 就地施救

发生车辆运输事故后，为保障伤员的生命，减轻伤员的痛苦，现场人员拨打报警后可以进行现场紧急施救。

(1) 检查伤员的呼吸、神志是否清楚，若发现心跳呼吸停止应立即复苏。

(2) 若受伤者呼吸短促或微弱，胸部无明显呼吸起伏，应立即给其作口对口人工呼吸，频率为 14~16 次/min；如脉搏微弱，应立即对其进行人工心脏按压，在心脏部位不断按压、松开，频率为 60 次/min，帮助窒息者恢复心脏跳动。

(3) 如有出血、立即止血包扎。

(4) 把伤员搬运到安全地带，搬运时要有多人同时搬运，禁止一人抬腿，另一人抬腋下的搬运方法，尽可能使用担架、门板等工具，防止受伤人员加重伤情。

3. 迅速就医

(1) 如无能力救护，尽快将受伤人员采取就地施救方法，送往医院或等待医务人员救治。

(2) 肢体骨折尽快固定伤肢，减少骨折断端对周围组织的进一步损伤。如没有任何物品可做固定器材，可使用伤者侧肢体，躯干与伤肢绑在一起，再送往医院。

4. 逐级上报

发生车辆运输事故后，要立即向直接领导和调度室报告事故情况，并按领导或调度室的指示和要求落实下一步工作。

三、培训及演练

（1）定期进行运输作业相关知识和救援常识的学习。

（2）加强对员工三大规程的宣传教育和培训。

（3）加强班前、班中对作业车辆的检查，发现问题立即整改或上报处理。

第九节　边坡滑移事故应急处置

一、事故类型和危害程度分析

露天煤矿受矿体的地质构造影响，如断层、岩层走向、倾向、倾角的大小，层理、节理产状数量等因素，可以决定整体岩层的强度、相对岩层倾向、走向的方向、边坡构成要素、边坡形状、开采程序、采矿工作线的推进方向，也可能影响最终边坡形成的时间。边坡暴露在空气中的时间长短、岩体抗风化能力的大小、露天煤矿爆破震动作用都是影响露天矿采场边坡稳定的因素，导致边坡失稳，造成边坡滑移。

二、应急处理

1. 事故应急处置程序

边坡滑移事故应急处置流程如图 9-9 所示。

2. 处置措施

（1）矿工在工作面发现有边坡滑坡、坍塌预兆时，要以最快的速度通知人员迅速撤离。无法撤离时，必须迅速撤至相对较安全位置等待救援，并设法与外界保持联系。

（2）救灾人员进入现场后要立即设立安全岗哨，禁止非救灾人员进入灾区。

（3）救灾人员应在保证自身安全的情况下迅速挖掘被掩埋伤员，在进行简易包扎、止血或简易骨折固定后及时脱离危险区域。

（4）对呼吸、心跳停止的伤员予以心脏复苏。

（5）加强采区排水、降水措施；迅速运走边坡弃土、材料机械设备等重物；对边坡薄弱环节进行加固处理；削去部分坡体，减小边坡坡度。

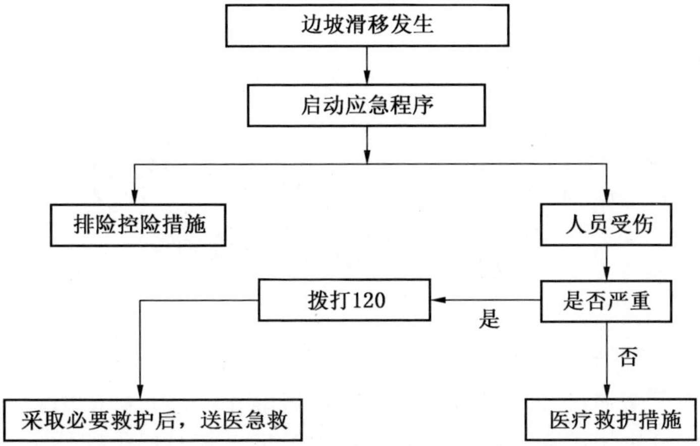

图 9-9　边坡滑移事故应急处置流程图

（6）为保障伤员的生命，减轻伤员的痛苦，现场人员拨打报警后可以进行现场施救。

3. 迅速就医

（1）如无能力救护，尽快将受伤人员送往医院或等待医务人员救治。

（2）肢体骨折尽快固定伤肢，减少骨折断端对周围组织的进一步损伤，如没有任何物品可做固定器材，可使用伤者侧肢体，躯干与伤肢绑在一起，再送往医院。

（3）逐级上报。发生边坡滑移事故后，要立即向直接领导和调度室报告事故情况，并按领导或调度室的指示和要求落实下一步工作。

三、培训及演练

（1）定期进行滑坡事故相关知识和救援常识的学习。

（2）加强对员工防治滑坡的宣传教育和培训。

（3）加强班前、班中对作业车辆的检查，发现问题立即整改或上报处理。

（4）定期组织演练，强化员工的应急处置能力。

第十章 内蒙古公司露天煤矿智能化发展现状及趋势

目前以人工智能、互联网+、大数据等技术为代表的新一轮科技革命给中国煤炭工业带来了新的挑战与机遇，露天煤矿智能化将是我国矿山建设发展的最新目标。国家电投集团内蒙古能源有限公司以习近平新时代中国特色社会主义思想为指导，新发展理念为指引，深入贯彻国家能源安全新战略，全面贯彻落实国家电投集团公司“2035 一流战略”，加快建设“绿色、零碳、智慧、无人”的行业一流露天矿，实现本质安全、清洁绿色智能开采，推动露天煤矿全生命周期的高质量发展。

第一节 国内外露天矿山智能化发展现状及趋势

一、国外建设情况总结与分析

从 20 世纪 90 年代开始，美国、加拿大、芬兰、澳大利亚等世界发达国家不断加大在露天矿山开采自动化、信息化等方面的研究投入，先后制定了“智能化矿山”和“无人化矿山”的发展规划，经过 30 年来的研究与发展，在露天矿山生产中已经初步实现了预期建设目标。根据美国能源信息管理总署公布数据显示，2010 年美国露天煤矿雇员人数为 28709 名，平均单工开采效率（全员劳动生产率）为 9.46 t/h；2017 年美国露天煤矿雇员人数相比 2010 年减少了 25.08%，雇员人数为 21509 名，但平均单工开采效率提高到了 10.92 t/h，增长幅度达 15.43%，“减人增效”成果显著。在过去的 1~2 年中，国外露天煤炭工业更是进入到了跨时代发展的关键阶段。2018 年 8 月，力拓公司（Rio Tinto）宣布在西澳洲 Koodaideri 矿启动全球首个“纯智能化矿山”项目，矿山改造完成后，Koodaideri 矿的生产系统将由一个遍布着机器人、无人驾驶矿车、无人卡车、无人钻机和无人运货火车的智能设备网络组成，成为真正意义上的无人化智慧露天矿山。结合智能化技术特点及露天矿山生产实际需求，可将国外露天矿山智能化发展情况归纳为以下三个方面：

（一）大范围应用露天矿山自动化、智能化装备及系统

发达国家充分发挥自身装备及系统研发制造优势，从20世纪90年代开始对露天矿山自动化、智能化装备及系统中投入了大量研发工作。研发工作主要体现在露天矿山作业环境的动态感知、“穿—采—运”设备的自动化作业，全工艺系统环节的数据采集与分析等方面。

人与设备是露天开采作业中的核心要素，露天矿山科技的发展历程整体呈现出“机械化换人、自动化减人、智能化无人”的趋势特征。在生产过程中，对于重复性、机械性的操作行为及简单的逻辑判断行为，可以通过系统的“机械化、自动化、智能化”升级，逐步减少人的局限性对系统能力造成的限制，促进核心要素所创造的劳动生产率不断提高。

（二）信息化数据链的集成、数据处理和辅助决策

受限于技术手段，露天矿山各个生产环节采用的是碎片化管理，各环节的关键信息往往缺乏采集必须的采集手段，或者无法互联互通，而近十年来国外数字矿山的建设经验为解决这一问题提供了可能。通过利用传感器采集技术、数据分析技术等，对整个生产过程中的人员作业行为、设备作业工况、生产工作环境、生产成本波动等大量数据进行综合分析，实现生产大系统中各生产环节的协同管理、协同作业，进而显著的提升矿山的运行效率，降低作业成本。

目前国外信息化管理的发展主要体现在多环节协同优化、设施设备远程诊断与智能维护、信息共享服务等方面。以设施设备远程诊断与智能维护为例，当前国外先进矿山已经开始应用以预知维修理论、决策理论以及可靠性理论为指导的现代化的设备维检方法，并以设备海量运行参数为基础，进行设备状态的实时监控及仿真预测，再结合专家辅助决策系统，实现设备故障的远程诊断，提高了设备维检作业的针对性、时效性与经济性。

（三）生产设计智能化与矿山工程设计—施工的一体化管控

露天矿山施工工程存在着极为明显的粗放特征，一方面由于开采条件、开采工艺、外部环境的复杂特点，矿山短期、中长期设计工作需要丰富的经验支撑；另一方面受限于以经验为主导的生产组织管理模式，由于生产中对工程掌控程度有限，造成施工工程难以严格按照设计开展。通过数字矿山的建设，国外地质（钻孔、煤质、岩性、采场三维模型等）、装备（作业效率、作业成本等）数据库逐步建设完善，使得矿山设计中可以有效模拟真实环境。因此近年来国外新兴了一批露天矿山虚拟仿真平台，基于仿真模型的推演对多种设计方案进行评价决策、提前预知生产中存在的问题，进而提高设计的准确性与可靠性。

在露天矿山自动化、智能化装备及系统建设的基础上，将生产设计所形成的施工计划直接推送至工程机械上，实现机械作业的智能引导、辅助操作、甚至无

人操作等功能。例如推土机自动找平系统中，推土机利用 GPS、惯性导航等技术手段，实时获取当前自身位置及轨迹信息，严格与无线终端所接收的生产计划采场模型进行比对，以增强现实、虚拟现实等手段将挖掘、回填物料区域、物料量等诸多信息呈现给操作人员，确保了施工精度。

二、国内外建设情况对比分析

结合国外露天矿山智能化发展现状及趋势，对国内智能化发展现状详细分析如下：

1. *矿山装备智能化*

国内当前对边坡远程智能监测、卡车防碰撞、超速报警等相对独立的系统模块应用较为成熟，随着钻机自动导航钻孔在神华准公司能有了成功应用，针对特殊工程环境的作业问题，准能公司等单位先后研发了履带车机械臂协作机器人、智能尾线电缆卷放车、智能巡检机器人、激光熔覆焊修机器人等诸多新型设备，有效提高了工程效率，极大地降低了人工作业量。但已经广泛推广应用的卡车调度管理系统并未实现真正意义上的智能化调度功能，在现场中更多是作为车铲位置可视化及生产统计报表系统应用。

未来重点研究方向具体包括：穿孔环节智能化（钻机状态自动检测、钻机自动导航及钻进控制、地层岩性识别）、爆破环节智能化（装药车自动导航及装药、爆破效果自动评价）、采装环节智能化（电铲远程监控功能、在线动态数字化称重、辅助/自主挖掘与装载）、运输环节智能化（卡车安全管理数字化、燃油胎压数字化监控、辅助/无人驾驶卡车、智能化卡车调度系统）、排弃环节智能化（推土机自动找平系统、远程遥控系统）、地面生产系统智能化（破碎站无人值守、胶带输送机集中控制、胶带巡检机器人、自动堆取料机、料场储量监控）以及检修智能化（设备故障自动诊断、预警）等。

2. *矿山管理及安全生产信息化*

当前我国露天矿山的智能化发展主要体现在矿山管理及安全生产的信息化，侧重于矿山企业信息采集整理、网络化传输、自动化操控、可视化展示、规范化集成等方面内容。例如华能伊敏煤电公司露天矿从 1997 年开始先后建立了卡车自动化调度系统、管理信息系统（MIS）、生产决策支持系统、生产调度监控系统、管理信息系统、疏干集控系统、破碎—皮带集控系统等，同时建设了以光纤为基础的高速企业网。神华准能公司从 2000 年初逐步开展信息化建设，已经形成了监测系统（地面生产系统集控系统、卡车调度系统、车辆防碰撞预警系统、边坡稳定监测系统等）、生产管理系统（综合监控与调度指挥、生产执行系统、班组管理系统等）、经营管理系统（ERP、OA）等。

然而当前普遍存在一个问题，即现有系统尚处于独立运行状态，仅通过 MIS 系统在一定程度上实现了数据共享，系统综合性能未能充分发挥，因此信息化数据链的集成、数据共享应是未来的重点发展方向。考虑到随着露天矿山数字化进程的不断加快，信息量将呈几何倍数快速增加，因此大型专家知识库和数据仓库技术将成为支撑智慧化露天矿建设的关键。

3. 矿山生产设计智能化

矿山生产设计智能化主要包括地质数据精确化、设计方法精细化等。在地质测绘方面，当前激光扫描仪、无人机倾斜摄影等地表建模手段已经在国内大型露天矿山得到了初步应用，例如中煤平朔公司已经初步构建了露天矿山无人机航测体系，逐渐成为人工测绘的有力补充。在设计软件及方法方面，矿床地质模型及辅助优化设计系统（例如 3Dmine、Surpac、Vulcan 等）已经基本普及，但开采设计相关系统（三维辅助设计系统、地测辅助设计 CAD 系统、采矿计划系统等）在本质上仍是基于矿床模型的土石方算量，对于设备实际作业特性、生产中存在的随机事件等考虑相对较少，与国外当前的开采设计方案预演仿真方法相比落后较大。

值得重视的是，当前国外推行的“矿山工程设计—施工的一体化管控”必然是未来矿山设计生产运营的核心思路。但目前国内尚未形成一整套从地质基础到采矿管控，从企业宏观生产计划到现场具体施工环节的数字化采矿集中管控系统，对生产数据的分析及决策还有待投入更多的关注和开发。

综上所述，与世界发达国家相比，尽管近年来露天开采在中国煤炭开采中的地位不断上升，但由于我国露天采矿起步相对较晚，生产技术水平进步缓慢，开采成本，劳动生产率等方面差距极为显著，体量的增长本质上还是需要依靠生产要素的投入。尤其是在智能化发展新形势下，数字化矿山建设工作尚处于起步阶段，装备的自动化、设计与管理的信息化水平等尚不能满足智能开采要求，在工业智能化改革浪潮中凸显乏力，转型升级和跨越发展的任务紧迫而艰巨。因此面对信息化和工业化深度融合进程中不断涌现的新技术、新理念，应积极探索新形势条件下露天开采转型方向，为露天矿山未来规划发展政策的制定与执行提供依据。

第二节 南露天煤矿建设智能化矿山总体规划

本节是以南露天煤矿为实例编制的智能化露天矿建设的总体规划，其理论架构、技术框架、重点建设内容、实现途径等对其他露天矿智能化建设和露天开采信息化规划研究都具有一定的参考意义。

一、智能化矿山定义

关于智能化矿山的定义，概念较为模糊，许多智能化矿山建设的理论和应用问题还在探索之中。根据国家已发布的智能化煤矿相关技术规范，并结合内蒙古能源有限公司南露天煤矿实际情况，对智能化矿山的定义与内涵归纳如下：基于空间和时间的四维地理信息、泛在网、云计算、大数据、虚拟化、计算机软件及各种网络，以矿山数据数字化、生产自动化、管理信息化为基础，结合新的传感器技术、网络通信技术、空间信息技术、人工智能技术等，实现矿山生产及管理的智能感知、辨识、记忆、分析计算、判断和决策、评估考核改进，为各类决策提供智能化服务的数字化智慧体，并对人—机—环的隐患、故障和危险源提供预知和防治，使整个矿山具有自我学习、分析和决策能力。达到整个矿山的无人化或少人化，实现矿山的绿色、安全、高效。

二、智能化矿山规划目标

南露天煤矿以数字化转型为目标，将设备智能化改造、电铲远程控制、破碎站少人/无人值守、矿卡无人驾驶、换电重卡、配套光伏、储能、生态环境治理等业务相融合，以新兴 ICT 技术为手段，逐步实现南露天煤矿自动化、智能化、清洁化装备及系统在生产中的应用，实现信息数据链的集成、数据处理和辅助决策，实现采矿设计智能化与生产组织一体化管控。实现绿色生产、低碳排放、智慧高效、少人无人的现代化露天煤矿。

在智慧、无人方面，逐步推进矿卡无人驾驶、电铲远程控制、破碎站无人值守等业务在南矿的推广应用，实现主生产环节的少人/无人，同时，引入云、大、物、移、智、5G 等新兴技术，助力矿山生产与管理的感知—分析—决策—执行全过程智慧化转型，赋能矿山生产过程全要素，驱动生产过程智能化，保障生产安全，提升协同作业能力与管理水平，助力企业创新。

在绿色、零碳方面，按步骤、分阶段地做好生态修复治理工作，排土场到界区域治理率达到 100%，建成生态环境优美、人与自然和谐共生的矿山企业，建设成生态经济示范区。矿山生态环境得到有效保护、矿区生态修复治理水平全面提升，打造北方高寒地区绿色矿山标杆，建成以景观式为主导的行业内一流绿色矿山企业。拓展换电重卡在露天煤矿的推广使用，提高可再生能源利用率，实现宽体车、百吨级自卸车、工程设备的电能替换。同时，将智慧化手段应用到矿山生态环保与换电重卡中，实现矿山生态环境的自动监测预警与电能的智能管理。

三、南露天煤矿数字化建设情况对比分析

在国家有关智慧矿山政策下发后，各地方政府迅速响应，开始逐步对智能化露天矿山建设进行系统部署和出台相应智能化煤矿建设指南，同时助力全国范围内的露天智能化矿山总体框架和建设内容的构建。当前，国家及各省份均已出台露天智能化矿山建设标准，科学指导露天智能化矿山建设，推动全国传统煤炭行业发展模式向现代化高质量煤炭行业发展模式转型。

2021 年 3 月，国家能源局印发关于征求《智能化煤矿建设指南（2021 年版）（征求意见稿）》意见（简述：国家能源局建设指南，下同）。南露天煤矿结合智能化矿山建设现状，逐条对标国家能源局建设指南，梳理分析南露天煤矿在智能化矿山建设过程中存在的不足之处和创新之处，进而全面掌握和科学布局未来南露天煤矿智能化矿山关于矿山设计版块的建设方向或建设内容，见表 10-1。

表 10-1　南露天煤矿基础建设版块对标

<table>
<tr><th>序号</th><th>国家能源局建设指南</th><th>南露天建设现状</th></tr>
<tr><td>1</td><td rowspan="10">智能感知：
（传感器、摄像机、无线通信终端、无线定位终端等数字化工具和设备，实现矿山环境数据、采矿装备状态信息、工况参数、移动巡检数据等的全面采集）</td><td>卡车驾驶防瞌睡及盲区监测
（监控司机疲劳程度与预警）</td></tr>
<tr><td>2</td><td>柴油消耗采集
（剩余、平均、瞬时油耗显示，异常油耗预警）</td></tr>
<tr><td>3</td><td>电量采集
（采集记录每日峰谷平电耗数据）</td></tr>
<tr><td>4</td><td>煤炭库存及外运数据采集
（上煤刷卡和卡调系统煤破产量统计、火车外运量统计）</td></tr>
<tr><td>5</td><td>自卸车料位数据采集
（不同型号卡车料位数据测量、采集、上传、存储、展示）</td></tr>
<tr><td>6</td><td>采运设备车载电脑数据采集
［实现了 20 台车、1 台电铲的数据采集
（运行时间、油温、转速、油位）］</td></tr>
<tr><td>7</td><td>地面系统 PLC 状态采集
（对接地面系统接口，实现设备状态信息获取、查询和展示）</td></tr>
<tr><td>8</td><td>边坡监测
（监控边坡稳定性与预警）</td></tr>
<tr><td>9</td><td>气象数据采集
［采集温度、湿度、降雨（雪）量、风速等采区内的数据］</td></tr>
<tr><td>10</td><td>钻机高精定位</td></tr>
</table>

表10-1(续)

序号	国家能源局建设指南	南露天建设现状
11	网络建设： （实现主要办公区、主要采区、受控区域、装备作业区等重点区域的网络全覆盖，具备高系统容量、高传输速率、多容错机制、低延时的高性能网络设备）	4G 专网/5G 公网 （坑下无线网络覆盖的基础设施）

智能化系统基本建设内容：信息基础设施结合露天煤矿生产工艺流程，应用自动控制、智能感知等技术对钻机、电铲、卡车、破碎机、带式输送机、排土机等设备及其他基础设施进行数字化改造，完善工业网络及信息安全建设，通过生产设备的自动化、集成化、智能化改造逐步替代人工操作，实现节能减排、减员增效，提高劳动生产率和资源综合利用率。

通过对标分析后，主要从关键数据采集、数据传输两方面简要概述或建议：

（1）数据采集方面：在南露天现有数据采集传感器基础上，增设电铲运行参数和作业参数采集，推土机作业运行参数和作业参数采集等其他设备信息化数据指标，以便后续构建各设备运行状态数据库，进而为设备故障诊断和维护作数据支撑。

（2）基于现有的专网 4G/5G 公网，针对数据主干道、视频主干道等信息传输，建议增设工业以太网等高系统容量、高传输速率的传输渠道。

四、南露天煤矿智能化矿山综合管控平台

智能化矿山技术支撑体系包括智能矿山管控平台、标准体系、数据管理、安全保障四部分，框架如下：

（1）智能矿山管控平台：建设“云网边端”一体化智能矿山生产平台，实现矿山各类设备数据的统一接入和管理，为智慧安全、智慧生产、生产执行、经营管理、智能决策、智能监控、协同管控等应用提供数据及技术支撑服务。

（2）数据管理：汇聚各类业务系统及物联设备数据，打通数据壁垒；统一数据和模型标准，开展矿山数据治理，形成矿山统一数据资产目录，实现矿山数据的集中汇聚和开放共享。

（3）标准体系：制定统一的智能化矿山设备、传输、平台、应用标准规范。

（4）安全保障：优化南露天煤矿安全保障体系，全面构建与南露天煤矿数字化转型相匹配的数字化信息安全保障体系能力，为露天煤矿智能化矿山的建

设、运行提供系统化信息安全保障，保障露天煤矿生产安全，保障数字化南露天煤矿经营办公安全。

（一）五大中心应用规划

为实现矿山智慧大脑的能力目标，拟统一建成 5 个中心和 1 个技术支撑体系，如图 10-1 所示。包括生产管理中心，安全环保中心，管理运营中心，检修服务中心和产业生态中心，以及云网边端一体化平台+数据管理+标准的技术支撑体系。

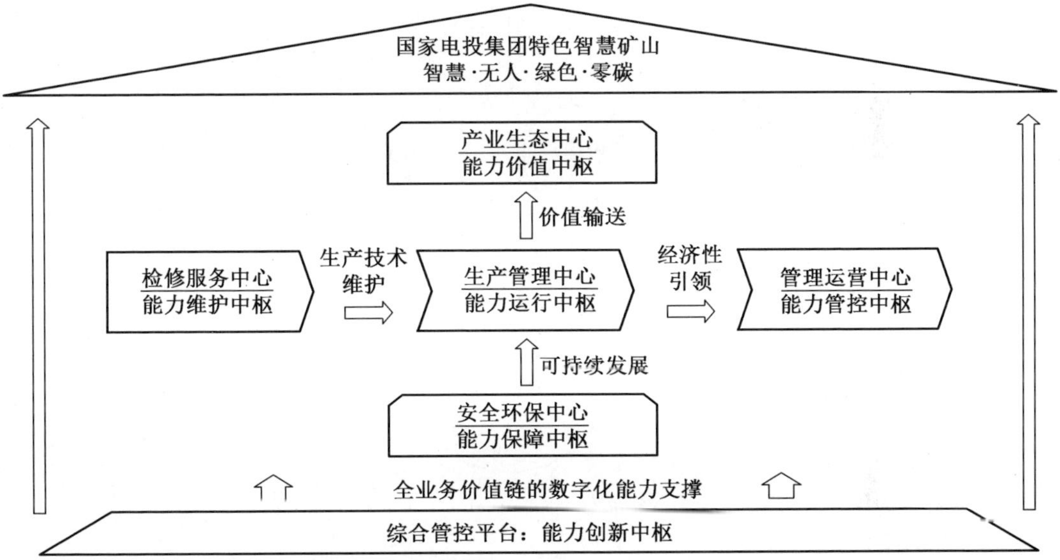

图 10-1　南露天煤矿智能化矿山五大中心应用规划

生产管理中心是智慧大脑中的能力运行中枢，为矿山业务链条提供和输出价值；安全环保中心是智慧大脑中的能力保障中枢，为矿山业务的可持续发展提供保障；检修服务中心是智慧大脑中的能力维护中枢，为矿山业务的运行提供生产技术运维；管理运营中心是智慧大脑中的能力管控中枢，为矿山业务的发展提供经济性的引领；产业生态中心是智慧大脑中的能力价值中枢，为矿山业务的价值变现和创新价值点的连接提供有力支撑。

（二）技术支撑体系规划

技术支撑体系的建设对标国内外先进智能化矿山，围绕智能化矿山"无人、零碳、智慧、绿色"的高阶智能化目标，严格遵循南露天矿的实际建设情况与未来发展需求进行总体建设思路的构建。

通过业务的调研分析同时结合未来的发展路径，设计了生产管理，检修服务，安全环保，管理运营和产业生态5大中心，规划70余项智能化应用建设内容，提炼出智能化应用的共性技术支撑需求，引入云、大、物、移、智、链、5G、虚技术拟现实等新兴技术，打造具备全面感知、实时互联、分析决策、自助学习、动态预测、协同控制的智能矿山生产管控平台，支撑露天采矿设计开发、运维检修、工艺流程、车辆调度、远程指挥、运营管理等各类智能化应用的构建，如图10-2所示。

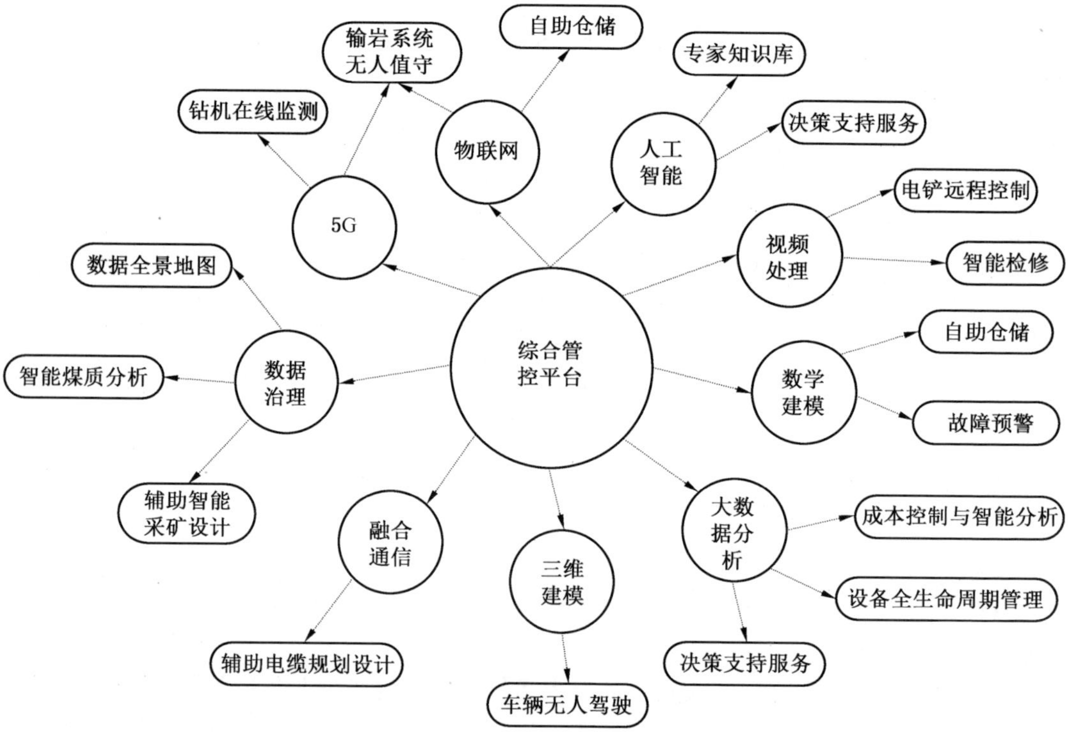

图10-2　南露天矿智能化矿山生产管控平台构思图

五、南露天煤矿智能化矿山建设目标

智能化露天矿山建设以云计算、大数据、物联网及矿业工程专业技术为基础，以露天矿山工业安全、高效、绿色发展为目标，利用物联网技术实现“人—人”“人—物”“物—物”深度互联能力；基于统一网络传输标准，使爆破、采装、运输、排土、环境等监控系统与机电设备管理、调度通信、工业电视等安全生产技术管理系统得以有机汇接，实现信息共享；利用云计算和大数据技术，对矿山海量数据进行挖掘分析并及时响应，为矿山各管理层面决策提供数据支持；建立统一的矿业协同平台，使矿山爆破、采装、运输、排土等部门协同工作，打破信息孤岛，实现矿山工业的分布式协同工作，最终实现信息采集全覆盖、数据资源全共享、统计分析全自动、业务管理全透明、人机状态全监控、生产过程全记录，形成完整统一的时空框架和信息系统。该目标既提高各业务部门的信息化水平，又实现部门间信息的统一和共享，进一步提高系统的综合应用效果，实现矿山的绿色、安全、高效生产。

实现南露天煤矿智能化矿山可以归结为智慧无人和绿色零碳两个方面：

1. 智慧无人

通过智能化矿山云中心的智能决策模型进行自动决策，保障矿山人、机、环、管全方位的安全，并通过反馈信息主动进行决策再优化。

（1）人员安全方面，应在个体防护和系统防护方面开展研究：个体防护能力方面，应具备人员所处环境参数的实时采集、无线语音通话、视频采集上传与远程调看、危险状态逃生信息的实时获取功能。

（2）系统防护能力方面，应能将矿山环境的实时监测信息、重点区域的安全状态实时评估及预警信息与矿山人员进行实时互联，并具备近感探测功能，从而实现全方位的人员防护。

（3）机电设备安全方面，应具备智能化的设备故障诊断与运维管理能力，具备设备在线点检、损耗性部件周期性更换提示、健康状态实时评估等功能。

（4）环境安全方面，应具备灾害实时在线监测、矿山安全状态实时评估及预测预警、降害措施自动制定能力。

（5）安全管理方面，应具备自动进行风险日常管控、自动定期进行安全风险辨识评估及预警分析、多维度自动统计与分析隐患的能力，具有手持终端现场检查能力，实现隐患排查任务的自动派发、现场落实、实时跟踪、及时闭环管理。

此外，通过智能化露天矿山建设达到少人化的本质安全。主要通过智能化矿山云中心的智能决策模型进行自动决策，保障矿山穿、爆、采、运、排、电的自动高效运行，并通过反馈信息主动进行决策再优化。

露天矿山采掘工作面的设备应具备高效的自动控制能力，从基本的就地控制，到一键启停、远程集控，直至达到理想状态，实现设备的无人化自动控制与巡检；穿爆方面，可实现钻机的自主导航、自主穿孔，装药车炮孔自动定位及智能装药；运输排土方面，应能根据生产计划自动进行智能运输调度、胶带集控、推土机自动找平和智能作业、破碎站工况、消耗件智能监控和无人值守智能作业；供电方面，应能根据生产计划自动实时进行电力调度，且应具备智能防越级跳闸保护功能；排水方面，应具备根据水资源合理利用及峰谷用电负荷、电价等因素自动选择节能排水方式的功能。

2. 绿色零碳

矿上生态修复方面，一是根据排土场作业进度计划，按步骤、分阶段做好生态修复治理工作，开展西排土场、沿帮排土场生态修复专用路、南内排土场提级泵站、煤炭板块生态展览馆等生态修复提档升级建设项目，实现排土场到界区域治理率达到 100%。同时，尝试打造特色景区角和排土场经济作物种植工作。二是依托智能矿山管控平台和信息化手段，建设智能化灌溉系统、智能化废水监控和处理系统、智能降尘系统、空天地一体化监控等环境综合管控平台，实时监控矿区粉尘、噪声、污水、土壤、植被生长情况等元素，实现矿山生态环境信息化、精细化、智能化管理。

矿山节能减排方面，一是依托换电重卡、氢能重卡、自卸车、宽体车等设备电气化改造降低柴油消耗总量，同时，建设光伏电站、光储充及氢能示范应用电站，提高可再生能源占比，实现二氧化碳减排目标。二是依托大数据管控平台，实现能耗在线监控及预警分析，实现精细化能源管理，减少能源浪费，同时，按设备技术改造及淘汰更新计划，分阶段、分步骤有序推进电铲、自卸车、工程车等设备的节能技术改造及落后设备的淘汰更新。借助绿色智慧无人矿山大数据管控平台，实施露天采矿设计开发、运维检修、工艺流程、车辆调度、远程指挥、运营管理等各类智能化应用，优化生产参数、优化运输路线，提高爆破、采掘、破碎、运输等过程效率，提升整体开采效率，降低能耗水平。

矿用自卸车运输作业部分

第十一章　矿用自卸车运输作业安全技术基础知识

第一节　矿用自卸车专业技术基础知识

一、矿用自卸车发展概述

矿用自卸车（图 11-1）是在露天矿山为完成岩石土方剥离与矿石运输任务而使用的一种重型自卸车。矿用自卸车是露天开采中的主力运输设备，其工作特点为运程短、承载重，常用大型电铲或液压铲进行装载，往返于采掘点和卸矿点。

图 11-1　矿用自卸车

经过数十年的发展，国外生产矿用自卸车的制造商主要有 6 家：美国的卡特彼勒、特雷克斯、日立-尤克力德，日本的小松，德国的利勃海尔，白俄罗斯的别拉斯。这些商家的产品占据了国际市场 90% 以上的份额，生产的矿用自卸汽车载重范围为 25～363 t。白俄罗斯制造的别拉斯 75710 型自卸车载重高达 450 t。

我国矿用自卸车生产源于 20 世纪 60 年代末 70 年代初，1969 年 10 月，国产第一台 32 t 矿用自卸车试制成功。1974 年开始，湘潭电机厂与鞍山冶金矿山公司、长春一汽、美国 WABCO 等企业，合作研制大型电动轮自卸车，经过三年努

表 11-2 机械传动自卸车主要参数

型号			777E	TR100
性能参数	操作总质量/kg		163360	159340
	空载质量/kg		66760	851900
	额定有效载荷/kg		96600	90720
	空载（前桥/后桥）/%		44/56	49/51
	满载（前桥/后桥）/%		30/70	34/66
发动机	型号		CaterpillarCat 32 ACERT	KTA38-C1050
	额定总功率/kW		758	783
	最大飞轮功率/kW		708	727
	额定转速/$(r \cdot min^{-1})$		1750	2100
	气缸数及排列形式		12 缸、V 型	12 缸、V 型
	排量/L		32.1	37.7
变速箱	行驶速度/$(km \cdot h^{-1})$	前进各挡	1 挡：10.7	1 挡：8.2
			2 挡：14.6	2 挡：15
			3 挡：19.8	3 挡：20.6
			4 挡：26.7	4 挡：26.5
			5 挡：36.2	5 挡：34.8
			6 挡：48.6	6 挡：47.6
			7 挡：65.9	
		后退挡	12.1	6
车轮	轮胎规格		27.00-49（48PR）E-4	27.00R49
厢斗规格	车斗堆装容量（SAE 2∶1）/m^3		60.1	57.0
	车斗平装容量/m^3		42.1	41.6
总体尺寸	外形尺寸(长×宽×高)/(mm×mm×mm)		10004×6105×5177	10820×5150×4850
	轴距/mm		4570	4570
	装载高度（空载）/mm		4380	4380
	最小离地间隙/mm		896	896
	厢斗卸载高度/mm		890	890
各部液体容量	燃油箱/L		1140	1090
	冷却系统/L		212	304
	曲轴箱/L		113.5	134
	终传动（每侧）/L		42	50
	转向系统（含油箱）/L		59	72
	液压系统/L		385	564
	变速箱/L		122	100

2. 电动轮自卸车主要参数（表 11-3）

表 11-3　电动轮自卸车主要参数

型号		NET150	SF31904	BELAZ75131	BELAZ75306
性能参数	整车质量/t	115	85	107	150
	额定装载质量/t	136	108	130	220
	最高车速/(km·h^{-1})	64.4	45	48	40
	制动距离（车速 30 km/h 时）/m	17.7	18	21	25
	最小转弯半径/m	12.8	24.6	13	15
发动机	型号	Cummins-QSK50-1600HP	KTA38-C 型柴油机	Cummins KTA50-C	CUMMINS-QSK-60
	额定总功率/kW	1193	895	1194	1865
	额定转速/(r·min^{-1})	2100	2100	1900	1900
	气缸数及排列形式	16 缸、V 型	12 缸、V 型	16 缸、V 型	16 缸、V 型
电驱动系统	交流发电机功率/kW	1194	783	1000	1400
车轮	轮胎规格	36.00R51	36.00R51	33.00R51	40.00R57
	车斗堆装容量（SAE 2：1）/m^3	88	68	71	68
	车斗平装容量/m^3	56.4	48	46	48
总体尺寸	外形尺寸(长×宽×高)/(mm×mm×mm)	13600×7250×6550	10882×6276×5505	11500×7000×5900	13360×7780×6520
	最小离地间隙/mm	650	596	600	700
各部液体容量	燃油箱/L	2500	1160	1900	2800
	液压油箱/L	890	462	510	600
	冷却系统/L	400	281	410	720
	发动机润滑系统/L	212	150	195	290

三、自卸车的主要结构与工作原理

矿用自卸车按总体结构分，由发动机、底盘、车身、电气设备等四个基本部分组成，底盘又可分为传动系统、行驶系统、液压系统三部分。

（一）柴油发动机

柴油发动机简称柴油机，是用柴油作燃料的内燃机，是通过柴油在机器内部燃烧产生热能，将热能转化为机械能的装置。柴油发动机一般由曲柄连杆机构、配气机构、供给系统（空气供给系统、燃油供给系统）、润滑系统、冷却系统、启动系统组成。

矿用自卸车使用的柴油机属于工程机械类的机种，普遍采用废气涡轮增压技术，使柴油机在自然吸气基础上功率提高 30% ~ 100%，燃油消化率可降低 2% ~ 10%。增压柴油机广泛使用中间冷却器，降低了增压空气的温度，进一步提高了柴油机功率。

1. 柴油机构造与工作原理

曲柄连杆机构是发动机借以实现将热能转变为机械能的能量转化的主要机构，其作用是将燃料燃烧产生的热能转变为活塞往复运动的机械能，再通过连杆将此机械能转变为曲轴的旋转运动而对外输出动力，带动工作机械做功。它主要由机体组（气缸体曲轴箱组）、活塞连杆组、曲轴飞轮组三部分组成。

（1）机体组。机体组也称气缸体曲轴箱组，由气缸体、气缸套、气缸盖和曲轴箱组成。机体组的主要作用如下：

①支撑发动机所有运动件，使它们工作时保持相对准确的位置。

②气缸体上有水道和油道，以保证各零件工作时必要的冷却与润滑。

③安装发动机各辅助系统的部件。

④作为发动机安装时的支撑，将其固定在底盘车架上。

（2）活塞连杆组。活塞连杆组由活塞、活塞环、活塞销、连杆等机件组成。

①活塞：承受着活塞组的主要任务，活塞组的所有零件都安装在它的上面。活塞与气缸套、气缸盖构成气缸密封容积，活塞的往复运动周期性地改变气缸容积，从而实现发动机的进气、压缩、做功及排气等工作过程。活塞顶部与气缸盖、气缸壁组成燃烧室，直接承受着高温燃气的压力。

②活塞环：具有一定弹性的金属开口环，也称胀圈。按作用分为气环和油环两种。

a）气环的作用是密封活塞与气缸之间的间隙，防止燃气进入曲轴箱，帮助活塞顶部散热，控制机油；辅助控制机油上窜进入燃烧室。

b）油环的作用是刮油，刮除气缸壁上的润滑油，防止润滑油窜入气缸燃烧，导致积炭的产生及消耗机油；使机油均匀分布，把气缸壁上成滴状的机油均匀分布，减少活塞与气缸壁的磨损和摩擦阻力；辅助封气，虽然气环已将大量气体封住，但仍有少量窜到油环，窜到油环的气体被封住，使之不至于窜到曲轴箱里。

③活塞销：用来连接活塞与连杆，将活塞承受的力传给连杆。

④连杆：包括连杆和连杆瓦。连杆组件主要是用来连接曲轴和活塞的，把作用在活塞上的力传给曲轴，将活塞的往复直线运动转变为曲轴的旋转运动。

(3) 曲轴飞轮组。曲轴飞轮组主要由曲轴、飞轮及附属零件组成。主要作用是把活塞的往复运动变成旋转运动，将作用在活塞上的气体压力变成扭矩，驱动工作机械和各个辅助系统工作。

①曲轴：主要由主轴颈、连杆轴颈、曲轴臂、平衡铁、前端轴及功率输出端（即飞轮）等组成。

a) 主轴颈：是曲轴的支撑点和旋转轴线，用轴承及盖安装在曲轴箱的主轴承坐上，以增强其强度和刚度。

b) 连杆轴颈：用来安装连杆大头。

c) 曲轴臂（曲柄）：用来把主轴颈和连杆轴颈连成整体，其长度等于两轴颈中心线间的距离，臂内有润滑油道，接通两轴颈以供润滑。

d) 平衡铁：与曲轴臂连成一体，与连杆轴径相对，用来平衡曲轴转动时连杆轴径和曲轴臂产生的惯性力。

e) 前端轴（自由端）：用来安装止推垫片、曲轴正时齿轮、密封装置及发动机辅助系统的传动装置、扭转减振器等。

f) 功率输出端：用来安装飞轮并作为与被驱动机械的连接处，装有密封装置等零件。

②飞轮：安装在曲轴输出端，主要作用是保持曲轴均匀的旋转。发动机在做功行程时飞轮储存动能，在其他三个行程时其放出储存的动能，使曲轴保持原有转速，均匀旋转。飞轮外缘上有启动齿圈，发动机启动时，它与启动机齿轮啮合，把启动机的扭矩传递给曲轴使其旋转，发动机进入工作状态。

2. 配气机构

配气机构是实现柴油机进气过程和排气过程的控制机构，主要作用是按照柴油发动机的工作顺序，定时打开或关闭气缸的进气门或排气门，使新鲜空气进入气缸，并把燃烧后的废气从气缸中排出去。

配气机构由气门组及传动组组成。

(1) 气门组由进排气门、气门导管、气门弹簧、弹簧座、锁块、气门卡环及气门座等零件组成。

(2) 气门传动组由凸轮轴、挺杆、推杆、导管、摇臂、摇臂轴及摇臂座等零件组成。

3. 供给系统

供给系统包括空气供给系统和燃油供给系统。

1) 空气供给系统

空气供给系统由进、排气两个系统组成，作用是定时排除废气，吸入新鲜空气，提供燃料燃烧所需的氧气。

（1）进气系统：主要由空气滤清器、检修指示器、中冷器、进气歧管及缸盖通道等组成。

①空气滤清器：空气滤清器的主要作用是清除空气中的灰尘杂质，将干净的空气送入气缸。在主滤芯内装有安全滤芯，作用是提高滤清器可靠性、保护发动机。安全滤芯堵塞时不能清洗，必须更换新的。

②中冷器：中冷器安装在涡轮增压器空气输出管路中，主要作用是利用冷却介质（水）降低增压后空气的温度，增大空气密度，从而增加发动机的进气量，使燃油燃烧更充分。

③涡轮增压器：涡轮增压器是利用发动机排出的废气作为驱动力工作的，由涡轮、主轴、压气机涡轮、壳体及轴承等组成，其把外界新鲜空气经空气滤清器吸进入并加压，在进气门打开的瞬间压入气缸，增大了发动机的进气量，从而提高了发动机的有效功率。

（2）排气系统：由排气歧管、排气管、消音器等组成。排气歧管布置在“V”形气缸的内侧，每侧 6 个气缸的排气歧管为一组并制成一体，分别与涡轮增压器的废气入口连接，废气出口与排气管连接。废气可直接排到大气中，也可直接排入车厢排气道中对车厢预热。

2）燃油供给系统

燃油供给系统包括柴油箱、PT 燃油泵、柴油滤清器、喷油器、调速器等，其作用是定时定量地向燃烧室内喷入燃油。

（1）PT 燃油供给系统的组成。PT 燃油供给系统主要由燃油箱、油管、燃油滤清器、PT 燃油泵、喷油器等组成。燃油经燃油滤清器被齿轮泵吸入，加压后经 PT 燃油泵内的稳压器、调速器、节流阀、断油阀、输油管路进入喷油器。

PT 燃油泵安装在空气压缩机的后部，与发动机之间无正时关系，主要作用是向喷油器输送燃油，调节油量，由齿轮泵、稳压器、燃油滤清器、PTG 两级调速器、旋转式油门、AFC 冒烟限制器、电磁断油阀及泵体等组成。

（2）PT 泵的工作原理。PT 燃油供给系统中的调压是由 PT 燃油泵来完成的，发动机的调速也由它控制。PT 燃油泵是按照液压原理工作的，其中一个是帕斯卡定律，即在密封系统内，液体能够把加在它上面的压强大小不变地传到容器的各个方向；另一个是液体的流量正比于作用与液体的压力、流过的时间和通路的断面积。

PT 燃油供给系的特点是油量调节是在燃油泵中进行的，而产生高压和定时喷射则是在喷油器中完成的。

4. 润滑系统

润滑系统是负责将机油送到柴油发动机运动件摩擦表面，使摩擦副得到良好润滑，起到减少运动件的磨损和摩擦阻力、部分冷却摩擦零件、清洗零件摩擦表面、防止零件腐蚀的作用。

1）主要部件及作用

（1）机油泵：建立油压的装置。

（2）油底壳及油道、油管：机油储存、输送装置。

（3）粗滤网、机油滤清器：机油滤清装置。

（4）机油散热器：机油冷却装置。

（5）压力调节阀：安全及限压装置。

（6）机油压力表、机油温度表：检查监控装置。

2）润滑方式

润滑系统的润滑方式主要有压力润滑、飞溅式润滑、综合润滑 3 种。

（1）压力润滑。用于负荷大、运动速度高的摩擦副，如曲轴主轴承、连杆轴承，凸轮轴轴承，气门摇臂等。机油必须要有一定的压力才能输送到运动件摩擦表面，从而保证摩擦副的润滑。

（2）飞溅式润滑。该方式利用柴油机工作时运动零件激起的油滴或者油雾进行润滑。

（3）综合润滑。以压力润滑为主，飞溅润滑为辅的润滑方式。

5. 冷却系统

冷却系统利用冷却介质将受热零部件吸收的热量及时传导、散发到空气中，保证柴油机各零部件在高温环境中可以正常工作，使发动机工作温度正常，不致因机件过热而损坏。冷却系统工作的好坏对柴油机的动力性、经济性、可靠性、耐久性都有很大影响。

1）主要部件及冷却方式

冷却系统包括水泵、风扇、散热水箱、机油散热器、节温器、空气中间冷却器等。冷却方式采用综合式冷却法。

（1）风冷系统。系统利用流通空气带走发动机部分热量，主要由风扇、张紧轮、皮带轮、皮带、百叶窗等组成。

（2）水冷系统。水冷系统利用冷却水的强制循环带走发动机高温部件的热量，主要由水泵、缸体冷却水套、水管、节温器、散热器、水箱、温度传感器、水温表等组成。

2）冷却水循环方式

节温器根据冷却水温度变化情况改变冷却水循环路径，以保证发动机在最佳水温状态下工作。

当发动机冷却水温度上升到 84 ℃时，节温器关闭通往水泵的水道，开启通往冷却水箱的水道，冷却水通过冷却水箱—水泵—散热器—机体冷却水道—排水支管—节温器—冷却水箱进行大循环。

当发动机冷却水温度下降到 74 ℃时，节温器关闭通往冷却水箱的水道，开启通往水泵的水道，冷却水通过水泵—散热器—机体冷却水道—排水支管—节温器—水泵进行小循环。

6. 启动系统

矿用自卸车启动系统有空气马达启动系统和电启动系统两种。

（1）空气马达启动系统：由空气马达、储气筒、启动开关、启动阀、管路（空气管路和润滑管路）等组成。该系统的作用是利用外部能源带动静止柴油机转动，使柴油机实现第一次着火燃烧而进入自行运转。系统主要由起动机和便于启动的辅助装置组成，缺点是冬季气温低气管存在水汽，导致气路结冰堵塞。

（2）电启动系统：由启动机、启动开关、启动继电器、蓄电池等组成。

（二）底盘

1. 传动系统

传动系统将发动机产生的动力传给汽车的驱动车轮，形成驱动力，使汽车保持一定速度行驶。汽车传动系统一般由离合器、液力变矩器、变速箱、万向传动装置、主减速器、差速器、半轴、轮边减速器等组成。

1）传动方式

按能量传递方式的不同，传动系统可分为机械传动、液力传动、电传动 3 种。3 种传动的传动路径如下：

（1）机械传动：发动机—离合器—变速箱—传动轴—驱动桥—半轴—轮胎。

（2）液力传动：发动机—液力变矩器—变速箱—传动轴—驱动桥—半轴—轮边减速器—轮胎。

（3）电传动：发动机—发电机—整流柜—输电线路—牵引电机—轮边减速器—轮胎。

2）传动系统布置形式

传动系统布置形式根据发动机的类型、安装位置以及汽车用途的不同而有所变化。

矿用自卸车传动系统最常见的布置方式是发动机前置，后轮驱动。

2. 行驶系统

矿用自卸车行驶系统由车架、车桥、车轮和悬架组成，其主要作用有：将汽车构成一个整体，支撑汽车的总质量；将传动系传来的转矩转化为汽车行驶的驱动力；承受并传递路面作用于车轮的各种阻力及力矩；减少振动，缓和冲击，保证汽车平稳行驶。

1）车架

（1）车架的功能。车架是整个汽车的基体，发动机、变速箱、传动机构总成和部件都安装在车架上，车架通过悬架装置连接在车轮上，并承受来自车内外的各种载荷。

（2）车架必须满足的要求：

①足够的强度和适当的刚度；

②质量轻；

③降低车架高度，使车重心下降，有利于行驶稳定性；

④结构形式应能满足汽车总布置的需要。

（3）车架的类型。矿用自卸车一般采用边梁式车架，这种车架为工程机械车辆专用结构，属于全焊接结构，所用厚钢板均为低合金、高强度钢板。车架的纵梁、横梁均采用封闭式箱形截面，纵梁的截面高度根据其不同段位的受力状态而有所变化，以保证其抗扭强度。

NTE150 型矿用自卸车车架主体由变截面箱形直纵梁和圆柱形横梁焊接而成，直纵梁设计消除了应力集中，变截面箱形直纵梁结构降低了应力，延长了疲劳寿命，圆柱形横梁结构使车架整体抗扭性能更加优越。车架采用先进的焊接工艺，提高了焊缝耐久性的同时延长了疲劳寿命。

777E 型矿用自卸车车架采用箱形结构设计，在压力集中的地方，利用锻件和铸件，采用深层和连续围包焊接的方式，以承受扭曲载荷。

2）车桥

车桥通过悬架与车架相连，在其两端安装车轮。车桥的作用是传递车架与车轮之间各方向的作用力及其力矩。

根据悬架结构的不同，车桥可分为整体式车桥（非断开式车桥）和断开式车桥两种。根据车轮的作用，车桥又可分为转向桥、驱动桥、转向驱动桥和支持桥 4 种类型。矿用自卸车的前桥多为转向桥。

NTE150 型矿用自卸车的前桥通过 2 个前悬缸、4 个纵向推力杆、1 个横向稳定拉杆连接在车架上，这种布置方式不仅减少了车架的应力负荷，而且不论前悬的行程如何，都能使轮胎处于正常的运动状态，延长了轮胎的使用寿命。此外，所有的转向部件都安装在前桥上，结构简单且减少了运动零件的数量，提高了系统的维修性。超大尺寸的车轮轴承设计保证了轴承的使用寿命。

后桥采用驱动桥通过后悬缸、横向稳定拉杆、鼻锥轴承连接到车架上。鼻锥部件由两片轴承组成，特殊的结构降低了轴承的接触应力（小于 9653 kPa），延长了轴承的使用寿命。

3）车轮

（1）车轮组成。车轮由轮毂、轮辋以及轮胎组成。轮辋也称钢圈，按其结构特点，可分为深式轮辋和平式轮辋，矿用自卸车采用的是平式轮辋。按照连接部分构造不同，车轮可分为盘式和辐式两种。矿用自卸车多采用辐式车轮。

（2）车轮的作用。车轮的作用主要有以下 3 点：

①支撑汽车的作用。汽车的所有部件通过车架连接在一起，整车质量通过悬架、驱动桥等最终落到车轮上，此外车轮还要承受所有载荷（静负荷和动负荷）。

②驱动牵引作用。汽车发动机输出的动力通过传动装置最终传到车轮，驱动车轮转动，使车辆行驶。

③导向作用。汽车转向系统的所有动作，经传动机构，由转向机控制，助力缸输出动力，经拉杆、转向节到车轮，实现对车辆行驶方向的控制。

（3）轮胎。矿用自卸汽车使用的轮胎为低压、无内胎轮胎，有斜交线轮胎和子午线轮胎两种。无内胎轮胎胎里为密封层，密封层向外是帘线层，帘线层外面为缓冲层，胎顶为耐磨层。轮胎从结构上分为胎口、胎身、胎肩、胎冠 4 个部位。轮胎和悬架可缓和汽车行驶时受到的冲击，减少由此产生的振动，保证汽车乘坐的舒适性和行驶的平顺性。

此外，轮胎能保证车轮和路面间有良好的附着性，提高汽车的牵引性、转向性、制动性和通过性。

①斜交线轮胎和子午线轮胎区别。斜交线轮胎的胎体是斜线交叉的帘布层，而子午线轮胎的胎体帘线则是并排缠绕的，其胎体顶层常含有一层由钢丝编成的钢带（带束层）。斜交线轮胎和子午线轮胎胎体的结构示意如图 11-3 所示。

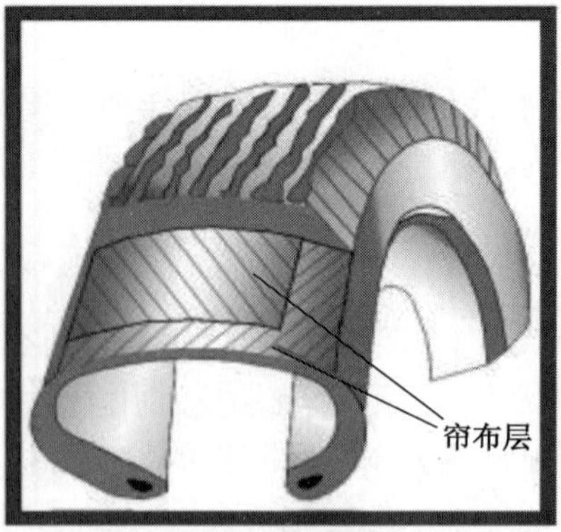

(a) 斜交线轮胎

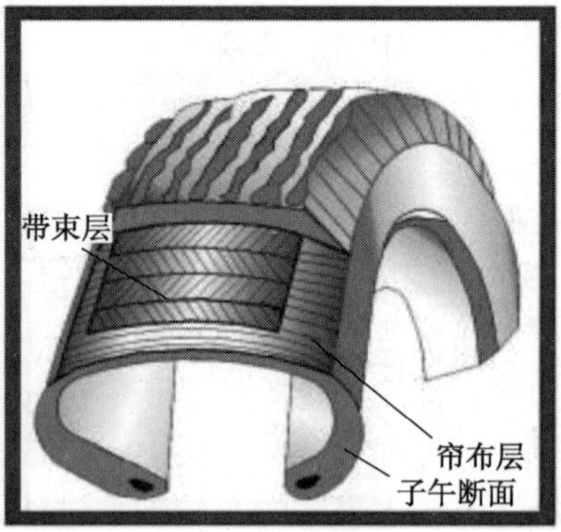

(b) 子午线轮胎

图 11-3 斜交轮胎和子午线轮胎胎体的结构示意

②子午线轮胎的特点：

a）接地面积大，附着性好；单位压力小，寿命长。

b）行驶时变形小，滚动阻力小，油耗低。

c）有坚硬的带束层，不易刺穿。

d）帘布层数少，散热性好。

e）径向弹性大，缓冲性好，承载能力大。

f）胎侧较薄，胎侧易裂，侧向变形大，横向稳定性差。

③轮胎规格表示方法（图 11-4）：

a）高压胎规格一般用 $D \times B$ 表示。D 为轮胎名义直径，B 为轮胎断面宽度，单位均为英寸。“×” 表示高压胎。因断面宽度 B 约等于断面高 H，故安装外胎的轮辋直径 $d=D-2B$。

b）低压胎规格一般用 $B—d$ 表示。B 为轮胎断面宽度，d 为轮辋直径，单位均为英寸。“—” 表示低压胎。

c）超低压胎的表示方法与低压胎相同。

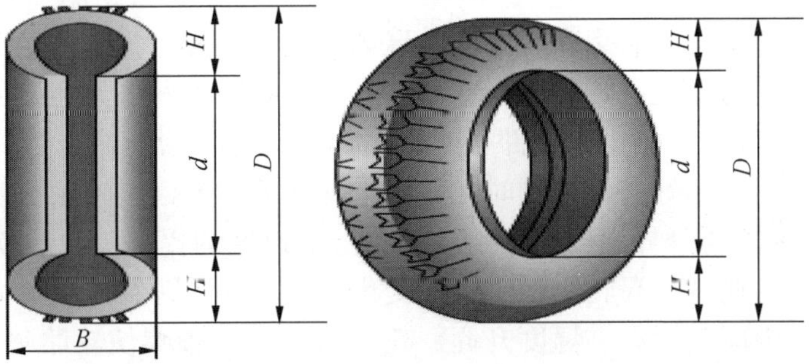

D—轮胎外径；d—轮辋直径；H—轮胎断面高度；B—轮胎断面宽度

图 11-4　轮胎尺寸标记示意图

④影响轮胎使用寿命的因素：

轮胎使用寿命是指它在正常使用条件下，能良好工作的行驶里程。使用寿命除取决于轮胎自身的质量外，还取决于负荷、充气压力、外界温度、行驶速度、车辆状况、路面条件、驾驶技术等因素。

a）负荷的影响。主要包括静负荷和动负荷两个方面。

（a）静负荷是指车辆的载重、自重总和。载重增加，静负荷也随之增加。当轮胎超负荷运行时，轮胎的变形增大，材料所受的内应力和胎面接地面积均增大，胎面磨损增加甚至爆胎。轮胎若经常超载，使胎面异常磨损，易出现胎冠或胎肩脱空、胎体帘线松散、断裂以及趾口折断等现象，缩短使用寿命。

（b）动负荷随路面的不平程度、车辆行驶速度的增大而增大。轮胎在动负荷条件下运行，轮胎承受冲击载荷，变形较大，帘线层受较大的张力作用，轮胎变形加剧时会导致轮胎帘线层的松散、折断、分层（脱空）、趾口折断乃至爆破。特别是车轮压块时，车轮与岩块之间形成点接触，易产生冲击爆破。因此，作业时，必须使动负荷降到最小，在不平的路面上行驶时，必须降低车速。

b）充气压力的影响。每一种类型的轮胎都有相应的标准气压值，低于或高于该值都将降低轮胎的使用寿命。气压对轮胎的影响是相当大的，气压每超高 10% 或降低 10%，轮胎的使用寿命将降低 20%，气压每超高 20% 或低 20%，使用寿命将降低 50%。

（a）当气压高于标准值时，帘线的应力增加，帘线层间橡胶的剪切应力也增加，从而会降低轮胎的使用寿命。同时，压力过高，胎面与地面的接触面积减小，摩擦力减小，造成磨冠，轮胎面异常磨损严重。由于内应力增大，抗屈挠能力下降，引起轮胎爆破。气压长期过高，轮胎胎顶磨损相对严重。

（b）当气压低于标准值时，轮胎变形增大，同时轮胎的温度迅速升高，加大了胎体帘布层间的张力，造成帘线层间分离即轮胎起层，胎里帘线松散、断裂，产生冠空、肩空、肩裂、脱层胎体碾坏等现象。另外，胎体变形大，接地面积增加，滚动阻力增大，轮胎磨损增加，尤其是胎面胎肩部分磨损加剧。

c）路面条件的影响。在条件好的路面行驶时，轮胎受冲击载荷小，轮胎主要是正常磨损。在不好路面行驶时，轮胎承受动负荷大，影响轮胎使用寿命。

d）行驶速度与外界温度的影响。随着行驶速度的提高，轮胎使用寿命相应减小。这是因为速度提高轮胎承受负荷变化频率增加，特别是动负荷频率增加引起轮胎帘布层内应力增大、温度升高，轮胎材料受此影响使轮胎热剥离而损坏。高温会使橡胶加速老化，橡胶、帘线的强度以及抗疲劳性能也会下降，缩短轮胎的使用寿命。

e）车辆状况的影响：

（a）车辆前束调整不正确会加速轮胎的磨损，轮胎花纹磨损呈锯齿状。前束过大两轮外侧磨损严重，前束过小或反前束两轮里侧磨损严重。

（b）车轮轴承间隙大、转向系统各部连接销间隙过大等原因使车辆行驶中产生跳动和摆动，产生横向剪切力，造成胎冠磨损加快和脱层。这种磨损胎冠凸凹不平，严重时方向发抖。

（c）同侧两后轮装配不合理，直径差超过允差（24 mm），承载分配不匀，单胎超负荷，造成胎早期损坏。

（d）悬架装置高度、刚度（加油量不一致，充气压力不一致）等调整不均，造成车体倾斜，车桥不正，都会使轮胎产生侧向力，加剧胎面不正常磨损。

f）驾驶技术的影响：

（a）汽车起步不平稳、过猛，轮胎产生滑动，加快磨损。同时增大剪切力，易使胎顶帘线层分离。

（b）制动器踩得过猛，紧急刹车等，都会产生不良结果。

（c）行车中急转弯或高速转弯，在离心力作用下，轮胎承受较大的侧向力，车轮横滑，产生剪切应力，造成轮胎脱层。同时加速轮胎磨损。

（d）原地打死方向，轮胎承受较大的剪切应力，轮胎磨损大，易脱层。

（e）行驶中压大块，轮胎局部受力，产生冲击爆破，尖锐石块会造成轮胎刺破、刮伤等。

⑤轮胎的维护保养。经常检查轮胎气压，保证轮胎在标准气压下运行。及时清除轮胎间夹石，防止磨爆轮胎。及时割掉分离硌掉的轮胎胶块，减少掉块扩大。发现轮胎起包（分离起层）要及时割包放气，减缓起包面积扩展速度（不割口里面产生的热气出不来，包的扩展速度很快）。检查轮胎温度，轮胎温度过高要停车降温，温度降下来后再作业。斜交结构轮胎与子午线结构轮胎不能混装（同轴使用）。

4）悬架

矿用自卸车大多采用筒式油气弹簧悬架。油气弹簧是连接车架与车桥的弹性元件，它具有良好减震性能和缓和冲击的能力，可以保证车辆在规定道路条件下具有良好的行驶平顺性。

油气弹簧是利用氮气和液压油构成弹簧悬架，利用加压氮气的弹性以缓冲振动，利用油在节流孔内的往返流动吸收能量起到阻尼作用。

前油气弹簧由二个基本件组成—缸筒、杆筒。其缸筒通过油缸支架用螺栓固定在车架上，杆筒下部的椎体部分与车轮转向节的锥孔紧密地配合在一起，形成独立悬架。后油气弹簧内部构造与前油气弹簧基本相同，它是通过上、下两个球头销与车架和后桥壳相连，形成了非独立悬挂。

5）转向轮定位

转向轮、转向节和前轴三者之间有一定的相对安装位置，称为转向轮定位。转向轮定位的作用是保证汽车稳定直线行驶且能自动回正，减少轮胎和机件的磨损。转向轮定位往往用定位参数表达，包括主销后倾、主销内倾、前轮外倾和前轮前束 4 个参数。

（1）主销后倾。主销装在前轴上后，其上端略向后倾斜，这种现象称为主销后倾。在纵向垂直平面内，主销轴线与垂线自检的夹角 γ 称为主销后倾角（图 11-5）。主销后倾的作用是保证汽车直线行驶的稳定性，并力图使转弯后的前轮自动回正。

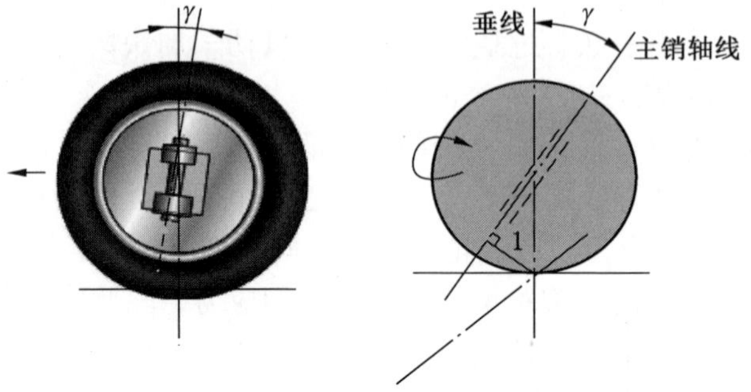

图 11-5 主销后倾角示意图

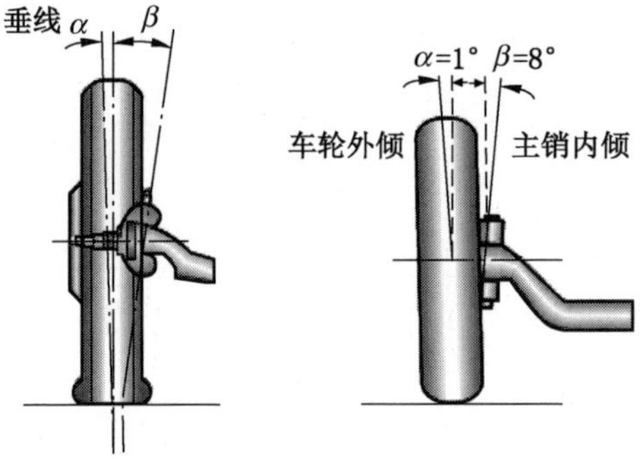

图 11-6 主销内倾角作用示意图

（2）主销内倾。主销装在前轴上后，其上端略向内倾斜，这种现象称为主销内倾。在横向垂直平面内，主销轴线与垂线之间的夹角称为主销内倾角 β（图 11-6）。主销内倾的作用是使转向轮自动回正，转向轻便，减少轮胎的磨损。

（3）前轮外倾。前轮安装在车桥上后，其旋转平面上方相对纵向垂直平面略向外倾斜，这种现象称为前轮外倾。前轮外倾可以保证汽车满载时车轮与地面垂直，使转向轻便，提高前轮工作的安全性。前轮外倾角是指前轮旋转平面与纵向垂直平面之间的夹角（图 11-7）。

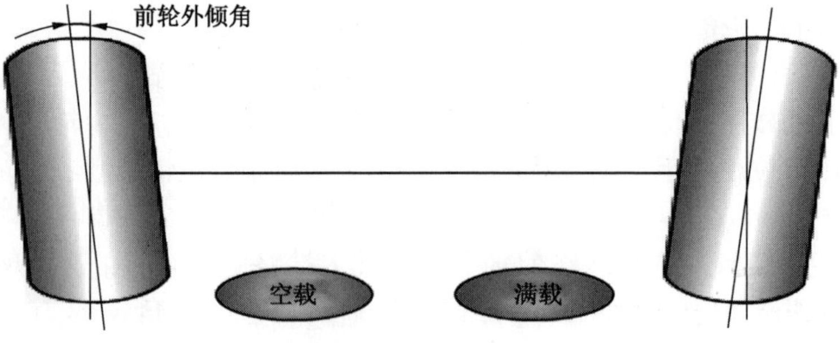

图 11-7 前轮外倾角

（4）前轮前束。前轮安装后，两前轮的旋转平面不平行，前端略向内束，这种现象称为前轮前束。两轮前边缘距离 B 小于后边缘距离 A，$A-B$ 之差即为前轮前束值，如图 11-8 所示。前轮前束的作用是减轻和消除由于前轮外倾和纵向阻力致使前轮前端向外滚开所造成的滑移。

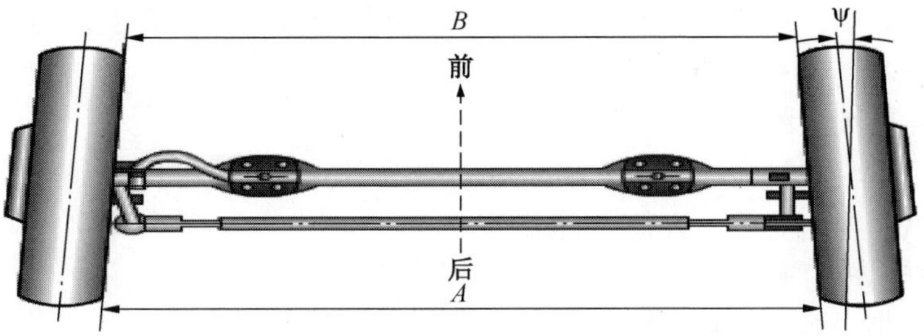

图 11-8　前轮前束（俯视图）

3. 液压系统

1）液压系统工作原理

当发动机运转时，由装在主发动机后面的主传动轴带动双联叶片泵从液压油箱通过吸油滤清器抽出液压油，靠盖端泵向转向及制动供油，轴端泵向举升系统供油。3 个系统共用一个油箱，共用一个双联叶片泵。叶片泵对使用环境要求较高，故障频繁，后改造成齿轮泵，克服了上述困难。

2）液压系统组成及优缺点

（1）液压系统组成。液压系统由动力元件、执行元件、控制元件、辅助元件和工作介质组成。

①动力元件：液压泵是为液压系统提供一定流量和压力的动力元件。液压泵将原动机（电动机或内燃机）输出的机械能转换为工作液体的压力能，是一种能量转换装置。液压泵的基本参数有压力、排量、流量、效率、功率。压力取决于负载，流量决定于速度。

矿用汽车液压动力系统使用的液压泵有齿轮泵、叶片泵和柱塞泵，主要作用是向系统内输送具有一定压力的油液，液压油泵通过驱动装置驱动。

②执行元件：液压缸是液压系统的执行元件，它是把输入的液体压力能转换为机械能的转换装置，克服负载，带动机械完成所需要的动作。

③控制元件：各种液压阀，在液压系统中控制和调节液体的压力、流量和方向。根据控制功能的不同，液压阀可分为压力控制阀、流量控制阀和方向控制

阀。压力控制阀又分为溢流阀（安全阀）、减压阀、顺序阀等；流量控制阀包括节流阀、调整阀、分流集流阀等；方向控制阀包括单向阀、液控单向阀、换向阀等。控制元件的作用是控制液压系统中的液流方向、压力和流量，从而改变执行元件的运动方向、作用力（或转矩）和运动速度。

④辅助元件：包括油箱、油管、管接头、滤油器、蓄能器以及密封装置等。

⑤工作介质：是液压传动的传递介质，又是液压元件和液压系统的润滑剂。

（2）液压传动的优点：

①能在较大范围内实现无级调速。

②体积小、质量轻、结构紧凑、运动惯性小、反应速度快。

③操纵、控制简单，方便、省力。

④易于实现过载保护。

⑤标准化、系列化和通用化。

⑥自动润滑，寿命长。

（3）液压传动的缺点：

①工作性能受外界条件的影响大。

②易产生泄漏和压力损失。

③密封困难，易产生泄漏造成污染。

④对加工精度、材质和热处理及维修水平要求高，故成本较高。

⑤对工作介质过滤要求较高。

⑥故障比较难寻找。

矿用自卸车液压系统由举升系统、转向系统、制动系统组成。

1）转向系统

转向系统主要由转向器、转向拉杆机构、液压动力转向系统三部分组成，主要作用是使汽车随着道路的情况顺利转向。

（1）转向器。转向器是一种摆线转阀式全液压转向器，主要由随动转阀和一对摆线齿轮啮合副组成。阀芯、阀套和阀体构成随动转阀，起控制油流方向的作用；转子和定子构成摆线齿轮啮合副，起计量泵作用，以保证流进油缸的流量与方向盘的转角成正比。

（2）转向拉杆机构。自卸车转向拉杆机构主要由横拉杆、纵拉杆、曲柄臂等组成。

（3）液压动力转向系统。自卸车液压动力转向系统包括动力转向系统和紧急转向系统。液压动力转向系统主要由油缸、转向操纵阀、液动换向阀、安全阀、分流阀、油泵、滤油器、管路及紧急转向油泵、电机等组成。

液压动力转向系统按液流的形式可分为常流式和常压式两种。

①常流式：汽车不转向时，系统内工作油是低压油，分配阀中的滑阀在中间位置，油路保持畅通。从油泵输出的工作油，经分配阀回油箱，一直处于常流状态。

②常压式：汽车不转向时，系统内的工作油是高压油，分配阀总是关闭的。

2）举升系统

举升系统的作用是举起车厢倾卸货物，控制车厢下降举升示意如图 11-9 所示。举升系统主要由油箱、油泵、分流阀、安全阀、操纵阀、举升缸和车厢构成。两只举升缸对称安装在车架纵梁外侧。举升缸大端在上最细的一节在下，这样倒置式的安装有利于将每节缸筒外侧黏附的泥沙、尘土向下推刮并脱离缸筒，提高了缸筒的清洁度，减少了灰尘、砂粒的刮擦磨损。

图 11-9　矿用自卸车举升示意

（1）举升工作原理：

自卸车车厢的举升和下降是通过举升操纵阀控制举升系统，按需要对翻斗实行举升、保持和下降等动作。举升操纵阀有 4 个工作位置，依次是举升、保持、下降和浮动。

①举升：搬动操纵杆于最高位置，并通过拉杆机构带动阀塞左移至最远位

置，此时举升油口与进油道接通，由分流阀经举升油口供向举升缸的举升腔，实现举升供油。同时，强迫下降油口和回油道接通，举升压缩腔内油液经强迫下降油口和回油道流回油箱。

②保持：在保持位置时，举升缸进油口与回油口接通，进、回油口处于关闭状态，这时翻斗被控制在需要的倾斜角度上。

③浮动：此时举升油缸的上、下腔连通，缸内的液压油通过分配阀回到油箱，车斗靠自重下降。车厢落到位后举升手柄放在浮动位置。

④下降：扳动操纵杆于最低位置，分配阀高压油与举升缸下腔接通，分配阀回油口与举升缸上腔接通，并以一定的压力迫使举升缸收缩，从而实现了翻斗强迫下降。

（2）车斗降落限速阀：

车斗降落限速阀的作用是限制翻斗的降落速度，延长车架与翻斗的使用寿命。限速阀由阀体、锥形阀、弹簧组成。

在锥形阀锥面上有 4 个油孔，锥形阀中间有一个进油孔。举升时，举升缸需要油量比较大，举升压力油将锥形阀向右移动，打开锥形阀，由 5 个孔向举升缸供油，使翻斗升起。下降时，举升缸上腔的油由右侧进入阀体内，在弹簧作用下，关闭 4 个小孔，上腔的油只能从锥阀中间孔排出，限制了油缸油的排出速度。

3）制动系统

制动系统作用是使行驶中的汽车按照驾驶员的要求进行强制减速甚至停车；使已停驶的汽车在各种道路条件下（包括在坡道上）稳定驻车；使下坡行驶的汽车速度保持稳定。

矿用自卸车的制动系统一般包括行车制动系统、驻车制动系统、辅助制动系统和紧急制动系统，不同车型的制动系统略有不同。

（1）SF31904 型自卸车制动系统：

SF31904 型自卸车装备了行车、停车、辅助、制动锁定，以及紧急、自动紧急制动系统。

①行车制动：行车制动系统用于辅助制动系统效能不足时任何道路和气候条件下自卸车行驶中的速度控制和制动停车。控制方式为全液压制动，由工作制动踏板控制制动踏板阀阀芯的开启，由系统和制动蓄能器供油，作用于前、后车轮的盘式工作制动器（车速在 5 km/h 使用）。

②停车制动：采用盘式制动器，控制方式为液压释放、弹簧制动。

③辅助制动：采用电制动，正常行车减速时使用电制动减速，将车速降至 5 km/h 后使用行车制动停车。

踩制动踏板时，驱动电机变成他激发电机，发出的电通过电阻栅把电能变成热能消耗掉，这时产生一个与电机转向相反的力矩，增加了车辆的行走阻力。速度在 22~32 km/h 为恒流制动，超出 32 km/h 电制动自动投入。运行时应使用电制动，不应频繁使用制动踏板减速。使用电制动时速度不应超过 30 km/h。

④制动锁定：主要是车辆在装卸时使用，不能用作停车制动。用仪表台上的“手动制动锁定开关”控制辅助制动电磁阀和干湿路面电磁阀的通断，辅助制动蓄能器油压控制制动阀阀芯开启，由系统及制动蓄能器供油，作用于前、后车轮的盘式工作制动器，在装卸情况下使用。

⑤紧急制动：用仪表台上的“手动紧急制动开关”控制辅助制动电磁阀和干湿路面电磁阀的通断，其余情况同制动锁定，在紧急情况下施加。

⑥自动紧急制动：当系统压力下降到 11.2 MPa 以下时，自动紧急制动开关闭合，接通辅助电磁阀和干湿路面电磁阀，辅助制动蓄能器油压控制制动踏板阀阀芯的开启，由系统及制动蓄能器的自动制动作用于前、后车轮的盘式工作制动器。在系统压力降到 11.2 MPa 以下由系统自动施加。

（2）TR100 型自卸车制动系统：

TR100 型自卸车装备了工作、停车制动系统。

①工作制动：为全液压制动系统，控制方式为传动箱安装压力补偿泵为制动和转向提供液压油；有独立的前后管路，每一管路装有氮气储能器，储存的能量提供连续的制动压力。

②停车制动：为制动盘弹簧作用全液压释放方式；紧急制动通过按动电磁阀控制行车和驻车制动，当发动机关闭时会自动实施（当系统压力降至预先设定值时）驻车制动。

（3）BELAZ-75306 型自卸车制动系统：

BELAZ-75306 型自卸车装备了工作制动系统、停车制动系统、应急制动系统（故障制动系统）和辅助制动系统。

①工作制动系统：用于调整行驶速度和自卸车在任何道路和气候条件下的停车，只有在有效性不足的情况下才用辅助制动系统。前轮制动机构是单盘式的，带有液压传动的干摩擦多片式；后轮制动机构是单盘式的，带有液压传动的干摩擦式。

②停车制动系统：用于在停车场上自卸车的制动及装载、卸载情况下的制动，以及在自卸车有故障情况下的停车制动，同时在工作制动系统有故障的情况下也可以紧急供自卸车的停车使用。

③辅助制动系统（电力制动器）：用于在下坡路上保持必要的行驶速度和把自卸车的速度降到 5 km/h。辅助制动系统包括制动控制器、一个对发动机转速

提升的设备，以及制动电阻器。当在电力制动条件下工作时，辅助制动系统也作为牵引电驱动设备使用。

（4）BELAZ-75131 型自卸车制动系统：

BELAZ-75131 型自卸车装备了行车、驻车、紧急以及辅助制动系统。

①行车制动：前轮制动为液压驱动型、单盘干摩擦式刹车，后轮制动为单制动盘，干摩擦液压驱动型。

②驻车制动：为液压式传动，作用于后轮。驻车制动系统在自卸车泊车时使用，如在装载或卸载时。在行车制动系统失灵时，也可以用于危机情况下的紧急制动。驻车制动装置为盘式，干摩擦并带两个弹簧动力储能器，此外还有一个液压驱动装置。

③辅助制动系统（电力制动器）：对自卸车的速度进行必要的控制，起到电动机制动的作用。

（5）NTE150 型自卸车制动系统：

①工作制动：采用全液压盘式制动器，前轮为单盘制动，后轮为双盘制动，根据摩擦片的磨损程度，制动间隙能自动调整，保证有足够的制动力。

②应急制动：由仪表台上开关控制或当转向压力低于规定值时自动投入。

③制动锁定：由仪表台上开关控制，对后双轮实施制动。

④停车制动：配置机械常锁盘式停车制动，停车制动器安装在后轮，弹簧制动，液压释放。

⑤辅助制动：带强制风冷制动电阻的牵引电机反驱动工况电制动，平台右侧安装强制风冷电阻栅，连续操作可使车速接近零速。驾驶室中控台有恒速下坡开关，下坡速度可调，能实现卡车恒速下坡。

（6）777E 型自卸车制动系统：

①后轮制动器：采用卡特彼勒双活塞结构湿式多片式制动器，把行车制动、辅助制动、停车制动和缓速制动功能结合在同一个系统里。主活塞采用液压控制行车制动和缓速制动；辅助活塞利用弹簧作用并靠液压保持在分离位置。

②前轮制动器：前轮采用干盘式制动器。

③行车制动：液压制动、弹簧释放。

④驻车制动：弹簧制动、液压释放。

⑤紧急制动：激活驻车制动系统对车辆实施制动。

（三）车身

矿用自卸车车身一般包括驾驶室和车厢两部分。

1. 驾驶室

驾驶室是安装在平台左侧的金属焊接结构。驾驶室内装有车辆操作必需的控制装置和仪表，密封、隔音、隔热、减振等功能均有相应措施，以保证驾驶员乘坐的舒适性。

2. 车厢

矿用自卸车车厢的典型式样是底板前低后高、尾部敞开无后栏板，斜坡角一般为12°，这样的斜坡角可以保证汽车即使是在上坡行车状态，矿石也不致从车尾滚落。车厢由高强度、高耐磨性的低合金钢板全焊接制成，车厢前部向前伸出的保护罩可保护驾驶室及发动机罩不被电铲装卸的矿石撞击损坏。发动机排气尾管接入车厢底板加强梁的空腔中，温热车厢底板，避免结冻。

（四）电气设备

1. 矿用自卸车电气设备组成

矿用自卸车电气设备主要由电源系统、启动系统、仪表信号系统、照明信号系统设备及辅助设备等组成。电源系统设备主要包括蓄电池、发电机及其调节器等；启动系统设备主要包括起动机、启动开关机辅助启动装置等，其任务是启动发动机；仪表信号系统设备主要包括各种仪表及信号指示灯等；照明信号系统设备主要包括各种照明及电喇叭、闪光器、蜂鸣器及指示灯等；辅助设备主要包括电动刮雨器、风窗洗涤器、空调器、低温启动预热装置、收录机、点烟器、玻璃升降器等。

2. 电气设备的特点

（1）两个电源。两个电源指交流发电机和蓄电池两个供电电源。蓄电池是辅助电源，在汽车未运转时向有关电气设备供电；交流发电机是主电源，当发动机运转到一定转速后，交流发电机转速达到规定的发电转速，开始向有关电气设备供电，同时对蓄电池充电。两者互补可以使用电设备在不同的情况下都能正常工作，同时延长了蓄电池的供电时间。

（2）并联单线。汽车上的电源和所有的电气设备均采用并联连接，这种连接方式的好处是它们正常工作时的电压相同，在个别电气设备故障不能正常工作时不影响其他电气设备，每个用电设备都由各自串联在其支路中的专用开关控制，互不产生干扰。单线制是指从电源到用电设备只用一根导线连接，而用汽车底盘、发动机等金属机体作为另一公用导线。

（3）低压直流。矿用自卸车多采用24 V电气系统。靠电力起动机启动的矿用自卸车使用的是直流串激电动机，必须由蓄电池供电，而向蓄电池充电必须用直流电，所以电气系统又称为直流系统。这主要是从蓄电池充电角度考虑的。

（4）负极搭铁。采用单线制时，蓄电池的一个电极必须接至车架上，俗称“搭铁”。蓄电池的负极接车架称为“负极搭铁”；反之，则称为“正极搭铁”。电气系统统一定为负极搭铁。

四、矿用自卸车驾驶基础知识

1. 地面检查

（1）全面检查自卸车外表，发现有异常迹象应及时汇报。

（2）检查发动机曲轴箱润滑油油位，油位应保持在油尺上下标记中间位置。

（3）检查液压油箱油位。

（4）检查燃油箱油位。

（5）检查轮胎、车轮、轮辋的状况和充气压力。

（6）检查油气悬挂缸活塞杆的露出情况。

（7）综合检查气、油、水及燃油系统是否有渗漏和损坏。

2. 车上检查

（1）上下车时要面对自卸车脚踏梯子，抓牢扶手。

（2）灭火器检查。

（3）座位调整。

3. 启动发动机

（1）启动发动机必须在完成行车前的检查后进行。

（2）启动发动机前要确保车下所有人员撤离自卸车，一定要按喇叭以示警告。

（3）启动前检查并确保换向开关置于中位，举升控制阀手柄在中位，停车制动开关在缓解位；钥匙开关拧到“启动”置，确认柴油机已经启动立即将钥匙转到“运转”位让柴油机在低怠速运转约 5 min。

4. 启动柴油机

启动柴油机后操作下列装置并检查其工作状况是否正常：

（1）停车指示灯。

（2）刮雨器。

（3）停车制动。

（4）制动锁定装置。

（5）工作制动。

（6）举升装置。

（7）喇叭。

（8）百叶窗。

5. 运行

（1）柴油机启动后，检查油位表、仪表、警告灯等，确认系统工作正常。

（2）将方向盘向右和向左打到底，试验自卸车的转向功能，确认转向系统工作正常。

（3）在确认举升控制阀手柄为“零位”（浮动位）后，将换向开关置于前“进位”位（或“后退”位）。

（4）首次驾驶和开动自卸车时，制动系统的各种功能至少要试用两次，包括单独使用工作制动、停车制动、制动锁定和紧急制动，确认系统工作正常。

（5）自卸车每次前进或倒车时应按规程要求给出信号。

（6）轻轻踩下牵引踏板，起步。

（7）自卸车运行期间要经常检查各种仪表读数是否正常。

（8）禁止柴油机长时间怠速运转。

（9）在长坡道重载下坡时，应提前将自卸车的速度控制在适当的范围内，防止超速。

（10）根据道路条件、天气和视线调整车速，运行中始终要关好驾驶室的门。

6. 装载

（1）在电铲司机发出允许装车的信号后，谨慎驶入装载区域，将自卸车停放到合适的装车位置。

（2）将换向开关拨到中位，并且使用制动锁定装置。

（3）装载时，驾驶员应留守在驾驶室并保持发动机运转。

（4）接到开出装载区信号时，松开制动锁定装置，把换向开关拨到“前进”位置，加速发动机迅速驶离装载区。

7. 检查

如果运行时发生下列情况必须立即选择安全地点停车检查：

（1）接地继电器警告灯亮。

（2）太阳轮退出警告灯亮。

（3）发动机过热。

（4）柴油机水位低。

（5）动力制动作用不正常。

（6）工作制动作用不正常。

（7）转向系统作用不正常。

（8）液压举升系统作用不正常。

（9）加速或减速迟钝。

（10）系统组件的不正常响声或不稳定的动作。

（11）气压过低。

在下列情况下应选择安全地点停车并关闭发动机：

（1）发动机油压过高或过低。

（2）燃油箱油位表指示在不正常的范围内。

（3）发动机有异常声响时。

（4）自卸车发生火灾时。

8. 卸载

（1）服从现场指挥人员的指挥，到达倾卸位置停车后，使用制动锁定装置并将换向开关置于中位。

（2）将举升控制阀手柄拨到“举升”位置，车厢就会上升；这时加速发动机，车厢的上升速度就会加快。

（3）车厢上升到最大倾斜角附近（举升缸第3节缸开始动作时），一定要减少牵引踏板的踏力，使发动机减速。

（4）当举升缸第3节缸伸出约1/3时，将举升缸控制阀手柄由举升位通过“零位”（保持位）打到“迫降”位，车厢立即下降。

（5）当车厢下降了一个小行程后，应将手柄由迫降位打回到“零位”（浮动位），车厢就会由于自重下降到接触车架为止。

（6）在下降过程中需要车厢停住时，应先将手柄通过“零位”打到“举升”位，待车厢一开始上升就将手柄再打回“零位”（保持位），这样车厢即停止下降保持原位。

（7）自卸车装有在车厢升起时不能行车的电气联锁时，如必须在车厢升起时移动车辆，可按紧急牵引按钮解除联锁，开动车辆卸下堆积在车厢尾部的物料，但速度不宜过高。

（8）车厢落回车架后，将换向开关拨到“前进”位置，释放制动锁定，安全驶离倾卸区。

9. 停车

（1）自卸车应停放在水平地面上，使用停车制动器停车。

（2）如果停车时发动机仍继续运转，不允许驾驶员离开自卸车。

（3）如果自卸车出现故障，不影响安全运行的应到指定地点进行维修；需要就地停车处理的，应及时汇报采取相应的安全措施进行防护或将车脱离现场。

10. 关闭发动机

（1）停下自卸车，发动机转速降到低怠速，将换向开关置于中位并施用停车制动。

（2）让发动机在低怠速运转3~5 min，使其温度降下来。

（3）按发动机停机按钮，将钥匙开关转到“停止”位置，然后取下钥匙。

（4）关掉总电源开关，关上和锁好全部车窗、车门，安全下车。

（5）当需要在紧急情况下关闭柴油机时，将前保险杆侧面的紧急停机开关打到“停机”位即可。

第二节 岗位责任制

一、岗位责任制的由来

岗位责任制是大庆石油职工从油田生产与管理的实际出发，认真总结正反两方面的经验，逐步建立和完善的最基本的管理制度。主要包括岗位专责制、巡回检查制、交接班制、设备维修保养制、质量负责制、班组经济核算制、岗位练兵制和安全生产制八大制度。

1962 年 5 月 8 日，中 1 注水站因管理不善，发生了一场火灾。会战工委立即发动群众围绕“一把火烧出的问题”展开大讨论。在开展讨论中，北二注水站发动员工对照中 1 注水站事故，查找自己的问题，从查物点数做起，由谁管、怎么管、负什么责任，都落实到岗位和每个人身上，做到事事有人管、人人有专责、办事有标准、工作有检查。会战工委及时总结和推广，在全油田建立了岗位专责制、巡回检查制、交接班制、设备维修保养制、质量负责制、班组经济核算制六大制度。随着生产的发展，又增建了岗位练兵制和安全生产制。这八大制度总称为基层“岗位责任制”。1962 年 10 月，国家经委发出文件在全国推行大庆油田的岗位责任制。

二、岗位责任制的建立

岗位是由工种、职务、职称和等级内容组成的完成某项任务的职位；职责则由授权范围以及相应的责任两部分组成，职务与责任的统一。岗位职责是指员工在某个岗位上需要完成的工作内容以及应该承担的责任范围。岗位责任制是充分考虑了企业自身的岗位职责特点，根据企业各个工作岗位的工作性质和业务特点设置的，明确规定其职责、权限，并定期按照规定的工作标准进行相关考核及奖惩建立起来的制度。

三、岗位责任制和安全生产责任制的区别

建立和健全岗位责任制，必须明确任务和人员编制，然后才有可能以任务定岗位，以岗位定人员，责任落实到人，各尽其职。岗位责任制的建立有助于各项工作的科学化、制度化、流程化和规范化，达到事事有人负责的目标，改变以往有人没事干、有事又没人干的局面，避免苦乐不均现象的发生。

安全生产责任制是根据我国“安全第一，预防为主，综合治理”的安全生产方针和安全生产法律法规建立的各级领导、职能部门、工程技术人员、岗位操作人员在劳动生产过程中对安全生产层层负责的制度。安全生产责任制是企业岗位责任制的组成部分，是企业中最基本的一项安全制度，也是企业安全生产、劳动保护管理制度的核心。安全生产责任制有助于改善劳动条件，减少工伤事故和职业性疾病。

四、自卸车运输作业人员岗位责任制

（1）必须经过煤矿从业人员安全培训，考试合格后持证上岗。

（2）认真学习业务技术知识，熟练掌握自卸车的结构、性能、工作原理，做到会使用、会维护、会保养、会判断一般性故障。

（3）上岗前必须参加班前会，接受班前安全教育，了解本班生产任务及安全风险，落实安全防范措施，完成本班工作任务。

（4）班中按规定佩戴和使用好安全帽、防尘口罩、反光背心等劳动保护用品，做好个人安全防护。

（5）班中严格执行《煤矿安全规程》、操作规程和作业规程，以及煤矿安全生产标准化岗位工作要求。

（6）严格执行交接班制度，对职交接，及时、准确做好交接班记录。

（7）坚守工作岗位、爱护设备、集中精力、安全操作，对设备安全运行负责。

（8）不违章操作、不违章作业，有权制止任何违章作业和拒绝违章指挥。

（9）班中随时检查设备运行情况和作业现场安全状况，发现隐患及时汇报或处理。

（10）负责本班设备维护保养和设备卫生，确保设备安全、可靠运行。

（11）按时完成班组长或领导交办的其他工作任务。

五、自卸车运输作业人员岗位安全生产责任制

1. 落实安全生产责任

（1）签订本岗位安全生产责任书，并严格执行。

（2）学习掌握本岗位安全职责，并考试合格。

（3）辨识本岗位的安全风险，掌握并落实安全风险管控措施。

（4）岗位人员出现违反以上要求的情形，按规定给予相应的考核。

2. 参加安全生产教育培训

（1）按时参加煤矿从业人员安全培训，考试合格取得相应证书，并持证

上岗。

（2）按时参加矿、车间、班组组织的安全培训和班组“三会一活动”。

（3）岗位人员出现违反以上要求的情形，按规定给予相应的考核。

3. 参与应急救援演练

（1）每年参加应急预案培训，掌握本岗位现场应急处置卡，熟知处置程序。

（2）按照要求参加应急救援演练。

（3）岗位人员出现违反以上要求的情形，按规定给予相应的考核。

4. 开展本岗位生产安全事故隐患排查

（1）每班开展生产安全事故隐患排查，发现问题隐患及时处理、汇报、记录。

（2）岗位人员出现违反以上要求的情形，按规定给予相应的考核。

5. 按规程作业，制止和纠正违章指挥、强令冒险作业、违反规程的行为

（1）严格执行规程和各项规章制度，不违章作业。

（2）开展本岗位反“三违”检查，有权拒绝违章指挥和强令冒险作业。

（3）岗位人员出现违反以上要求的情形，按规定给予相应的考核。

6. 及时、如实报告生产安全事故

（1）发生事故第一时间汇报并保护现场，在确保安全的前提下进行应急处置。

（2）配合对发生的安全事故进行调查，落实防范措施。

（3）学习事故通报、快报、安全警示卡相关内容。

（4）岗位人员出现违反以上要求的情形，按规定给予相应的考核。

第三节　矿用自卸车作业风险预控

一、煤矿安全风险预控管理的背景

经过多年发展，我国在煤矿安全管理方面取得了巨大成就，积累了丰富的经验，煤矿安全基础管理有了较大改善。尽管煤矿安全生产成绩斐然，百万吨死亡率不断下降，但重特大事故仍时有发生，究其原因，在于管理环节的粗放和薄弱。对 2000 年以来 300 例典型煤矿事故的分析研究表明，有 237 起事故与“管理缺失”有关，也就是说 79% 的煤矿事故与管理因素相关，由此可见，管理因素是影响煤矿系统安全水平的关键因素。

之前的安全管理模式是以隐患、“三违”和事故为管理对象的被动式管理，在技术措施的基础上，采用的方法主要是经验和制度，其本质是缺陷管理和事后管理，由于这些管理模式的关口处于事故发生的中后期，很难从源头遏制事故的

发生。因此，必须有一套与之相适应的安全生产管理模式、方式。鉴于以上问题，2006 年 2 月 13 日，由国家煤矿安全监察局和神华集团公司联合立项，包括中国矿业大学在内的 6 家研究机构共同参与研究的“煤矿企业本质安全管理系统”项目正式启动，其目的在于通过持续、全面、全过程、全员参加、闭环式的安全管理活动，在生产过程中做到人员无失误、设备无故障、系统无缺陷、管理无漏洞，进而实现人员、机器设备、环境、管理的本质安全，切断安全生产事故发生的因果链，杜绝重特大人员伤亡的事故的发生，最终实现煤矿本质安全。经过几年的研究和实践，本质安全管理体系过渡到煤矿安全风险预控管理体系，后者在煤矿安全生产方面取得了良好成效。通过在煤矿的实际应用和总结提升，将煤矿风险预控管理体系的核心内容提升为安全生产行业标准，因此，国家安全生产监督管理总局于 2011 年 7 月 12 日发布了《煤矿安全风险预控管理体系规范》（AQ/T 1093—2011），自 2011 年 12 月 1 日起实施。

煤矿安全风险预控管理体系以危险源辨识和风险评估为基础，以风险预控为核心，以不安全行为管控为重点，通过有针对性的管控标准的措施，达到“人、机、环、管”的最佳匹配，从而实现煤矿安全生产。通过危险源辨识和风险评估，明确煤矿安全管理的对象和重点；通过保障机制，促进安全生产责任制的落实和风险管控标准与措施的执行；通过危险源监测监控和风险预警，使危险源始终处于受控状态。

2015 年 12 月，习近平总书记在中共十八届中央政治局常委会第一百二十七次会议上指出，“对易发重特大事故的行业领域采取风险分级管控、隐患排查治理双重预防性工作机制，推动安全生产关口前移”。

2016 年 1 月，国务院全国安全生产电视电话会议明确要求，要在高危行业领域推行隐患排查治理和风险分级管控双重预防性机制。国务院安委会办公室于 2016 年 4 月印发了《标本兼治遏制重特大事故工作指南》（安委办〔2016〕3 号），2016 年 10 月印发了《国务院安委会办公室关于实施遏制重特大事故工作指南，构建双重预防机制的意见》（安委办〔2016〕11 号）。

2016 年 12 月 9 日，《中共中央国务院关于推进安全生产领域改革发展的意见》中明确提出要“建立安全预防控制体系，加强安全风险管控、强化企业预防措施、建立隐患治理监督机制”。

二、煤矿实施风险预控管理的必要性

1. 构建安全风险预控管理体系是确保安全生产的客观需要

煤炭生产是高危行业，安全是煤炭企业管理的首要和核心命题。为有效遏制煤矿安全事故多发的态势，煤矿企业积极研究和探索实现企业安全生产预控管理体系，确保长治久安的方略；以实现全过程、无缝隙的预控管理，确保安全生产底线不被突破；从源头杜绝各类事故的发生，确保安全生产。

2. 构建安全风险预控管理体系是提高生产效率的必然要求

煤矿地质条件复杂，存在水、火、瓦斯、煤尘和顶板等灾害，为加强管理，提高生产效率，就必须制定先进的、高效率的和可靠的安全预控管理体系，规范安全操作标准，重点抓安全预控管理体系落实，形成事事按标准、处处严流程，加强安全管理力度，减少人的不安全行为、物的不安全状态、环境的不安全因素，实现企业效益最大化。

3. 构建安全风险预控管理体系是煤矿安全发展的基础和保证

安全生产在煤矿企业中高于一切、先于一切、重于一切。煤矿在研究安全管理理论的基础上，以科学理论为指导，将安全的关口前移，通过危险源辨识，对于生产中的问题早发现、早预警、早控制。通过煤矿安全风险预控管理应用于煤矿工作实际，融合煤矿技术标准、管理标准、工作标准，形成了一整套操作性强的安全预控标准执行评价体系，为企业又好又快发展提供了基础和保证。

4. 在安全状态总体好转时，解决零敲碎打的问题

许多煤矿在生产建设初期，未进行全面的系统的危险源辨识分析，存在潜在的危险源，在生产组织过程中，出现了影响安全生产的各种重大安全隐患，安全生产管理处于一个较低的水平，虽然采取了一些新的方法，但始终无法突破安全生产管理的瓶颈，煤矿的各类违章时有发生，零打碎敲的事故仍未得到有效控制。在煤矿生产作业的全过程，全员参与风险辨识管控，及时发现生产中不符合项和隐患，解决煤矿事故偶然性问题，使煤矿生产实现安全生产，寻找和探讨新的安全管理模式成为必然。我国一些大型国有煤炭企业在探索煤矿安全管理理念、研究安全生产规律、创新安全管理方法方面做了积极的尝试。

5. 对生产过程的控制

煤矿生产活动是一个复杂的动态过程，对生产过程控制和调整是为了使整个过程处于受控状态，确保生产按照规定程序进行，防止出现偏差事件。在以往的管理中，人们只看中结果，但事实上如果没有好的过程，就没有好的结果。煤矿要实现安全生产，就必须紧跟生产作业过程。煤矿安全风险预控管理强化了对于生产过程的控制，及时发现生产中可能导致事故的风险源，通过风险辨识、风险评估、危险源清单公示，制定管理标准和管理措施，实现对危险源的管控。

6. 让员工参与安全是实现安全生产的条件

煤矿风险预控管理体系要求在生产管理的各个环节都要进行危险源的辨识与管控工作，每一个员工都是体系中的一员，安全工作从自身做起。体系的运行要求每一个在岗员工完成相应的工作，调动了每一个员工参与安全生产的积极性，

真正实现以人为本的安全管理。

7. 现代互联网技术为煤矿风险预控管理体系提供了实现平台

煤矿的生产过程中每天都会产生大量的生产信息、管理信息，如何进行信息筛选、处理、统计、应用在过去是个难题，但现在的互联网技术、云服务平台、微信平台成功地解决了这一问题，使安全信息快速在平台传播，安全管理部门快速反应，使不符合项、隐患得到及时解决，将事故消灭于萌芽状态。国内煤矿安全风险管理体系成功应用的矿井，都实现了“互联网+安全管理”和“云服务+安全管理”。

三、煤矿安全风险预控管理的现实意义

安全风险预控管理对于煤炭行业具有十分重大的意义，具体表现在以下 4 个方面：

1. 前移安全管理关口，有效预防事故

危险源是风险预控的关键要素，通过识别危险源和评价危险源，并对其采取多重安全管理防御措施，可以从源头控制事故隐患，避免事故发生。通过建立和实施煤矿安全风险预控管理体系，可以提高全员安全意识，在安全管理工作中变他控为自控，有效降低风险。煤矿安全风险预控管理体系采取了 PDCA 管理循环，是一个动态系统，每经一轮循环，安全管理知识就不断丰富，从而推动安全管理水平的提升。

2. “抓早抓小”，实现安全生产的主动

在煤矿安全生产中，许多事故是“小因大果”，就是事故发生的原因很简单、很微小，但产生的后果却很严重。煤矿安全风险预控管理就是要对生产中出现的各种差异、不符合项及隐患在时间上提前发现、提前处理，将事故消灭在萌芽状态。过去我们反“三违”防事故，在思想观念中是与事故做斗争。在实际的应用当中，往往因为煤矿发生的事件较小，微不足道，放过了，久而久之，对事故隐患就采取“狼来了”的做法，见怪不怪。当某一天发生“大”事故，去寻找事故的“大”原因时，却发现是“小原因”造成“大事故”。而煤矿风险预控管理系统就是从小的方面着手，防微杜渐。把安全工作从与原来生产中的“斗争”转变为生产中出现的各种问题和隐患的预防和协同治理。

“抓早”是风险预控管理的又一特点，从时间上，早发现、早预警、早控制、早处理，把安全工作做到前面，真正实现预防的作用。

3. 对煤矿企业会产生直接和间接的效益

煤矿安全风险预控管理体系是一套先进的管理模式，通过实施可以明显提高煤矿企业的管理水平和管理效益，在煤炭行业牢固树立“安全即效益”的观念。

此外,安全状况的改善可以吸引优秀人才进入煤炭行业,为煤炭行业的可持续发展提供有力的人才支持,还可以增强劳动者的身心健康,明显提高职工的劳动效率。

4. 真正落实安全生产的主体责任

在安全生产管理中，煤矿本应是安全生产工作的责任主体，但有时一些煤矿单纯追求利润，对安全生产工作敷衍了事。煤矿安全风险预控管理体系使煤矿从上到下形成一个完整的安全管理体系，有效地将国家的安全生产政策通过体系的运作落实到生产之中。使煤矿安全生产工作确实变为一项实实在在的工作，使其在计划、布置、实施、检查、验收、考核、评审等环节，环环相扣，形成从上到下的责任体系。

四、风险预控“七步法”

第一步：危险源辨识。

危险源辨识的目的是为了明确管理的范围，只有对危险源进行全面、系统的辨识，才能做到安全管理无遗漏。

第二步：风险评估。

风险评估的作用是帮助企业在危险源辨识的基础上，借助可量化的技术，明确安全管理的重点。

第三步：制定风险控制标准和措施。

研究和制定相应的风险控制标准和风险控制措施，防止危险源转变成隐患，通过安全技术应用预防隐患产生。制定风险控制标准可以明确管理的依据，制定管理措施可以明确管理的途径。

第四步：执行风险控制标准和措施。

在日常生产过程中贯彻落实风险控制措施，将风险切实降低和保持在控制标准水平，确保危险源的风险处于受控状态，达到从生产过程中防止隐患产生的目标。该步骤是把安全管理的重心从隐患排查治理转移到风险预防预控的关键环节。为了保障风险控制标准和措施得到落实，企业需要建立和保持相应的保障制度，这些保障包括组织保障、制度保障、技术保障、资金保障和安全文化保障。

第五步：危险源监测监控。

采取适当的监测技术和手段，对工作场所内的危险源进行监视和测量，在生产过程中验证危险源的状态变化，查找隐患。

通过认真执行风险控制标准和措施后，确保所有的危险源在受控状态，就需要进一步对危险源进行监测监控，跟踪危险源随时间的状态变化，确保管控措施始终有效，危险源始终在受控状态。

第六步：判定风险是否可承受。

风险 10：长期倒班作业，人体生物钟混乱。

管控措施：

（1）要求司机班前必须休息好。

（2）有特殊情况未休息好时必须汇报工长，安排替班人员。

（3）作业过程中感觉发困，汇报后可适当休息。

风险 11：设备在雨雪天气或洒水后的路面行驶。

管控措施：

（1）对冰雪、泥泞路面及时处理，路面不具备作业条件时严禁冒险作业。

（2）冰雪、泥泞路面驾驶，提前控制车速，保持安全车距。

风险 12：仪表报警装置故障。

管控措施：

（1）加强交接班检查，发现机油压力报警装置失效时及时处理。

（2）机油压力报警装置拆除或者失效时严禁作业。

风险 13：安全挡墙不符合要求时冒险作业。

管控措施：

（1）选择安全挡墙合格的位置进行排卸。

（2）发现裂纹及时汇报处理，不具备安全条件时可在安全区域等待。

（三）交班

风险 1：自卸车距离不足或反向倒车、插空倒车。

管控措施：

（1）交班设备停放必须保持安全车距。

（2）停车时严禁反向倒车和插空倒车。

风险 2：失效的制动系统。

（1）交接班选择平坦、安全位置停车。

（2）交班设备停放时必须先掩车，确认掩车体与轮胎实际接触后将发动机熄火。

（四）设备检修

风险 1：故障车未严格执行报修流程检修，未去指定检修点维修。

管控措施：

（1）遵守报修流程规定，自卸车在可移动情况下到指定检修点维修设备。

（2）自卸车发生故障必须就地停放和检修时，及时汇报，采取放置警示牌、防溜、围挡等安全措施。

（3）加强日常安全教育和不定期进行检查。

风险 2：进出检修车间，未提前观察瞭望，未确认车斗是否落靠。

管控措施：

进出车间必须先确认车斗情况，由专人进行指挥。

风险3：检修后检修牌未摘，司机擅自动车；检修时司机未离开驾驶室，触动开关；多个检修工种检修只挂一个牌，检修牌摘走后仍有检修工检修，司机误动车。

管控措施：

（1）维修工检修时必须挂检修牌。

（2）检修设备时不需要司机配合，必须离开驾驶室。

（3）多工种检修时必须各自挂牌检修，并指定监护人。

（4）司机动车前必须确认所有检修牌已摘，同时绕车进行检查确认。

第四节　矿用自卸车作业岗位隐患排查

一、安全生产事故隐患

安全生产事故隐患（也称隐患或安全隐患），是指生产经营单位违反安全生产法律、法规、规章、标准、规程和安全生产管理制度的规定，或者因其他因素在生产经营活动中存在可能导致事故发生的物的危险状态、人的不安全行为和管理上的缺陷。

隐患排查是指企业组织安全生产管理人员、工程技术人员、岗位员工以及其他相关人员依据国家法律法规、标准和企业管理制度，采取一定的方式和方法，对照风险分级管控措施的有效落实情况，对本单位的事故隐患进行排查的工作过程。

（一）事故隐患按级别分为一般事故隐患和重大事故隐患

（1）一般事故隐患：是指危害和整改难度较小，发现后能够立即整改排除的隐患。

（2）重大事故隐患：是指危害和整改难度较大，应当全部或者局部停产停业，并经过一定时间整改治理方能排除的隐患，或者因外部因素影响致使生产经营单位自身难以排除的隐患。

（二）事故隐患按类别分为基础管理类隐患和现场管理类隐患

（1）基础管理类隐患：主要是针对生产经营单位资质证照、安全生产管理机构及人员、企业安全管理制度、安全生产管理档案、应急救援、职业卫生基础管理、相关方基础管理、其他基础管理等方面在执行过程中存在的缺陷，以及制度制定的不合理性、执行情况的合格程度、是否符合法律法规相关要求的问题。

（2）生产现场类隐患：主要是针对特种设备现场管理、生产设备设施、动火作业现场安全、场所环境、从业人员操作行为、消防安全、职业卫生现场安全、受限空间现场安全、辅助系统、相关方现场管理，结合风险分级管控体系中排查相关作业活动类、设备设施类清单相关内容对安全情况进行排查中存在的缺陷。

《安全生产法》要求从业人员发现事故隐患或者其他不安全因素，应当立即向现场安全生产管理人员或者本单位负责人报告；煤矿安全生产标准化也明确要求，煤矿要建立健全事故隐患排查治理责任体系和工作制度，明确事故隐患排查治理工作职责，对排查出的事故隐患实施分级治理，不同等级的事故隐患由相应层级的单位（部门）和人员负责，岗位作业人员作业过程中随时排查事故隐患。

二、岗位隐患排查清单

隐患排查清单是事故隐患排查治理体系建设的具体表现形式，通过编制隐患排查清单并运行，形成隐患排查治理运行机制的重点。

隐患排查清单是对企业隐患自查标准具体化、岗位化和规范化，有助于生产经营单位对安全检查的责任、周期等进行分工、计划和安排。为方便企业负责人、安全管理人员、班组长、员工等各级人员开展隐患排查、判定并记录，对个性化的隐患自查标准按照岗位、作业场所、设备设施等进行分解、细化和增补，增加检查情况记录项形成了隐患排查清单。

企业可依照自身特点和实际情况，不局限于按岗位分解形成的岗位隐患排查清单，结合企业的特点和实际情况，还可按作业场所、作业活动、设备设施等分解。无论是按岗位还是按作业活动，抑或是按设备设施形成的隐患排查清单，清单运行的主体都是企业人员，隐患排查要不留死角、全部覆盖，最重要的是要落实到具体执行人。

大部分事故隐患存在于作业现场和岗位，因此隐患排查的重点也在现场和岗位。根据企业的组织架构，结合作业场所、设备设施将隐患排查清单按岗位层级分为主要负责人（安全生产第一责任人）、分管负责人、安全负责人、部门、车间、班组、员工，每个岗位层级根据排查方式、频次不同，又分为每日、每周、每月隐患排查。具体到现场负责设备操作运行的员工，应按照《安全生产法》和煤矿安全生产标准化相关要求在作业过程中随时排查事故隐患。

三、矿用自卸车司机岗位隐患排查清单（表 11-4）

表 11-4　矿用自卸车司机岗位隐患排查清单

序号	隐患类别	隐患描述	检查标准
1	作业场所	工作平盘宽度不足，不能设置符合标准的安全挡墙	最小工作平盘宽度，须保证安全挡墙等的正常布置

表11-4(续)

序号	隐患类别	隐患描述	检查标准
2	作业场所	运输道路宽度不足，不能满足自卸车安全通行和会车要求	矿场道路宽度符合通行、会车等安全要求
3	作业场所	运输道路安全挡墙高度标准不符合规定	运输道路设置安全挡墙，高度为矿用卡车轮胎直径的2/5~3/5倍
4	作业场所	长距离坡道未设置缓坡道	长距离坡道运输系统，在适当位置设缓坡道
5	作业场所	废弃路段未封堵	废弃路段及时封堵
6	作业场所	排土工作线不能满足2台自卸车同时排土作业	排土工作线至少保证2台卡车能同时排土作业
7	防护、信号等装置	破碎站卸车平台安全限位车挡高度不足，无防止物料滚落安全防护挡墙	卸车平台设矿用卡车卸料安全限位车挡及防止物料滚落安全防护挡墙
8	防护、信号等装置	运输道路未设置安全标志或安全标准与现场实际不符	矿山道路设限速、道口等路标，特殊路段设警示标志
9	设备设施	矿用卡车制动、转向系统故障，安全装置失效或缺失	矿用卡车制动、转向系统以及安全装置完好
10	设备设施	大型自卸车设置示宽灯缺失或不亮	大型自卸车设示宽灯或者标志
11	设备设施	设备有刮碰痕迹，爬梯、护栏、护网破损或缺失	设备外观无变形、刮痕、磕碰，爬梯、护栏、护网齐全可靠
12	设备设施	发动机机油位、液压油箱油位、燃油油位、边减齿轮油油位异常	发动机机油位、液压油箱油位、燃油油位、边减齿轮油位正常
13	设备设施	各旋转部件护罩缺失或损坏	各旋转部件护罩齐全有效
14	设备设施	胶管、软管及管夹松动、损坏、破裂	所有胶管、软管及管夹无松动、损坏、破裂，无跑、冒、滴、漏
15	设备设施	照明灯光不全或不亮	设备照明灯光良好
16	设备设施	消防器材失效，灭火器缺失或乱扔乱放	消防器材齐全有效，灭火器应定置存放，应在检验有效期内
17	安全技能	待装车辆无信号进入挖掘机最大回转半径范围之外	待进入装车位置的卡车必须停在挖掘机最大回转半径范围之外
18	安全技能	可移动的检修车辆未进入检修区进行检修，原地检修的车辆未采取防护措施	检修前，检修车应当选择坚实平坦的地面停放；因故障不能移动的设备应当采取防止溜车措施；轮式设备必须安放止轮器
19	安全技能	卡车排土和推土机作业时距离过近	卡车排土和推土机作业时，设备之间保持足够的安全距离
20	安全技能	排土场倒车时未垂直排土工作线	排土时卡车垂直排土工作线，不能高速倒车冲撞安全挡墙

表11-4(续)

序号	隐患类别	隐患描述	检查标准
21	相关方作业管理	设备检修时未悬挂警示牌，多工种检修时未分别悬挂检修牌	设备检修时应悬挂警示牌，设专人协调指挥
22	设备设施	驾驶室平台物品散放或掉落	驾驶室平台存放物品应固定
23	个体防护	作业人员未穿戴或穿戴不符合岗位安全要求的劳动保护	现场作业人员劳动保护穿戴符合岗位安全要求

第五节 《煤矿安全规程》及安全生产标准化相关规定

一、《煤矿安全规程》相关要求

《煤矿安全规程》是为保障煤矿安全生产和从业人员的人身安全与健康，防止煤矿事故与职业病危害，根据《煤炭法》《矿山安全法》《安全生产法》《职业病防治法》《煤矿安全监察条例》和《安全生产许可证条例》等制定的部门规章。

《煤矿安全规程》是安全生产法律法规体系的重要组成部分，在煤炭行业具有极高的权威性，在煤矿安全生产领域居于主体规章地位，是安全生产监管监察执法的重要依据，是规范煤矿安全生产行为的重要准绳。

2022 年 1 月 6 日，《应急管理部关于修改〈煤矿安全规程〉的决定》公布，自 2022 年 4 月 1 日起施行。

（一）“总则”部分相关规定

（1）在中华人民共和国领域内从事煤炭生产和煤矿建设活动，必须遵守本规程。

（2）煤炭生产实行安全生产许可证制度。未取得安全生产许可证的，不得从事煤炭生产活动。

（3）从事煤炭生产与煤矿建设的企业（以下统称煤矿企业）必须遵守国家有关安全生产的法律、法规、规章、规程、标准和技术规范。

煤矿企业必须加强安全生产管理，建立健全各级负责人、各部门、各岗位安全生产与职业病危害防治责任制。

煤矿企业必须建立健全安全生产与职业病危害防治目标管理、投入、奖惩、技术措施审批、培训、办公会议制度，安全检查制度，安全风险分级管控工作制度，事故隐患排查、治理、报告制度，事故报告与责任追究制度等。

煤矿企业必须制定重要设备材料的查验制度，做好检查验收和记录，防爆、阻燃抗静电、保护等安全性能不合格的不得入井使用。

煤矿企业必须建立各种设备、设施检查维修制度，定期进行检查维修，并做好记录。

煤矿必须制定本单位的作业规程和操作规程。

（4）煤矿企业必须设置专门机构负责煤矿安全生产与职业病危害防治管理工作，配备满足工作需要的人员及装备。

（5）煤矿建设项目的安全设施和职业病危害防护设施，必须与主体工程同时设计、同时施工、同时投入使用。

（6）对作业场所和工作岗位存在的危险有害因素及防范措施、事故应急措施、职业病危害及其后果、职业病危害防护措施等，煤矿企业应当履行告知义务，从业人员有权了解并提出建议。

（7）煤矿安全生产与职业病危害防治工作必须实行群众监督。煤矿企业必须支持群众组织的监督活动，发挥群众的监督作用。

从业人员有权制止违章作业，拒绝违章指挥；当工作地点出现险情时，有权立即停止作业，撤到安全地点；当险情没有得到处理不能保证人身安全时，有权拒绝作业。

从业人员必须遵守煤矿安全生产规章制度、作业规程和操作规程，严禁违章指挥、违章作业。

（8）煤矿企业必须对从业人员进行安全教育和培训。培训不合格的，不得上岗作业。

主要负责人和安全生产管理人员必须具备煤矿安全生产知识和管理能力，并经考核合格。特种作业人员必须按国家有关规定培训合格，取得资格证书，方可上岗作业。

矿长必须具备安全专业知识，具有组织、领导安全生产和处理煤矿事故的能力。

（9）煤矿使用的纳入安全标志管理的产品，必须取得煤矿矿用产品安全标志。未取得煤矿矿用产品安全标志的，不得使用。

试验涉及安全生产的新技术、新工艺必须经过论证并制定安全措施；新设备、新材料必须经过安全性能检验，取得产品工业性试验安全标志。

积极推广自动化、智能化开采，减少井下作业人数。

严禁使用国家明令禁止使用或者淘汰的危及生产安全和可能产生职业病危害的技术、工艺、材料和设备。

（10）煤矿企业在编制生产建设长远发展规划和年度生产建设计划时，必须编制安全技术与职业病危害防治发展规划和安全技术措施计划。安全技术措施与职业病危害防治所需费用、材料和设备等必须列入企业财务、供应计划。

煤炭生产与煤矿建设的安全投入和职业病危害防治费用提取、使用必须符合国家有关规定。

（11）煤矿必须编制年度灾害预防和处理计划，并根据具体情况及时修改。灾害预防和处理计划由矿长负责组织实施。

（12）入井（场）人员必须戴安全帽等个体防护用品，穿带有反光标识的工作服。入井（场）前严禁饮酒。

（13）露天煤矿必须按规定填绘反映实际情况的下列图纸：

①地形地质图。

②工程地质平面图、断面图。

③综合水文地质图。

④采剥、排土工程平面图和运输系统图。

⑤供配电系统图。

⑥通信系统图。

⑦防排水系统图。

⑧边坡监测系统平面图。

⑨井工采空区与露天矿平面对照图。

（14）煤矿企业必须建立应急救援组织，健全规章制度，编制应急救援预案，储备应急救援物资、装备并定期检查补充。

煤矿必须建立矿井安全避险系统，对井下人员进行安全避险和应急救援培训，每年至少组织1次应急演练。

（15）煤矿企业应当有创伤急救系统为其服务。创伤急救系统应当配备救护车辆、急救器材、急救装备和药品等。

（16）煤矿发生事故后，煤矿企业主要负责人和技术负责人必须立即采取措施组织抢救，矿长负责抢救指挥，并按有关规定及时上报。

（17）国家实行资质管理的，煤矿企业应当委托具有国家规定资质的机构为其提供鉴定、检测、检验等服务，鉴定、检测、检验机构对其做出的结果负责。

（18）煤矿闭坑前，煤矿企业必须编制闭坑报告，并报省级煤炭行业管理部门批准。

矿井闭坑报告必须有完善的各种地质资料，在相应图件上标注采空区、煤柱、井筒、巷道、火区、地面沉陷区等，情况不清的应当予以说明。

（二）“露天煤矿”部分相关规定

1. 一般规定

（1）多工种、多设备联合作业时，必须制定安全措施，并符合相关技术标准。

（2）采用铁路运输的露天采场主要区段的上下平盘之间应当设人行通路或者梯子，并按有关规定在梯子两侧设置安全护栏。

（3）在露天煤矿内行走的人员必须遵守下列规定：

①必须走人行通路或者梯子。

②因工作需要沿铁路线和矿山道路行走的人员，必须时刻注意前后方向来车。躲车时，必须躲到安全地点。

③横过铁路线或者矿山道路时，必须止步瞭望。

④跨越带式输送机时，必须沿着装有栏杆的栈桥通过。

⑤严禁在有塌落危险的坡顶、坡底行走或者逗留。

（4）严禁非作业人员和车辆未经批准进入作业区。

（5）采场内有危险的火区、老空区、滑坡区等地点，应当充填或者设置栅栏，并设置警示标志；地面、采场及排土场内临时设置变压器时应当设围栏，配电柜、箱、盘应当加锁，并设置明显的防触电标志；设备停放场、炸药厂、爆炸物品库、油库、加油站和物资仓库等易燃易爆场所，必须设置防爆、防火和危险警示标志；矿山道路必须设置限速、道口等路标，特殊路段设警示标志；汽车运输为左侧通行的，在过渡区段内必须设置醒目的换向标志。

严禁擅自移动和损坏各种安全标志。

在运输线路两侧堆放物料时，不得影响行车安全。

（6）在下列区域不得建永久性建（构）筑物：

①距采场最终境界的安全距离以内。

②爆炸物品库爆炸危险区内。

③不稳定的排土场内。

④爆破、岩体变形、塌陷、滑坡危险区域内。

（7）机械设备内必须备有完好的绝缘防护用品和工具，并定期进行电气绝缘性能试验，不合格的及时更换。

（8）采掘、运输、排土等机械设备作业时，严禁检修和维护，严禁人员上下设备；在危及人身安全的作业范围内，严禁人员和设备停留或者通过。

移动设备应当在平盘安全区内走行或者停留，否则必须采取安全措施。

（9）设备走行道路和作业场地坡度不得大于设备允许的最大坡度，转弯半径不得小于设备允许的最小转弯半径。

（10）遇到特殊天气状况时，必须遵守下列规定：

①在大雾、雨雪等能见度低的情况下作业时，必须制定安全技术措施。

②暴雨期间，处在有水淹或者片帮危险区域的设备，必须撤离到安全地带。

③遇有 6 级及以上大风时禁止露天起重和高处作业。

④遇有 8 级及以上大风时禁止轮斗挖掘机、排土机和转载机作业。

（11）作业人员在 2 m 及以上的高处作业时，必须系安全带或者设置安全网。

2. 采装作业相关规定

（1）最小工作平盘宽度，必须保证采掘、运输设备的安全运行和供电通信线路、供排水系统、安全挡墙等的正常布置。

（2）单斗挖掘机尾部与台阶坡面、运输设备之间的距离不得小于 1 m。停止作业时，上下设备梯子应当背离台阶。

（3）单斗挖掘机向矿用卡车装载时，应当遵守下列规定：

①勺斗容积和物料块度与卡车载重相适应。

②单面装车作业时，只有在挖掘机司机发出进车信号，卡车开到装车位置停稳并发出装车信号后，方可装车。双面装车作业时，正面装车卡车可提前进入装车位置；反面装车应当由勺斗引导卡车进入装车位置。

③挖掘机不得跨电缆装车。

④装载第一勺斗时，不得装大块；卸料时尽量放低勺斗，其插销距车厢底板不得超过 0.5 m。严禁高吊勺斗装车。

⑤装入卡车里的物料超出车厢外部、影响安全时，必须妥善处理后，才准发出车信号。

⑥装车时严禁勺斗从卡车驾驶室上方越过。

⑦装入车内的物料要均匀，严禁单侧偏装、超装。

3. 公路运输相关规定

（1）矿用卡车作业时，其制动、转向系统和安全装置必须完好。应当定期检验其可靠性，大型自卸车设示宽灯或者标志。

（2）矿场道路应当符合下列要求：

①宽度符合通行、会车等安全要求。受采掘条件限制、达不到规定的宽度时，必须视道路距离设置相应数量的会车线。

②必须设置安全挡墙，高度为矿用卡车轮胎直径的 2/5~3/5。

③长距离坡道运输系统，应当在适当位置设置缓坡道。

（3）严禁矿用卡车在矿内各种道路上超速行驶；同类汽车正常行驶不得超车；特殊路况（修路、弯道、单行道等）下，任何车辆都不得超车；除正在维护道路的设备和应急救援车辆外，各种车辆应为矿用卡车让行。冬季应当及时清除路面上的积雪或者结冰，并采取防滑措施；前、后车距不得小于 50 m；行驶时不得急刹车、急转弯或者超车。

(4) 矿用卡车在运输道路上出现故障且无法行走时，必须开启全部制动和警示灯，并采取防止溜车的安全措施；同时必须在车体前后 30 m 外设置醒目的安全警示标志，并采取防护措施。雾天或者烟尘影响视线时，必须开启雾灯或者大灯，前、后车距不得小于 30 m；能见度不足 30 m 或者雨、雪天气危及行车安全时，必须停止作业。

(5) 矿用卡车不得在矿山道路拖挂其他车辆；必须拖挂时，应当采取安全措施，并设专人指挥监护。

(6) 矿用卡车在工作面装车必须遵守下列规定：

①待进入装车位置的卡车必须停在挖掘机最大回转半径范围之外；正在装车的卡车必须停在挖掘机尾部回转半径之外。

②正在装载的卡车必须制动，司机不得将身体的任何部位伸出驾驶室外。

③卡车必须在挖掘机发出信号后，方可进入或者驶出装车地点。

④卡车排队等待装车时，车与车之间必须保持一定的安全距离。

4. 排土作业相关规定

(1) 当出现滑坡征兆或者其他危险时，必须停止排土作业，采取安全措施。

(2) 矿用卡车排土场及排弃作业应当遵守下列规定：

①排土场卸载区，必须有连续的安全挡墙，车型小于 240 t 时安全挡墙高度不得低于轮胎直径的 0.4 倍，车型大于 240 t 时安全挡墙高度不得低于轮胎直径的 0.35 倍。不同车型在同一地点排土时，必须按最大车型的要求修筑安全挡墙，特殊情况下必须制定安全措施。

②排土工作面向坡顶线方向应当保持 3%～5% 的反坡。

③应当按规定顺序排弃土岩，在同一地段进行卸车和排土作业时，设备之间必须保持足够的安全距离。

④卸载物料时，矿用卡车应当垂直排土工作线；严禁高速倒车、冲撞安全挡墙。

(3) 排土场卸载区应当有通信设施或者联络信号，夜间应当有照明。

5. 防灭火相关规定

露天煤矿内的采掘、运输、排土等主要设备，必须配备灭火器材，并定期检查和更换。

6. 照明和通信相关规定

(1) 固定式照明灯具使用的电压不得超过 220 V，手灯或者移动式照明灯具的电压应当小于 36 V，在金属容器内作业用的照明灯具的电压不得超过 24 V。

在同一地点安装不同照明电压等级的电源插座时，应当有明显区别标志。

(2) 必须配置能够覆盖整个开采范围的无线对讲系统，有基站的必须配备不间断电源，同时配置其他的有线或者无线应急通信系统；调度室与附近急救中心、消防机构、上级生产指挥中心的通信联系必须装设有线电话。

7. 设备检修相关规定

（1）检修前，应当选择坚实平坦的地面停放，因故障不能移动的设备应当采取防止溜车措施，轮式设备必须安放止轮器。

（2）检修作业必须遵守下列规定：

①检修时必须执行挂牌制度，在控制位置悬挂“正在检修，严禁启动”警示牌。

②检修时必须设专人协调指挥。多工种联合检修作业时，必须制定安全措施。

③在设备的隐蔽处及通风不畅的空间内检修时，必须制定安全措施，并设专人监护。

④检查和诊断运动、铰接、高温、有压、带电、弹性储能等危险部位时，必须采取安全措施，检修前必须切断相应的动力源，释放压力。

（3）拆装高温（>40 ℃）或者低温（<-15 ℃）部件时，必须采取防护措施，严禁人体直接接触。

（4）检修矿用卡车必须编制作业规程，并遵守下列规定：

①厢斗举升维修过程中，设定警戒区，严禁人员进入。

②厢斗举起后，采用刚性支撑或者安全索固定厢斗，严禁利用举升缸支撑作业。

③在车上进行焊接和切割作业时，要防止火花溅落到下方作业区或者油箱。必要时，应当采取防护措施。

④必须制定专门的检修轮胎安全技术措施。

8. 职业病危害防治相关规定

（1）煤矿企业必须建立健全职业卫生档案，定期报告职业病危害因素。

（2）煤矿企业应当开展职业病危害因素日常监测，配备监测人员和设备。

煤矿企业应当每年进行一次作业场所职业病危害因素检测，每3年进行一次职业病危害现状评价。检测、评价结果存入煤矿企业职业卫生档案，定期向从业人员公布。

（3）煤矿企业应当为接触职业病危害因素的从业人员提供符合要求的个体防护用品，并指导和督促其正确使用。

作业人员必须正确使用防尘或者防毒等个体防护用品。

（4）露天煤矿的防尘工作应当符合下列要求：

①设置加水站（池）。

②穿孔作业采取捕尘或者除尘器除尘等措施。

③运输道路采取洒水等降尘措施。

④破碎站、转载点等采用喷雾降尘或者除尘器除尘。

（5）煤矿企业必须按照国家有关规定，对从业人员上岗前、在岗期间和离岗时进行职业健康检查，建立职业健康档案，并将检查结果书面告知从业人员。

（6）接触职业病危害从业人员的职业健康检查周期按下列规定执行：

①接触粉尘以煤尘为主的在岗人员，每2年1次。

②接触粉尘以矽尘为主的在岗人员，每年1次。

③经诊断的观察对象和尘肺患者，每年1次。

④接触噪声、高温、毒物、放射线的在岗人员，每年1次。

接触职业病危害作业的退休人员，按有关规定执行。

（7）对检查出有职业禁忌证和职业相关健康损害的从业人员，必须调离接害岗位，妥善安置；对已确诊的职业病人，应当及时给予治疗、康复和定期检查，并做好职业病报告工作。

（8）有下列病症之一的，不得从事接尘作业：

①活动性肺结核病及肺外结核病。

②严重的上呼吸道或者支气管疾病。

③显著影响肺功能的肺脏或者胸膜病变。

④心、血管器质性疾病。

⑤经医疗鉴定，不适于从事粉尘作业的其他疾病。

（9）癫痫病和精神分裂症患者严禁从事煤矿生产工作。

（10）从业人员需要进行职业病诊断、鉴定的，煤矿企业应当如实提供职业病诊断、鉴定所需的从业人员职业史和职业病危害接触史、工作场所职业病危害因素检测结果等资料。

（11）煤矿企业应当为从业人员建立职业健康监护档案，并按照规定的期限妥善保存。

从业人员离开煤矿企业时，有权索取本人职业健康监护档案复印件，煤矿企业必须如实、无偿提供，并在所提供的复印件上签章。

9. 应急救援相关规定

（1）煤矿企业应当落实应急管理主体责任，建立健全事故预警、应急值守、信息报告、现场处置、应急投入、救援装备和物资储备、安全避险设施管理和使用等规章制度，主要负责人是应急管理和事故救援工作的第一责任人。

（2）煤矿企业必须编制应急救援预案并组织评审，由本单位主要负责人批准后实施；应急救援预案应当与所在地县级以上地方人民政府组织制定的生产安全事故应急救援预案相衔接。

应急救援预案的主要内容发生变化，或者在事故处置和应急演练中发现存在重大问题时，及时修订完善。

（3）煤矿企业必须建立应急演练制度。应急演练计划、方案、记录和总结评估报告等资料保存期限不少于 2 年。

（4）所有煤矿必须有矿山救护队为其服务。井工煤矿企业应当设立矿山救护队，不具备设立矿山救护队条件的煤矿企业，所属煤矿应当设立兼职救护队，并与就近的救护队签订救护协议；否则，不得生产。

矿山救护队到达服务煤矿的时间应当不超过 30 min。

（5）煤矿作业人员必须熟悉应急救援预案和避灾路线，具有自救互救和安全避险知识。井下作业人员必须熟练掌握自救器和紧急避险设施的使用方法。

班组长应当具备兼职救护队员的知识和能力，能够在发生险情后第一时间组织作业人员自救互救和安全避险。

（6）煤矿发生险情或者事故后，现场人员应当进行自救、互救，并报矿调度室；煤矿应当立即按照应急救援预案启动应急响应，组织涉险人员撤离险区，通知应急指挥人员、矿山救护队和医疗救护人员等到现场救援，并上报事故信息。

二、煤矿安全生产标准化相关要求

（一）安全生产标准化

安全生产标准化是指通过建立安全生产责任制，制定安全管理制度和操作规程，排查治理隐患和监控重大危险源，建立预防机制，规范生产行为，使各生产环节符合有关安全生产法律法规和标准规范的要求，人（人员）、机（机械）、料（材料）、法（工法）、环（环境）、测（测量）处于良好的生产状态，并持续改进，不断加强企业安全生产规范化建设。

安全生产标准化体现了“安全第一、预防为主、综合治理”的方针和“以人为本”的科学发展观，强调企业安全生产工作的规范化、科学化、系统化和法制化，强化风险管理和过程控制，注重绩效管理和持续改进，符合安全管理的基本规律；代表了现代安全管理的发展方向，是先进安全管理思想与我国传统安全管理方法、企业具体实际的有机结合，有效提高企业安全生产水平，从而推动我国安全生产状况的根本好转。

（二）煤矿安全生产标准化管理体系

（1）煤矿是安全生产的责任主体，必须建立健全煤矿安全生产标准化管理体系，通过树立安全生产理念和目标，实施安全承诺，建立健全组织机构，配备安全管理人员，建立并落实安全生产责任制和安全管理制度，提升从业人员素质，开展安全风险分级管控、事故隐患排查治理，抓好质量控制，不断规范、持续改进安全生产管理，适应煤矿安全治理体系和治理能力现代化要求，实现安全发展。

（2）《煤矿安全生产标准化管理体系基本要求及评分方法（试行）》（以下简称《管理体系》）自2020年7月1日起实施。《管理体系》是在原“三位一体”安全生产标准化体系的基础上，借鉴一些国际通用安全管理体系经验做法，结合近年来国家煤矿安监局发布的新规定新要求，形成的具有我国煤炭行业特色的安全生产管理体系。《管理体系》的有效实施，对促进我国煤矿进一步提升安全管理水平，扎实推进煤矿安全治理体系和治理能力现代化具有重要意义。

煤矿安全生产标准化《管理体系》按照策划、实施、检查、改进（PDCA）循环的逻辑建立：

策划（P）：提出企业的安全生产理念和目标，矿长做出安全承诺，引领体系的建设和运行工作；建立健全组织机构，健全完善安全生产责任制及安全管理制度，保障体系良好运行；强化从业人员素质，为煤矿安全生产提供人才保障。

实施（D）：实施安全风险分级管控、事故隐患排查治理和质量控制，开展标准化生产作业。

检查（C）：通过内部自查和外部检查，对煤矿安全生产标准化管理体系运行情况进行考核评价。

改进（A）：依据考核评价结果，对煤矿安全生产标准化管理体系各要素进行分析调整，推动管理体系自主运行、自我完善、持续改进。煤矿安全生产标准化管理体系运行模式如图11-10所示。

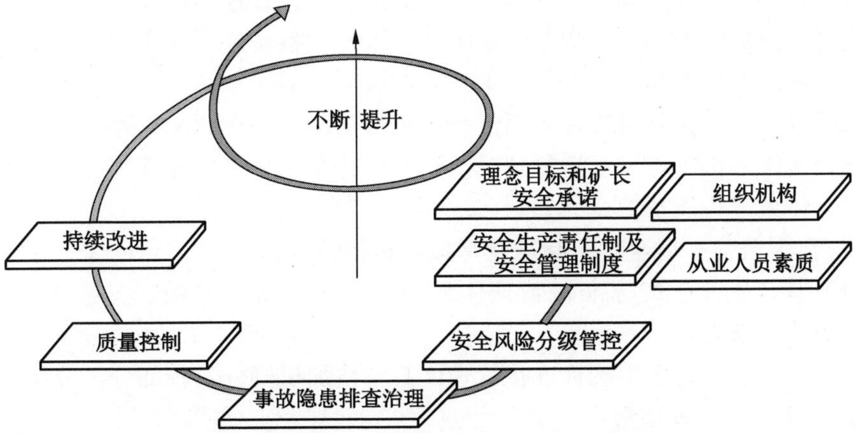

图11-10　煤矿安全生产标准化管理体系运行模式

（3）煤矿安全生产标准化管理体系包括理念目标和矿长安全承诺、组织机构、安全生产责任制及安全管理制度、从业人员素质、安全风险分级管控、事故隐患排查治理、质量控制、持续改进等8个要素。

①理念目标和矿长安全承诺，是指企业树立的安全生产基本思想，设定的安全生产目标和煤矿矿长向全体职工做出的安全事项承诺。理念和目标体现了煤矿安全生产的原则和方向，用于引领和指导煤矿安全生产工作。

矿长安全承诺主要涵盖安全生产、安全投入、保障职工权益等方面，是尊重客观规律、依法组织生产、落实主体责任的体现。由矿长做出表率，职工实施监督。

②组织机构，是指根据煤矿安全生产实际需要，建立健全煤矿安全生产的管理部门，为安全生产工作提供组织保障。

③安全生产责任制及安全管理制度，是指建立完善安全生产责任制和管理制度，明确全体从业人员的岗位职责，是开展各项工作的基本。

④从业人员素质，是指通过严格准入、规范用工，开展安全培训，提高从业人员素质和技能，控制人的不安全行为，为煤矿安全生产提供人才保障。

⑤安全风险分级管控，是指对生产过程中发生不同等级事故、伤害的可能性进行辨识评估，预先采取规避、消除或控制安全风险的措施，避免风险失控形成隐患，导致事故。

⑥事故隐患排查治理，是指对煤矿生产过程中安全风险管理措施和人的不安全行为、物的不安全状态、环境的不安全条件和管理的缺陷进行检查、登记、治理、验收、销号，避免隐患导致事故。

⑦质量控制，是指通过设定钻孔、爆破、采装、运输、排土、机电、边坡、疏干排水等环节的质量和工作指标，以及调度和应急管理、职业病危害防治和地面设施等方面的管理标准，规范煤矿生产技术、设备设施、工程质量、岗位作业行为等方面的管理工作。

⑧持续改进，是指对管理体系运行情况的内部自查自评和对外部检查结果进行总结分析，评价管理体系运行情况，查找问题和隐患产生的原因，提出改进意见，提高体系运行质量。

（三）露天煤矿安全生产标准化考核定级相关规定

（1）煤矿安全生产标准化管理体系等级分为一级、二级、三级3个等级，所应达到的要求为：

①一级：煤矿安全生产标准化管理体系考核加权得分及各部分得分均不低于90分，且不存在下列情形：

a）发生生产安全死亡事故，自事故发生之日起，一般事故未满1年、较大及重大事故未满2年、特别重大事故未满3年的；

b）安全生产标准化管理体系一级检查考核未通过，自考核定级部门检查之日起未满1年的；

c）因管理滑坡或存在重大事故隐患且组织生产被降级或撤销等级未满1年的；

d）露天煤矿采煤对外承包的，或将剥离工程承包给2家（不含）以上施工单位的；

e）被列入安全生产“黑名单”或在安全生产联合惩戒期内的。

②二级：煤矿安全生产标准化管理体系考核加权得分及各部分得分均不低于80分，且不存在下列情形：

a）发生生产安全死亡事故，自事故发生之日起，一般事故未满半年、较大及重大事故未满1年、特别重大事故未满3年的；

b）因存在重大事故隐患且组织生产被撤销等级未满半年的；

c）被列入安全生产“黑名单”或在安全生产联合惩戒期内的。

③三级：煤矿安全生产标准化管理体系考核加权得分及各部分得分均不低于70分。

（2）煤矿安全生产标准化管理体系等级实行分级考核定级。申报一级的煤矿由省级煤矿安全生产标准化工作主管部门组织初审，国家矿山安全监察局组织考核定级。申报二级、三级的煤矿的初审和考核定级部门由省级煤矿安全生产标准化工作主管部门确定。

（3）煤矿安全生产标准化管理体系考核定级按照企业自评申报、初审、考核、公示、公告的程序进行。

（4）煤矿取得安全生产标准化管理体系相应等级后，考核定级部门每3年进行一次复查复核。由煤矿在3年期满前3个月重新自评申报，各级标准化工作主管部门按第七条规定对其考核定级。

（5）安全生产标准化管理体系达标煤矿的监管。

对取得安全生产标准化管理体系等级的煤矿应加强动态监管。各级煤矿安全生产标准化工作主管部门应结合属地监管原则，每年按照检查计划按一定比例对达标煤矿对照《管理体系》进行抽查。对工作中发现已不具备原有标准化管理体系达标水平的煤矿，应降低或撤销其取得的安全生产标准化管理体系等级；对发现存在重大事故隐患且组织生产的煤矿，应撤销其取得的安全生产标准化管理体系等级；对停产超过6个月的煤矿，应撤销其原有安全生产标准化管理体系等级，待复产时重新申报。各级煤矿安全监管监察部门在工作中发现达标煤矿存在重大事故隐患且组织生产的，应及时通报相应的考核定级部门予以撤销等级。

对发生生产安全死亡事故的煤矿，各级煤矿安全生产标准化工作主管部门应自事故发生之日起降低或撤销其取得的安全生产标准化管理体系等级。一级、二级煤矿发生一般事故时降为三级，发生较大及以上事故时撤销其等级；三级煤矿发生一般及以上事故时撤销其等级。

降低或撤销煤矿所取得的安全生产标准化管理体系等级后，应及时通过信息系统将相关情况报送原等级考核定级部门，由原等级考核定级部门进行公告并更新系统相关信息。

对安全生产标准化管理体系等级被撤销的煤矿，实施撤销决定的标准化工作主管部门应依法责令其立即停止生产，进行整改，待整改合格后重新提出申请。

各级煤矿安全生产标准化工作主管部门每年组织对直接延期的安全生产标准化管理体系一级煤矿开展重点抽查。对达不到一级等级要求的煤矿，应予以降级或撤销等级，并将有关情况通过信息系统上传国家矿山安全监察局。被降级的煤矿 1 年内不受理一级等级申请，被撤销等级的煤矿 2 年内不受理一级等级申请。

安全生产标准化管理体系达标煤矿应加强日常检查，每季度至少组织开展 1 次全面的自查，并将自查结果录入信息系统，煤矿上级企业每半年至少组织开展 1 次全面自查（没有上级企业的煤矿自行组织开展），形成自查报告，并依据自身的安全生产标准化管理体系等级，通过信息系统向相应的考核定级部门报送自查结果。

各级煤矿安全生产标准化工作主管部门应按照职责分工每年至少通报一次辖区内煤矿安全生产标准化管理体系考核定级情况，以及等级被降低和撤销的情况，并通告相关煤矿安全监管监察部门。

（6）安全生产标准化管理体系达标煤矿应具备以下条件，任一项不符合的，不得参与安全生产标准化管理体系考核定级：

a）采矿许可证、安全生产许可证、营业执照齐全有效；

b）树立体现安全生产“红线意识”和“安全第一、预防为主、综合治理”方针，与本矿安全生产实际、灾害治理相适应的安全生产理念；

c）制定符合法律法规、国家政策要求和本单位实际的安全生产工作目标；

d）矿长做出持续保持、提高煤矿安全生产条件的安全承诺，并做出表率；

e）安全生产组织机构完备，露天煤矿有负责安全、钻孔、爆破、采装、运输、排土、边坡、机电、地测、防治水、防灭火、安全培训、调度、应急管理、职业病危害防治等工作的管理部门，配备管理人员。

（四）露天煤矿公路运输标准化评分表（表 11-5）

表 11-5　露天煤矿公路运输标准化评分表

项目	项目内容	基本要求
运输道路规格及参数	路面宽度	符合设计
	路面坡度	符合设计
	交叉路口	设视线角
	变坡点	道路凸凹变坡点设竖曲线
	干道路拱、路肩	符合设计
	最小曲线半径、超高及加宽	符合设计
运输道路质量管理	道路平整度	1. 主干道路面起伏不超过设计的 0.2 m 2. 半干线或移动线路路面起伏不超过设计的 0.3 m
	道路排水	根据当地气象条件设置相应的排水系统
	道路整洁度	路面整洁，无散落物料
运输道路安全管理	安全挡墙	高度不低于矿用卡车轮胎直径的 2/5
	洒水降尘	洒水抑制扬尘，冬季采用雾状喷洒、间隔分段喷洒或其他措施
	道路封堵	废弃路段及时封堵
	车辆管理	进入矿坑的小型车辆配齐警示灯或警示旗
道路标志与养护	反光标识	主要运输路段的转弯、交叉处有夜间能识别的反光标识
	道路养护	配备必需的养路设备，定期进行养护
	警示标志	根据具体情况设置警示标志
职工素质及岗位规范	专业技能及作业规范	1. 严格执行本岗位安全生产责任制 2. 掌握本岗位操作规程、作业规程 3. 按操作规程作业，无“三违”行为 4. 作业前进行岗位安全风险辨识及安全确认
文明生产	作业环境	1. 车辆驾驶室及平台干净整洁无杂物，门窗玻璃干净 2. 各种记录页面整洁

第十二章　矿用自卸车运输作业安全操作技能

第一节　矿用自卸车操作规程

操作规程是企业为保证生产、工作能够安全、稳定、有效运转而制定的，相关人员在操作设备或办理业务时必须遵循的程序或步骤，一般包括对作业环境、设备状态、人员状态、操作程序、人机交互和异常情况处理等规定。

一、自卸车交接操作

交接操作时，当面交接清楚自卸车的运行状态和存在的问题，自卸车备品和注意事项等。

交接时检查的项目：

（1）检查发动机、液压油箱、水箱、燃油箱、轮边减速器等各部油液位，不足时补加。

（2）检查自卸车有无漏油、漏水、漏电、漏气现象。

（3）检查车架及后桥是否出现裂纹，牵引轴承、牵引座有无损坏等情况。

（4）检查轮胎充气压力、轮胎螺栓紧固情况；检查轮辋是否有裂纹或漏气；检查两轮间是否夹有石块。

（5）检查轮胎是否有异味、鼓包、起层及刮伤等损坏现象。

（6）检查转向器和转向机构的螺栓、螺母的紧固情况，检查紧急转向系统工作是否正常。

（7）检查喇叭及各部灯光是否正常。

（8）检查制动系统工作是否可靠。

（9）检查各仪表、开关工作是否正常。

（10）检查集中润滑系统工作是否正常。

（11）检查防疲劳系统、倒车影像系统和 GPS 工作是否正常。

（12）接班后发现自卸车存在问题，接班司机应立即联系处理。

二、自卸车启动前准备

（1）检查发动机机油（发动机的机油面高于油尺 H 位或低于 L 位时，禁止启动发动机）、水、液压油和其他部分的液位，不正常情况下禁止启动。

（2）启动前绕车步行一周，确保车辆下方、附近及后桥内无其他人员。

（3）确保换向开关手柄放在“空挡”位置，工作制动在“驻车”位置，举升手柄放在“浮动”位置。

（4）检查机油油位是否在机油尺上下刻度线之间。

三、自卸车启动操作

（1）自卸车启动前鸣笛时间不得小于 5 s，间隔 15 s 后再次鸣笛，确认安全后方可启车。

（2）将钥匙完全插进点火开关，启动发动机。

（3）发动机启动后，松开点火钥匙，使其恢复到初始位置。

（4）发动机启动后，应在 15 s 之内建立起机油压力，否则要立即熄火。

（5）发动机运转后观察发动机机油压力是否在规定的范围内，如果怠速机油压力低于 138 kPa 时，报请维修人员进行检查，查明原因排除故障后方可运行。

（6）冬季低温天气，发动机启动后，要怠速运行 15 min，待烟色趋于正常后，方可缓慢加大油门动车。严禁在启动后立即大油门、动车时急加速、长期怠速。

（7）启动后要听发动机运行声音是否正常，烟色是否正常，发动机有无渗漏，检查电磁阀旋钮是否退出等。

四、自卸车行驶操作

（1）根据自卸车下一步任务更改 GPS 状态，如作业或处理故障。

（2）系好座椅安全带。

（3）自卸车行驶前检查。

（4）发动机启动后，检查油位表、仪表、警告灯等，确认系统工作正常。

（5）将方向盘向右和向左打到底，试验自卸车的转向功能，确认转向系统工作正常。

（6）自卸车起步前仔细观察周围情况，必要时下车查看，确保安全。

（7）确认举升控制阀手柄为零位（浮动位）后，将换向开关置于前进位（或后退位）。

（8）自卸车起步前鸣笛时间不得小于 5 s，间隔 15 s 后再次鸣笛，确认安全后方可动车。

（9）释放停车制动，轻轻踩下牵引踏板，起步。

（10）自卸车首次运行时，在低速状态下制动系统的各种功能至少要试用两次，其中包括单独使用工作制动、停车制动、制动锁定和紧急制动，确认系统工作正常。

（11）自卸车行驶一律执行右侧通行规则，严禁占道、逆行。

（12）自卸车必须主动避让载人客车、生产指挥车、养护道路的工程设备、检修车辆以及一切抢险车辆，现场交接班时载人车辆未离开之前不准移动自卸车。

（13）运行中转向系统、制动系统必须可靠有效，自卸车未停稳时禁止换向。

（14）电动轮自卸车需要减速时必须使用电制动，非特殊情况（电制动失效或需紧急减速、停车）不准使用工作制动。工作制动应在行驶速度 5 km/h 以下时使用。

（15）正常工作下禁止急转弯、急刹车。

（16）发动机低怠速运转不准超过 15 min。

（17）车辆在运行中严禁超车（同类型）、超速。车辆在下坡时要提前控制车速，合理使用制动，严禁“放坡”、严禁将挡位放在“空挡”。

（18）自卸车在下坡前，应视路况、坡度、坡长和能见度等情况提前减速，确保自卸车得到最佳控制。

（19）如果自卸车在运输繁忙的道路上失去行驶能力，则使用灯光或喇叭提示周围设备。

（20）非紧急情况下禁止使用紧急制动停车。

（21）作业现场让车原则：空车让重车；下坡车让上坡车，但下坡车正在下坡，上坡车未上坡，上坡车让下坡车；支线车让干线车；停车让行时，需对方安全通过后方可行驶。

（22）根据矿山地形条件，在本车型规定的车速范围内安全行驶。

（23）车辆在运行中要随时观察各种仪表，必须保证在正常的工作范围内。如机油压力应在 345~517 kPa，不能低于 310 kPa；机油油温表最高不能高于 110 ℃；发动机水温表最高不能超过 93 ℃。

（24）运行过程中发现以下情况立即停车：

①电动轮自卸车接地灯亮时。

②车辆的任何部位有异常的声响时。

③夜间大灯不亮。

④夜间尾灯不亮。

⑤转向、制动系统有故障。

（25）出现下列情况立即将发动机熄火：

①发动机机油压力突然下降。

②发动机红色报警灯亮起时。

③发动机水位报警灯亮时。

④自卸车任何部位着火。

⑤机油、液压油、冷却液突然出现严重泄漏。

⑥发动机突然出现异常声响。

⑦车辆发生事故时。

五、自卸车装载操作

（1）当前一车驶离装车点 15 m 后，方可移动进入装载点。

（2）装车时在电铲装车位停靠后，锁定工作制动，将换向开关（换挡手柄）置于“空挡”位；装载时，驾驶员应留在驾驶室并保持发动机运转。

（3）接到电铲发出开出装载区信号时，方可松开制动，加速发动机迅速驶离装载区。

（4）当自卸车驶出装载区后，GPS 将自动变更为重载，如 GPS 没有自动变更设备状态，则手动更改为重载。

六、自卸车卸载操作

（1）在卸载位置停靠后，锁定工作制动，将换向开关置于“空挡”位、电驱动开关置于“中立”位置。

（2）卸载时将举升手柄拨到举升位，加速发动机转速，当举升缸第三节活塞开始伸出时，降低发动机转速，防止举升缸受冲击损坏。

（3）当车厢卸载后，解除工作制动，向前提车一定距离后停车，将举升手柄拨到“迫降”位，当车厢开始下降时把举升手柄拨到“浮动”位，此时车厢靠自重落斗，落斗到位后再行车。

（4）举升旋钮开关只有由标有“举升”字样的位置转回到“中立”（空挡）位置时，车厢才能停止。在车厢下落时，如果想在某一个中间位置停止，开关应该置于“举升”位置，然后再回到“空挡”位置，车厢才能停住。

（5）当自卸车驶出卸载区域后，GPS 将自动变更状态，如没能变更则手动操作改为空载。

七、自卸车停车操作

（1）自卸车应尽可能停放在水平地面上，在停车场不允许使用制动锁定装置作为停车制动，同时用掩车体掩护好自卸车轮胎。

（2）如果停车时发动机仍继续运转，不允许驾驶员离开自卸车。

（3）按照自卸车停车原因，在 GPS 系统中更改自卸车的状态，如延期延误、停机备用或故障。

八、关闭发动机操作

（1）停下自卸车，发动机转速降到低怠速，将换向开关置于中位并使用停车制动。

（2）让发动机在低怠速运转 3~5 min，使其温度降下来。

（3）按下发动机停机按钮，将钥匙开关转到“停止”位置，然后取下钥匙。

（4）关掉总电源开关，关上和锁好全部车窗、车门，安全下车。

第二节 矿用自卸车标准化作业流程

标准化作业流程指的是将现行作业方法的每一操作程序和动作进行分解，以科学技术、规章制度和实践经验等为依据，以安全、质量、效益为目标，对作业流程进行改善，从而优化作业程序，逐步达到安全、准确、高效的作业效果。

自卸车标准化作业流程主要包括班前会标准作业流程、交接班标准作业流程、启动标准作业流程、起步标准作业流程、装车标准作业流程、排土场卸车标准作业流程、破碎站卸煤标准作业流程、停车标准作业流程、坡道停车标准作业流程、行驶标准作业流程、加油标准作业流程等。

一、班前会标准作业流程（表 12-1）

表 12-1 班前会标准作业流程

序号	流程步骤	作业内容	作业标准
1	班前会准备	1. 当班工长与上班工长交接 2. 工长准备班前会 3. 职工穿戴劳动防护用品 4. 职工签到	1. 工长应提前与上班班组长做好交接工作，了解上班工作情况、设备情况、危险源、异常作业情况等 2. 工长应明确上级对本班作业及安全要求 3. 当班人员应在班前安全戴帽记录上签名，正确穿戴劳动防护用品 4. 管理人员按要求参加班前会，并监督班前会质量
2	班前会开始	班前会开始	1. 当班人员提前就座，并保持安静，手机调至静音 2. 工长准备好录音笔进行录音 3. 工长应做好班前会记录

表12-1(续)

序号	流程步骤	作业内容	作业标准
3	核对人员出勤情况	1. 核对人员出勤情况 2. 检查人员精神状况 3. 检查劳动防护用品穿戴	1. 工长对照签到表核对出勤情况 2. 工长检查人员精神状态 3. 工长检查人员劳动防护用品，确保穿戴正确、齐全
4	酒精抽检	1. 随机抽选 2. 检测酒精	1. 工长应有针对性的抽选 2. 检测合格，方能上岗，如不合格，强制休息
5	班前学习	1. 学习规程和其他岗位应知应会知识 2. 学习事故案例 3. 传达学习上级指示	1. 围绕规程和岗位应知应会知识进行培训 2. 学习本班、本单位易发或已发事故，学习上级转发的事故案例 3. 及时、准确、有重点传达上级指示、文件 4. 参加班前会的车间管理人员对重点工作进行强调、补充
6	介绍上一班情况	介绍上一班情况	介绍内容包括：作业场所，设备故障、保养及维修情况，是否遗留隐患等
7	安排工作	安排工作	1. 工长在安排工作时，应明确设备操作人员 2. 工作安排应充分考虑各岗位、各设备以及作业环境中的风险有害因素，确保安全作业 3. 应合理安排替班人员
8	接班	接班	职工要有序离开会场

二、自卸车交接班标准作业流程（表12-2）

表12-2　自卸车交接班标准作业流程

序号	流程步骤	作业内容	作业标准
1	交班前准备	1. 停车 2. 清理设备卫生 3. 检查设备 4. 记录汇报	1. 按要求停在指定位置，停放整齐 2. 外观无磕碰痕迹 3. 各部位无渗漏 4. 轮胎胎面无擦伤、割裂等 5. 各部连接螺栓无断裂、松动或缺失，销子无窜出 6. 车辆安全辅助设施完好 7. 记录填写准确、无漏项，查出的问题向班组长汇报
2	接班前准备	1. 参加班前会 2. 穿戴、佩戴劳动防护用品	1. 听取工作安排、安全注意事项和本班的特殊要求并签字上岗 2. 正确穿戴安全帽、工作服、防护鞋、反光背心 3. 按规定佩戴手套、防护眼镜、防尘口罩 4. 夜间携带手电筒 5. 严禁酒后上岗

表12-2(续)

序号	流程步骤	作业内容	作业标准
3	交接班	1. 交班司机向接班司机交代情况 2. 交、接班司机共同检查设备	1. 交接班司机现场对职交接 2. 交、接班司机共同检查设备
4	查看交接班记录	1. 查看、确认交班记录内容 2. 影响卡车安全运行的问题，向工长汇报	1. 明确出现的问题、处理情况及遗留问题 2. 汇报内容准确、依据充分

三、自卸车启动标准作业流程（表 12-3）

表 12-3　自卸车启动标准作业流程

序号	流程步骤	作业内容	作业标准
1	启动前检查	1. 检查卡车下部有无人员 2. 确认停车制动、方向选择开关、举升手柄的位置 3. 检查各故障报警指示灯和蜂鸣器	1. 卡车下部无人员 2. 停车制动处于制动位置，方向选择开关置于“空挡”位置，举升手柄置于“浮动”位置 3. 接通钥匙开关，各故障报警指示灯和蜂鸣器正常
2	启动	1. 鸣笛警示周围的人员及设备 2. 启动发动机	1. 启动前鸣笛时间不得小于 5 s，间隔 15 s 后再次鸣笛，确认安全后方可启车 2. 旋转钥匙启动发动机，一次启动时间不超过 15 s，连续 3 次不能启动时，进行检查；冬季停放时间较长的自卸车提前预热
3	启动后检查	1. 检查各部位有无异响、异味、异常振动 2. 检查仪表指示是否正常 3. 检查各部位有无渗漏	1. 发动机启动后，禁止高转速运转 2. 发动机、液压系统等无异响、异味、异常振动，发动机排烟颜色正常 3. 随时观察各仪表指示，发动机的工作温度、机油压力及其他各仪表指示正常 4. 发动机、液压系统等无渗漏 5. 怠速运转 3～5 min，冬季冷车时再进行 3～5 min 的中速预热运转 6. 发现异常立即熄火
4	记录汇报	1. 记录 2. 汇报	1. 翔实填写设备运行记录 2. 将检查出的问题向工长汇报

四、自卸车起步标准作业流程（表 12-4）

表 12-4　自卸车起步标准作业流程

序号	流程步骤	作业内容	作业标准
1	观察环境	1. 观察周围车辆及人员动态 2. 鸣笛警示周围的人员	1. 周围和车下无人员或障碍物 2. 自卸车起步前鸣笛时间不得小于 5 s，间隔 15 s 后再次鸣笛，确认安全后方可动车 3. 保证视线清楚，能见度好
2	起步	平道起步	换向手柄置于需要位置，解除停车制动，平缓加大油门，倒车时同时连续鸣笛
		坡道起步	1. 换向手柄置于“前进”位置 2. 电动轮自卸车应手按紧急牵引按钮，平缓加大油门；当车略向前动时，解除制动锁定；自卸车平稳起步后应及时松开紧急牵引按钮 3. 机械传动自卸车应先平缓加大油门至一定转速后再解除制动
3	起步后检查	1. 测试转向、制动 2. 观察仪表	1. 车速在低速时测试转向和制动系统工作正常 2. 仪表指示正常

五、自卸车装车标准作业流程（表 12-5）

表 12-5　自卸车装车标准作业流程

序号	流程步骤	作业内容	作业标准
1	待装	1. 观察待装区域情况 2. 进入待装区域 3. 待装	1. 待装区域无人员以及其他设备、车辆、电缆等障碍物 2. 待装车辆停在采掘设备最大回转半径以外 3. 与其他待装车辆纵向保持 15 m 以上、横向保持 3 m 以上的安全距离，禁止扇形停车 4. 无特殊作业条件下必须选择平坦路面停车，禁止在坡道上待装 5. 待装时，禁止脚踩制动，要施加制动锁定
2	进铲	1. 观察铲位情况 2. 倒车入位时与电铲司机做好呼唤应答	1. 铲位不平、有大块物料和可能陷车时，禁止进入铲位 2. 当推土机需要进入工作面清理时，自卸车等待 3. 当采掘设备发出进车信号后，卡车鸣笛示意方能进入装车位置，卡车进入装车位置后立即停车，施加制动 4. 反装车时，自卸车司机参照采掘设备引导方向倒车，采掘设备未举起铲斗时不准倒入装车位置 5. 当采掘设备发出重新对位信号时，自卸车重新对位

表12-5(续)

序号	流程步骤	作业内容	作业标准
3	装车	电铲装车	1. 正在装车的自卸车必须停在挖掘机尾部回转半径之外 2. 装车时，禁止自卸车司机身体的任何部位伸出驾驶室，禁止任何人员上下车和检查、维修车辆 3. 装车时，禁止自卸车司机做与操作无关的事情，集中注意力，以应对突发状况
4	出铲	1. 与电铲司机做好呼唤应答 2. 观察周围环境安全驶离装车位置	1. 听到采掘设备装车完毕鸣笛示意信号，卡车司机鸣笛回应 2. 驶出装车区域要认真观察环境，避开其他设备、车辆、电缆等障碍物

六、自卸车排土场卸车标准作业流程（表12-6）

表12-6　自卸车排土场卸车标准作业流程

序号	流程步骤	作业内容	作业标准
1	进入排土场	1. 确认排土位置 2. 观察排土线其他排卸车辆、推土机位置 3. 查看安全挡墙、反坡、排土线	1. 在指定位置、按规定顺序排弃土岩，在同一地段进行卸车和排土作业时，推土机与矿用卡车之间保持安全距离 2. 观察好周围环境
2	倒车	倒车入位	1. 卸车时应垂直排土工作线，严禁高速倒车、冲撞安全挡墙 2. 安全挡墙符合规程规定时，两后轮要靠上安全挡墙排弃，禁止右后轮先靠安全挡墙 3. 特殊情况应按照安全措施作业 4. 倒车时要认真瞭望
3	排弃	举升排卸	1. 待车体停稳静止后举斗，举升平稳 2. 正确操作举升手柄
4	落斗	提车落斗	1. 向前提车至适当位置 2. 开始落斗时，举升手柄处于“追降”位置 3. 自重落斗时，举升手柄处于“浮动”位置 4. 严禁以猛踩刹车的方式磕厢斗
5	驶离	驶离排土场	1. 确认厢斗落到位，安全驶离 2. 起步前观察好左右方向的来往车辆和人员，互相做好避让，禁止观察不到位立即向右转弯 3. 严禁举斗运行 4. 严禁卡车起步立即右转弯

七、自卸车破碎站卸煤标准作业流程（表 12-7）

表 12-7 自卸车破碎站卸煤标准作业流程

序号	流程步骤	作业内容	作业标准
1	进入破碎站场地	1. 观察破碎站场地内车辆及人员动态 2. 驶入破碎站场地	1. 卡车行进区域内无车辆和人员 2. 禁止从正在倒入破碎站栈桥的车辆后方通行
2	待卸	待卸	1. 当推土机需要进入破碎站平台清理时，自卸车等待 2. 与待卸车辆保持安全距离 3. 卡车与设备、人员交叉严重时，要减速慢行，确保安全
3	倒入破碎站卸料平台	倒入破碎站卸料平台	低速倒车、后轮垂直靠上安全挡墙，禁止冲撞安全挡墙
4	卸载	举斗排卸、排卸后落斗	1. 按照信号灯指示卸煤，绿灯允许卸载，红灯禁止卸载 2. 卸载后原地落斗，禁止举斗提车
5	驶离破碎站	1. 观察破碎站场地内车辆及人员动态 2. 驶离破碎站场地	1. 运行路线区域内无人员 2. 自卸车与其他设备、人员交叉严重时，要减速慢行，确保安全

八、自卸车停车标准作业流程（表 12-8）

表 12-8 自卸车停车标准作业流程

序号	流程步骤	作业内容	作业标准
1	进入停车区域	1. 观察停车区域的情况，平稳驶入停车区域 2. 选择停车位置	1. 停车区域无人员、障碍物 2. 卡车之间的横向距离大于 3 m，前后距离大于 15 m 3. 停放整齐，不准乱停乱放，禁止在坡道、弯道、干道、交叉路口随意停车 4. 特殊情况需要停到其他位置的，听从工长安排
2	停车	停车	1. 停车区域宽敞平整，无人员、障碍物 2. 停车后施加停车制动 3. 车辆停稳后，在轮胎下部打掩车体 4. 发动机熄火前怠速运转 3~5 min 5. 熄火后断开蓄电池开关

表12-8(续)

序号	流程步骤	作业内容	作业标准
3	停车后检查	检查设备	1. 外观无磕碰痕迹 2. 各部位无渗漏 3. 轮胎胎面无擦伤、割裂等损坏情况 4. 各部连接螺栓无断裂、松动或缺失，销子无窜出 5. 车辆安全辅助设施完好 6. 轮胎割伤严重和热剥离严重时，人员要远离
4	填写记录	填写运行记录	将检查出的问题详细记录
5	汇报	向工长汇报	将检查出的问题向工（班）长汇报

九、自卸车坡道停车标准作业流程（表 12-9）

表 12-9 自卸车坡道停车标准作业流程

序号	流程步骤	作业内容	作业标准
1	故障坡道停车	坡道故障停车	1. 卡车的前轮或后轮靠上挡墙，与坡道方向形成一定的夹角，没有条件的地方，在轮胎下部打掩，及时联系其他车辆卸货围挡 2. 卡车停稳后施加停车制动 3. 未采取可靠防溜车措施前严禁卡车熄火（非发动机故障） 4. 没有设置明显警示标志前，司机负责监护，禁止司机擅自离开
	特殊情况坡道临时停车	坡道临时停车	1. 卡车遇到爆破、事故现场、移动大型设备、紧急抢险等警戒区域，听从警戒人员指挥，按警戒标志执行 2. 卡车的前轮或后轮靠上挡墙，与坡道方向形成一定的夹角 3. 卡车停稳后施加制动锁定和停车制动 4. 除参与救援外，司机不得离开驾驶室
2	汇报记录	1. 向工长汇报 2. 记录	1. 出现故障停车后，及时向工（班）长汇报 2. 翔实填写设备故障情况记录
3	设置警示标志	1. 设置安全警示标志 2. 堆码物料	1. 前后设置醒目的安全警示标志，开启警示灯，夜间开启示宽灯 2. 如果卡车故障不能及时处理，在故障车前后约30 m 处堆码物料

第三节　矿用自卸车操作注意事项

一、检查注意事项

（1）发动机启动前（向前、空挡、向后）操纵杆必须在“空挡”位置。

（2）发动机运转时，不准随意离开车辆。

（3）严禁在高水温情况下检查散热器中的冷却液液位。

（4）当发现制动盘发红或起火后火焰接近车轮时，附近的人员应立即转移至安全地点。如为了灭火必须接近自卸车，灭火人员只能站在距轮胎至少15 m远的地方，灭火之后（在车轮周围的起火）自卸车至少停留8 h，以便让车充分冷却。

（5）上下汽车时，要面对扶梯、抓稳踩牢，有物品需要带上车时应使用背包。

（6）灭火器除了灭火外严禁用作其他用途。

二、作业注意事项

（1）入坑作业前，司机必须参加班前安全会，了解工作任务、掌握存在的作业风险、防范措施并严格落实。

（2）作业前，司机必须明确挖掘机的作业位置，平盘宽度、道路状况、排土场等作业环境，车辆安全设备和设施是否齐全完好等情况。

（3）司机作业时要检查道路及安全挡墙等作业环境是否符合标准，有不符合标准的要及时通知当班工长。

（4）自卸车矿内行驶一律执行右侧通行，严禁占道、逆行、右侧超车。

（5）自卸车必须主动避让载人客车、生产指挥车、养护道路的工程设备、检修车辆以及一切抢险车辆，现场交接班时载人客车未离开之前不准移动自卸车。

（6）作业期间严禁两车近距离停靠（两车纵向停靠最小距离必须大于15 m，横向停靠必须大于3 m），无特殊情况下坡道、弯道、干道、交叉路口不准停车。

（7）自卸车在排队等装时，必须停在挖掘机最大作业半径以外。

（8）自卸车司机必须熟记挖掘机不同情况下的音响信号规定，自卸车在挖掘机发出允许信号后，方可进入或驶出装车地点。

（9）装车未满时自卸车司机不准随意鸣笛，前一车驶离装车点15 m后下一车辆才允许进入装载点。

（10）场地条件具备时，车身与挖掘机履带板走向应当成45°角，减少电铲回转角度。

（11）装车位置有大块物料或积货太多时，司机应当停止作业，并向工长和调度汇报，及时联系工程设备处理。

（12）自卸车必须按指定地点依次排卸，特殊情况下必须服从指挥；排卸黄土、砂岩和雨后恢复生产前，要提前确认排土线情况，如不满足边缘排土时要采用场地排土，待条件允许时再进行边缘排卸。

（13）排土场条件允许情况下，两台自卸车之间间距大于 25 m，特殊情况下依次排卸或由工长现场指挥。

（14）挖掘机中途停止作业时，自卸车不得擅自改变作业地点，必须听从工长指挥。

（15）在挖掘机行走和工程设备清理场地时，自卸车禁止进入该区域。

（16）作业车辆应及时清理车厢厢底，不得带物料往返运行，严禁乱翻乱卸。

（17）由于自卸车右侧盲区较大，起步前要加强瞭望，禁止直接右转。

（18）自卸车在等待装车时，设备司机必须确认自卸车盲区无其他设备或人员，司机有责任及时驱离车辆或人员，并将驱离结果通过对讲机通报给本班工长。

（19）自卸车出现临时故障，必须将车辆停放到安全地点，禁止检修车辆停放到自卸车盲区内。

（20）自卸车必须空载到规定地点进行燃油、附属油加注、轮胎检充气、车辆检修、抽取油样等。

（21）到规定位置进行检修、充气、加油、取饭时，在维修服务人员未撤离安全挡墙外侧前，自卸车司机禁止上车。

（22）设备在作业现场发生故障时，应及时在来车方向车体前后 30 m 外放置三角警示架，白班故障超 4 h 或夜班故障，应及时在设备前后设置安全挡墙，挡墙外侧放置三角警示架，设备修好后及时联系工长将挡墙清理干净。

（23）电铲场地、火煤、高段排土、场地狭窄等特殊作业位置，设备司机作业前确认安全后方可作业。

（24）交接班、破碎站待卸货、进入检修场地停车时必须遵循由左至右依次停放的原则，两车横向间距不小于 3 m。不具备横向停车条件的可以依次前后停放，车间距 15 m 以上，后车对应前车向左让出驾驶室位置。

（25）进出检修单位、车场检修车辆，必须按专用道路行驶、遵守交通信号灯指示。

（26）进入检修单位自卸车司机必须听从检修单位人员指挥、确认安全后按指定位置停放，使用停车制动驻车后要使用掩车体掩车，掩车体与轮胎要紧密接触。

三、联合作业注意事项

（1）自卸车待装时必须停在挖掘机最大回转半径以外，严禁停放在电铲装车位进行交接班，应依顺序停放在待装区域。

（2）自卸车在电铲行走和工程设备清理场地时禁止进入作业区域。

（3）电铲在接班、故障处理完毕、走铲到新位置和推土机处理完工作面后可以正常装车作业时，自卸车必须遵守电铲装车信号。

（4）电铲司机在装车前，应向自卸车发出准入信号（鸣笛 2 s），示意可以进入装车地点，自卸车回应一声喇叭，驶入装车位置。

（5）待自卸车停稳，满足装车要求时，电铲司机应向自卸车发出装车信号（鸣一长声喇叭），示意自卸车司机电铲要开始装车。

（6）自卸车驶入装车位置后，如达不到装车要求，需要调整车位时，电铲司机应连续发出调车信号（连续鸣两长声喇叭），示意调整车位。

（7）煤岩分采时需用对讲机告知调度分装物料的情况，由调度通知自卸车司机车辆去向。

（8）电铲装满车后，应向自卸车发出出车信号（鸣一长声喇叭），示意可以驶出装车地点，自卸车回应一声喇叭，向目标地点行驶。

（9）电铲在正常装车后需要临时或者长时间中断作业时必须发出警示信号，确认得到自卸车回应并离开装车位后方可进行新的任务。

（10）因车、铲匹配不足导致电铲出现装车间断的情况下，自卸车进入工作面发现电铲未装车时，要鸣一声长笛请求进入装车位置，待电铲鸣笛回应准许进入后，自卸车方可驶入。

（11）电铲、自卸车、推土机司机应将喇叭作为每班必检项目，保证喇叭能够正常使用，音量符合现场要求；如喇叭出现故障不能正常使用或者音量小其他设备无法听清时应立即联系处理，否则严禁作业。

（12）电铲、自卸车、推土机司机在作业过程中需要使用喇叭或者对讲机进行联系时，必须做好相互应答工作，发出联系信号后如无对方明确回答或者未听清对方应答信号时严禁盲目操作，应继续联系直至确认后方可进行下一步操作。

（13）推土机进入电铲挖掘半径处理场地时必须通过对讲机与电铲联系，待电铲司机通过对讲机应答并停止作业后方可进入。推土机与电铲在不能相互目视到对方并确认安全时严禁同时动作。推土机在电铲回转半径内时，电铲严禁动作。

（14）推土机处理完场地后要通过对讲机通知电铲并鸣笛退出，电铲、自卸车确认看到推土机退出后才可以进行装车作业，此时必须鸣一声长笛发出运行信号，自卸车司机听到准许进入信号，应明确电铲的运行轨迹后方可进入装车位。

（15）推土机配合电铲作业时，推土机司机与电铲司机应当提前沟通好作业方式，同时应当在作业过程中随时保持联系并注意观察。

（16）推土机严禁在自卸车盲区范围内停留或作业。

（17）在接近挖掘机作业区时，工程设备司机必须观察作业区的环境，避开其他设备、电缆等。

（18）严禁推土机在挖掘机铲斗悬空的情况下在其下方通过。

（19）推土机进入电铲挖掘半径处理场地时，必须通过对讲机与电铲联系，做好呼唤应答，待电铲应答并停止作业后，方可进入。推土机与电铲在不能相互目视到对方并确认安全时严禁同时动作。

（20）推土机处理场地时，如有自卸车正在待装，推土机应鸣笛示意自卸车，待自卸车司机回应并将车驶出后，方可进入。

（21）推土机处理完场地后，要通过对讲机通知电铲、自卸车并鸣笛退出，电铲、自卸车确认看到推土机退出后，方可作业。

（22）推土机配合电铲作业时，推土机司机与电铲司机应当提前沟通好作业方式，同时应当在作业过程中随时保持联系并注意观察。

（23）正在装载的自卸车必须停在挖掘机尾部回转半径 1 m 以外。

（24）自卸车进入装车位后，司机应保持注意力集中，严禁在驾驶室内斜躺、睡觉，以及离开驾驶座椅从事其他工作或者上下设备。

四、卸载注意事项

（1）车辆要与卸载区的边缘保持一定安全距离。

（2）进入卸载位置时，将换向开关置于空挡位置，并且使用制动锁定装置。

（3）在离开卸载位置时，换向开关置于向前位置，松开制动器锁定装置并谨慎地离开卸载区，自始至终都要注意安全。

第四节　矿用自卸车日常维护保养及常见故障

一、矿用自卸车日常维护保养

车辆保养是为了减少车辆各部件磨损，防止早期损坏和运行中发生故障而进行的预防作业，为了使矿用自卸车状况完好，防止在运转过程中零部件的加速磨损，必须定期地进行保养。这种保养是预防性保养，是减少矿用自卸车故障、延长使用寿命、提高工作效率、降低生产成本的重要环节。

（一）矿用自卸车保养分类

由于矿用自卸车各部机构及零件在运行中的自然松动和磨损规律不同，需要进行的作业范围、深度和周期也有所区别，因此，按照生产厂家建议或使用单位实际情况将保养分为日常保养、定期保养、季节性保养。不同生产厂家、不同型号的矿用自卸车按照生产厂家维修保养要求，保养时间和保养项目略有不同，矿用自卸车司机主要负责日常维护保养项目。

（二）矿用自卸车维护保养通用要求

（1）驾驶员和现场维修人员在进行检修前必须经过全面的技术培训，熟悉本车的性能、结构、有关操作及安全规程等内容。

（2）进行保养之前，清除矿用自卸车的灰尘，将其冲洗干净。冲洗和清理时，应遵守电气设备的各项技术安全操作规定和电力操作安全规定。

（3）检修时，车辆应停在宽阔平敞的场地并使用停车制动器制动，车厢落下并空载。

（4）发动机的保养应按照相应的操作手册进行。

（5）拆卸液压油管及液压元件时必须关闭发动机，液压系统压力为零后再进行操作。

（6）拆卸前、后轮胎时，必须先放尽轮胎内空气，等其内部压力为零后再进行操作。

（三）矿用自卸车司机日常维护保养的主要内容

矿用自卸车司机日常维护保养项目以清洁、润滑和检查为主。

1. 清洁

（1）清洗车身、车架，清除泥土和积尘，清洗柴油机及其他各总成部件。

（2）清洗蓄电池瓶并检查导线紧固情况和油液高度。

（3）排除各贮气筒内的积水（各季应在每日白班下班排放一次）。

（4）清除空气滤清器积尘并用空气吹干净。

2. 润滑

（1）对各润滑点注润滑油。

（2）检查和按规定加足发动机油底壳、变速箱、液压油箱、轮边减速器等部位润滑油。

3. 检查

（1）检查轮胎气压，必要时给予充气，气门嘴帽要保持齐全。

（2）检查前、后油气悬架的充气高度。

（3）检查水箱风扇、空压机、发电机传动带有无松弛现象。

（4）检查轮胎压板螺栓有无松弛现象。

（5）检查液压气路和柴油机水冷系统的密封情况，有无漏油、漏气、漏水现象。

（6）检查前后轮工作制动器的油管接头、油缸有无渗漏现象。

（7）检查后桥轮边减速器齿轮啮合是否良好，齿轮箱是否渗漏。

（8）检查前、后悬架固定螺栓是否松动。

（9）检查各球头销有无松动。

（10）检查液压管路是否完好，尤其软管及接头处是否完好。

二、柴油发动机常见故障（表 12-10）

表 12-10　自卸车柴油发动机常见故障

序号	故障表现	故障原因
1	发动机动力不足	发动机下排气：缸套内表面的磨损、拉缸，活塞环的磨损与折断，气门损伤关闭不严等原因，造成燃烧室气量不足、压缩温度不够，燃油燃烧不好
		进气量不足：空气滤清器堵塞，增压器损坏
		燃油系统故障：油路堵塞（滤清器、油管等）、漏气，供油不足；燃油泵故障（PT 泵故障），供油不足；喷油器故障，喷嘴堵塞油量减少，个别缸不工作、电路故障等
2	发动机自动熄火	电路故障：线路短路、断路
		传动系统故障：曲轴断、传动齿轮轴断等
		燃油泵故障：PT 泵轴断
		燃油系统故障：油箱缺油，油路堵塞、油管损坏等
		其他机械故障：发动机抱瓦、粘缸等
3	发动机冒白烟	空气中冷却器坏，冷却水和空气一同进入气缸
		缸盖有裂纹，冷却水进入气缸
		发动机温度过低，燃油燃烧不好（同时伴有冒黑烟出现）
		缸套的汽蚀、缸套产生裂纹，冷却水进入汽缸
		燃油质量不好，燃油中含水分过多
4	发动机冒蓝烟	机油油面过高，机油窜入燃烧室
		缸套内表面磨损、拉缸，活塞环磨损，机油窜入燃烧室
		涡轮增压器轴油封坏，气门导管磨损，机油窜入燃烧室

表12-10(续)

序号	故障表现	故　障　原　因
5	发动机冒黑烟	柴油燃烧不好，在燃烧室内不能完全燃烧：发动机温度过低；空滤芯堵塞或增压器损坏造成进气不足；发动机气缸套、活塞环等磨损，气缸压缩不足；喷油器喷油雾化不良或滴油；PT泵供油量大
6	发动机水温高	冷却液严重缺少
		风扇皮带松或脱落
		百叶窗打不开
		节温器不能开启，冷却液始终小循环
		散热器堵塞，散热效果不好
		冷却水泵坏
		发动机燃烧不良
7	发动机机油压力过低	油底壳内缺机油
		机油黏度不够，劣化变质（进水、进柴油，机油温度过高，级别与气候不符等）
		机油传感器或机油压力表坏
		压力调节阀、限压阀故障
		主轴承或连杆轴承磨损等
		机油泵故障
8	发动机异常振动或声响	燃油敲击声：气门关闭不严、有裂纹等
		机械敲击声：活塞组件故障、缸套严重磨损、拉缸、气门头断等
		主轴瓦或连杆轴瓦磨损、松动等
		发动机固定螺丝松动，造成发动机异常振动
		发动机与发电机吻合部位故障，造成发动机异常振动
9	柴油机无法启动	蓄电池蓄电不足或启动电路接触不良
		启动机本身有故障
		柴油机内部机械部分有卡滞处 启动机齿轮与飞轮齿圈卡滞
10	发动机机油压力高	轴瓦间隙过小，管路堵塞，安全阀、溢流阀、调压阀等失效导致系统压力过高
		机油黏度高、流动性差导致润滑系统压力高
		机油过多
		系统温度过低
11	水箱返水	冷却液温度过高、冷却系统进入压缩气、补水管不畅通、冷却系统窜气管路堵塞等

三、底盘常见故障（表 12–11）

表 12–11 底盘常见故障

序号	故障表现	故障原因
1	前轮运行时有异常，振动加剧	前轮内轴承严重磨损，碎裂
		前油气弹簧出故障
2	后轮运行时有异常响声，振动加剧	后轮毂内大轴承损坏
		后油气弹簧出故障
3	制动效果不良或制动失灵	摩擦片或制动片磨损超过极限值
		制动油压压力太低
		活塞卡滞
		制动油路有空气
		制动钳油腔漏油
		制动不缓解或缓解迟缓
		油压未释放
4	转向沉重	动力转向液压系统故障：油箱缺油、液压系统有空气、油泵的故障造成供油压力不足、溢流阀磨损或卡住使系统压力不足回油多、分配阀阀芯磨损引起内泄漏过多、转向缸密封元件磨损内泄漏严重、过滤器堵塞或管路不畅
		转向装置零部件配合间隙过小或活动关节润滑不良，在转向过程中摩擦阻力矩增加
		零件变形或前轮定位不正确，如转向缸活塞杆弯曲、前轴变形等
		轮胎充气压力不足使转向阻力矩增加
5	举升慢	油箱缺油
		油泵故障
		举升阀故障
		分配阀阀芯磨损引起内泄
6	前轮摆振（摆头）	液压系统有空气，当转向轮所受外力通过连杆传至转向缸时，使缸内空气被压缩，活塞产生位移，在外力消失后，缸内被压缩的气体膨胀
		分配阀中弹簧弹力弱或损坏，阀芯不能保证中间位置，若路面凹凸不平，汽车在行驶中前轮振动，使阀芯轴向窜动，在转向缸中造成压差，出现自行加力转向情况
		转向装置零部件由于磨损引起配合间隙过大、轴承松动等
		前轮定位不准确

表12-11(续)

序号	故障表现	故障原因
7	液压系统油温高	作业环境温度过高、液压油箱散热不良
		系统压力调整不当
		油品选择不当
		油脂污染严重，双联泵泵芯磨损严重或烧坏导致油温过高
		液压油箱内油位过低
		液压系统混入空气
		液压系统滤油器堵塞
		液压系统执行元件磨损
8	不落斗或不举斗	举升手柄坏
		通向操纵分配阀控制油管堵塞
		举升分配阀阀芯卡住
		举升分配阀油缸密封环损坏

四、电气系统常见故障（表12-12）

表12-12　电气系统常见故障

序号	故障表现	故障原因
1	发电机不发电	皮带松动打滑
		励磁线失电
		电压调节器损坏
		小发电机损坏
2	电动轮自卸车没有电制动	制动接触器不吸合；制动信号隔离放大器故障
		无制动励磁电流，制动励磁回路接触不良，励磁接触器接触不好
		微机箱故障
3	电瓶电压充电不稳	电瓶缺电解液或断格
		励磁机充电系统接线接触不良
		励磁机充电缺相

第十三章　矿用自卸车运输作业典型事　故　案　例

【事故案例一】重型卡车碾压皮卡车运输事故

（一）事故经过

2018 年 9 月 21 日，某露天矿正常生产作业。7 时 30 分左右，矿里组织召开区段调度会，会上没有安排调整排土场的工作。防排段职工班前会后，班长李某某和白班班长朱某带领 11 名工人入坑从事看守水泵、防灭火巡视、敷设排水管路工作。8 时 35 分，生产技术部技术员张某某电话通知工务段排土场协管员孙某某等到 640 排土场放点（确定排土范围和地点），孙某某驾车，工务段副段长盖某某和工务段安全员刘某某同车到达现场。到达排土场后，张某某和生产技术部其他两名技术员共同在 640 排土场放点，放点工作结束后，生产技术部 3 名技术员开车到 625 水平交叉路口北侧等待生产技术部部长李某某开展其他工作。盖某某、孙某某、刘某某到达 625 水平交叉路口处，盖某某安排孙某某调动推土机扩大安全挡墙开口，以便 220 t 载重卡车到 640 排土场排土。

9 时左右，工务段推土机司机李某某接到孙某某对讲机通知。9 时 30 分，李某某将推土机开到 625 水平，准备将安全挡墙开口扩大。盖某某指挥李某某驾驶推土机将主运输道路和辅助运输道路两侧安全挡墙的开口由 3 m 扩大到 29 m。开口作业过程中，盖某某、孙某某和刘某某在场监护。10 时 10 分，安全挡墙扩口和修整开口至 640 排土场道路作业完成。盖某某安排孙某某通过对讲机和电话两次通知运输段孙某调动车辆向 640 排土场排土。10 时 32 分，孙某使用对讲机通知当班组长永某，调 5 辆 220 t 载重卡车往 640 排土场排土，至事故发生前已排土 9 车。

11 时 30 分，生产技术部李某某驾驶 7 号皮卡指挥车搭乘朱某、王某某、包某某、张某某 4 人一同从坑下南部东帮沿辅路升坑吃午餐。11 时 39 分，行至 625 平盘交叉路口时，遭到从主运输道右转前往 640 排土场卸载的孙某某驾驶的 2228 号 220 t 排土卡车碾压。事故发生后，在主运输道上行驶的 2209 号运煤卡车行至交叉口附近时，司机发现皮卡车被碾压，立即向露天矿调度室进行了汇报。

救援过程中由于现场皮卡车驾驶室被压扁，使用了两台装载机，采取吊拽皮卡车车棚等措施救出伤者张某某，将其紧急送往海拉尔区人民医院救治。同时，公司救护队使用破拆工具拆除变形的车棚，将朱某、李某某、王某某、包某某 4 人救出，经现场医务人员确认，4 人已死亡。

（二）事故原因

1. 直接原因

李某某驾驶的 7 号皮卡指挥车通过 625 平盘交叉路口时，没有按照《煤矿安全规程》第五百六十六条第一款的规定减速让行右转弯行驶的 2228 号卡车，抢行通过路口，由于 2228 号卡车存在视觉盲区（该车右侧盲区 53 m，前方盲区 15 m），也没有发现正在右侧辅路上同向行驶的 7 号皮卡指挥车，导致事故发生。

2. 间接原因

（1）现场管理不到位。625 平盘交叉口安全挡墙开口扩大未执行《露天煤矿安全挡墙管理办法》中的“如需在安全挡墙上开口，必须填写‘露天煤矿安全挡墙开口审批单’”的规定，工务段现场领导擅自安排推土机司机扩大安全挡墙开口且未采取设置警示桶等安全措施，在不具备安全通车的情况下调动大型载重车辆通行。

（2）《生产计划管理制度》执行不到位。该制度第六条第（三）项中“生产过程及其他因素改变导致计划无法实施时，应及时变更并审批”，在计划确定的 580 排土场不能满足排土需要转移到 640 排土场前未及时变更并审批，矿生产技术部编制的“作业调整通知书”未审批，工务段未编制“作业指导书”。

（3）安全教育不到位。职工安全意识不强，不认真执行《煤矿安全规程》及煤矿安全管理的相关规定。

（4）露天矿生产调度统一协调指挥机制存在漏洞，使得工务段负责排土场现场管理的人员能随意指挥调度运输段大型自卸车。

（5）露天矿按照上级要求，增加了煤炭产量，造成土方剥离量增加，使原计划的 580 排土场不能满足排土需要，变更排土场没有履行相关审批手续。

（三）防范措施

（1）强化现场安全管理，加强对指挥车辆驾驶员的考核管理。所有车辆在通过交叉路口前必须提前减速慢行、鸣笛。交叉路口支线两侧设置并保持减速带。主运输道路与辅助道路交叉路口应设专人看守；道路安全挡墙开口、运输路线改线必须执行报告、审批、验收、告知、培训等手续，否则严禁开口、改线。全面开展露天煤矿各运输道路安全警示标志检查工作。

（2）进一步强化技术管理。变更生产计划、调整排土场等工作必须提前规划，编制安全设计并履行审批手续。

（3）加强对职工安全教育，提高职工安全生产意识。煤矿职工在生产作业时，要严格遵守安全生产的法律法规和规章制度，杜绝“三违”行为，自觉抵制和纠正违章指挥和违章作业行为。

（4）确保煤矿调度对现场的集中统一指挥工作，制定完善相关规章制度并认真执行。

（5）该露天矿作为东北地区保证冬季用煤重点煤矿企业，在核定生产能力许可的范围内增加产量要提前做好规划，合理安排采剥和生产进度，制定相关的安全技术措施，并认真贯彻执行。

【事故案例二】煤矿承包方自卸车运输事故

（一）事故经过

2012 年 6 月 25 日 9 时许，某公司项目部侯某某驾驶的 14 号自卸车在排土场卸完土后准备返回露天坑装车地点，车辆行驶到运输线下坡段距丁字路口 80 m 处，侯某某心脏病突发（根据法医鉴定）失去车辆驾驶能力，造成车辆失控，致使车辆沿下坡高速下滑，到达丁字路口处窜入重车道，先与满载上行的另一公司邢某某驾驶的 21066 号自卸车相撞，随后又与薛某驾驶的正在对 21066 超车的 21005 号满载自卸车相撞，将邢某某和薛某撞伤死亡，侯某某甩出车外，最终造成三名驾驶员死亡。

（二）事故原因

1. 直接原因

司机侯某某驾驶自卸车行驶到运输线下坡段距丁字路口 80 m 处，心脏病突发（根据法医鉴定）失去车辆驾驶能力，造成车辆失控、超速下滑，到达丁字路口处直线窜入重车道，与满载上行的邢某某驾驶的 21066 号重型自卸车和薛某驾驶的 21005 号重型自卸车先后相撞，造成三名驾驶员死亡。

2. 间接原因

（1）侯某某驾驶车辆时没有系安全带。

（2）21005 号自卸车重车对同为满载重车的 21066 号自卸车违章超车时被撞，造成事故扩大。

（3）发生事故路段车辆行车间距过小，安全行车距离不够。

（4）现场缺乏有效的安全监督、检查、管理。

（三）防范措施

（1）煤矿企业及施工单位对从业人员入矿要严格把关，做好体检及病史排查工作，杜绝不适合煤矿工作岗位的病症人员上岗作业。

（2）加强安全管理，提高驾驶员安全意识，必须强制执行驾驶车辆系安全带的措施。

（3）煤矿企业及施工单位要加强现场安全管理，严厉惩处违章超车及行车安全距离不够的行为，杜绝行车安全隐患。

（4）必须按有关规定对矿用自卸车进行检测检验。

（5）加强外用工的入矿培训及教育，提高员工遵章守纪的自觉性。

【事故案例三】矿用卡车洗车保养机械伤人事故

（一）事故经过

2019 年 4 月 1 日 15 时 30 分，某公司设备检修中心发生一起机械伤人事故，造成 1 人死亡。事故直接经济损失 115 万元。

2019 年 4 月 1 日 15 时许，运行一班班长白某某接到调度设备维修中心调度指令，要求给 28 号 803E 卡车洗车保养。15 时 20 分左右运行一班班长白某某将卡车引导至三期洗车间门口后，由设备维修中心人员指挥卡车进入洗车间。张某某清洗卡车过程中，将车厢举起。卡车司机刘某某配合其作业。15 时 30 分左右，张某某清洗完卡车后，示意刘某某落下卡车厢斗。随后，张某某站在电阻栅平台上，将水枪递至地面，卡车司机刘某某从卡车平台右前角走入驾驶室操作举升浮柄，落下厢斗。此时，张某某抬头看了看正在下降的车厢后，将上身探出平台护栏，继续收水袋。15 时 31 分，厢斗全部降下，张某某被厢斗砸伤并压住，15 时 35 分左右，洗车工靳某某在车下发现有血迹，并大声呼唤。正在清理驾驶的刘某某走出驾驶室，发现张某某被压在车厢护栏之间，马上返回驾驶室举起厢斗，并立即通过对讲机向白某某汇报，15 时 55 分，医生到达进行急救，经医生现场确认，张某某死亡。

（二）事故原因

1. 直接原因

卡车维修工张某某违章作业，清洗卡车结束后，未安全站位，被卡车平台护栏上方下落的厢斗挤压，导致事故发生。

2. 间接原因

（1）司机刘某某安全互保意识不强，放厢操作前未对张某某是否安全站位进行确认即落厢，致使张某某被挤压死亡。

（2）设备检修安全操作规程等规章制度缺乏针对性和可操作性，未明确对卡车维修举落厢斗前的安全确认。

（3）现场安全管理有漏洞，洗车时工人单人作业，现场无安全监护人员，卡车厢斗未挂安全缆绳，违规行为未被发现并制止。

（4）设备维修中心安全培训教育不到位，作业人员安全意识、自保互保意识淡薄，危险源识别能力不强，现场作业未能杜绝违章行为。

（三）整改措施

（1）修改、完善各项安全管理制度，提高安全措施、操作规程的针对性和可操作性，并向从业人员重新贯彻。

（2）加强卡车等大型设备检修工作的安全管理，重新贯彻各检修工种安全管理规定，认真做好检修期间的安全确认工作，严格执行现场检修双人作业制度。

（3）加强对联合作业场所的安全监督管理，提高职工安全意识和自保互保意识。

（4）认真开展事故隐患排查、自查自纠工作，做好安全风险管控和危险源辨识双重预防管理工作，将隐患排查治理贯穿生产、维修等作业的各个环节、各个区域。

（5）强化岗位责任制度的落实，切实落实企业安全生产主体责任，在安全教育和安全管理的实际效果上下功夫，促使从业人员认真履行岗位职责，严格按章作业。

（6）企业要认真吸取事故教训，举一反三，进一步强化从业人员安全意识、安全行为教育，有效遏制“三违”现象的发生。

带式输送机运输作业部分

第十四章　带式输送机运输作业安全技术基础知识

第一节　露天开采工艺介绍

固体矿物露天开采工艺根据开采过程中物料流是否连续可分为间断式开采工艺（亦称周期式开采工艺）、连续式开采工艺、半连续开采工艺三大类。

各开采工艺及选用设备见表14-1。

表14-1　各开采工艺及选用设备

露天开采工艺分类		采用设备
间断工艺	独立式	1. 单斗挖掘机+铁路运输+推土犁（挖掘机） 2. 单斗挖掘机+汽车+推土机 3. 单斗挖掘机+联合运输（汽车+铁道；汽车+箕斗；汽车+溜井平硐+排土设备）
	合并式	1. 单斗挖掘机倒堆 2. 拖拉铲运机开采
连续工艺	独立式	1. 多斗挖掘机+输送带+排土机 2. 水枪+水力运输+水力排土 3. 挖泥船+水力运输+水力排土
	合并式	1. 多斗挖掘机+运输排土桥 2. 带排土臂的轮斗挖掘机
半连续工艺	独立式	1. 单斗挖掘机+汽车+半固定破碎站+输送带 2. 单斗挖掘机+移动带式输送机+输送带 3. 多斗挖掘机+汽车或铁路 4. 上述间断/连续工艺的不同组合

一、间断式开采工艺

主要指开采作业的主要环节采掘、运输、排卸过程中物料分别由不同的设备完成。典型代表工艺有单斗铲/汽车工艺（采掘由单斗铲完成，运输由载重汽车完成，废弃岩石排卸主要由推土机完成，矿石进入贮矿场），以及单斗铲/铁道工艺（采掘由单斗铲完成，运输由铁道车辆完成，废弃岩石排卸主要由推土犁或挖掘机完成，矿石进入储矿场）。

二、连续式开采工艺

主要指作业环节之间物料流保持不间断运行，典型代表工艺有轮斗铲/带式输送机/排土机，以及链斗挖掘机/带式输送机等。

三、半连续开采工艺

半连续开采工艺的主要特点是某些作业环节物料流连续，某些作业环节物料流不连续，典型代表工艺有：

（1）采掘作业环节由单斗铲完成，而运输及排卸环节由带式输送机完成。

（2）采掘作业由连续开采设备如轮斗挖掘机完成，运输及排卸由汽车或铁道车辆完成。

广泛应用的半连续开采工艺系统主要由单斗挖掘机采装，经过筛分或破碎设备将物料转运到带式输送机上，然后运达指定地点进行卸载。

三十多年来，露天矿坑内主要运输设备是矿用汽车，其载重量一般在二十吨至三百余吨。随着露天矿采深不断加大，采掘、运输设备的规格不断提高，露天矿的运输距离也不断增大。但是，汽车运输的合理运距一般在 2~4 km，超过这个距离之后，汽车运输的成本急剧上升。

露天开采的特点是除了开采有用矿石之外，还要剥离覆盖在矿石之上的大量废弃岩石。一般情况下，根据矿石赋存状态的不同，每开采一吨有用矿石，平均要剥离 2~6 m^3 或更多的岩石。一个年产矿石千万吨级的露天矿，每年采剥矿岩总量就会达到 20.0~60.0 Mm^3，运输费用占矿石总成本的 1/2~2/3。为了降低露天矿山的运输成本，人们在现有运输设备的基础上，不断寻求运用经济高效的、能够适应大规模矿山开采的运输设备——带式输送机。

为了提高半连续工艺系统的使用效益，我国大型及以上露天煤矿需要重点解决以下问题：

（1）带式输送机的移设问题。设于采场外部的带式输送机，移设周期和移设时间都应尽可能缩短，以减少对矿山正常生产的影响。对于汽车运距超过合理范围时，带式输送机需要进入采场，此时应尽可能实现自移式。因此，需要加快大型自移式带式输送机（能力大于 1500 t/h）的研制工作。

（2）带式输送机与内排土汽车平面交叉的相互干扰问题。自移式带式输送机在采场内部工作造成外运带式输送机与内排土汽车平面交叉，进而影响汽车的内排运距。因此，需要寻求切实可行的外运带式输送机平面和立面布局或将煤炭直接运往地面，尽可能减少与内排作业的相互干扰。

（3）需要加紧研制大能力、高倾角带式输送机，减少普通带式输送机设置造成的输送机道占用内排空间，影响内排容量问题。

我国露天煤矿煤层的开采主要采用半连续开采工艺这种开采方式；在某些软岩矿山，还存在对剥离物进行运输的可能性（元宝山露天矿、扎哈淖尔露天矿等）。

对于正在使用半连续开采工艺系统的露天煤矿，应该积累数据，例如记录带式输送机的移设时间、移设成本、移设方式等；大型矿用汽车运输成本与运输距离的关系，油耗与运距的关系，油耗与提升高程的关系等；带式输送机的起步合理运量，移设时间与成本，综合运输成本等。

当露天矿矿山工程发展到可实现内部排土时，则需将原设置的带式输送机系统重新拆铺，这会对露天矿生产造成一定影响。为了消除由此带来的影响，表土剥离半连续工艺系统的设置时间也可从内排土场建立之后开始。无论是从矿建初期开始设置还是从内排时期开始设置，电铲与带式输送机间可以有不同的配置方式，即在工作面上设置移动式破碎转载站或在端帮配置半固定式破碎转载站。若在工作面上配置移动式破碎转载站，则电铲采装的剥离物就可以直接装入转载装置，然后卸入工作面带式输送机。但由于工作面带式输送机需要有相对平整的平面，从而减少了整个系统所能承担的表土剥离量。而若在露天采场的端帮配置半固定式破碎转载站，则工作面仍需配置汽车，即将电铲采掘的表土首先装入汽车，然后由汽车将剥离物运至半固定式破碎转载站，卸入端帮带式输送机运至排土场。这样可使不同台阶、不同部位的表土最大限度地进入带式输送机系统，使半连续工艺系统所承担的表土剥离量增加。

带式输送机系统采用单斗挖掘机配合轮式软岩破碎站组成半连续工艺年运输能力提高的原因主要有以下几个：

（1）单斗挖掘机的纯挖掘时间利用率提高了，不存在“欠车”等问题。

（2）带式输送机系统的年运行时间提高了，不存在配合轮斗挖掘机作业时的频繁维护、检修等造成的时间损失。

（3）带式输送机的断面输送能力得到充分利用，不存在配合轮斗挖掘机作业时出现的调幅、换向造成的空载及断面输送能力利用率不足等问题。

如果露天煤矿两套带式输送机系统全部采用半连续工艺全年做主采作业，轮斗挖掘机只是夏季做辅采，则两套带式输送机系统的年作业能力可以达到59.00 Mm^3，由此可以将每年需要运输的岩土全部运出，带来的经济效益是十分可观的，每年可以创造15886万元的经济效益，10年可获得15.89亿元的经济效益，而替换下来的轮斗挖掘机可做储煤场取料机，也可以停止使用。

露天煤矿采用半连续工艺可以先作为辅采（搭载作业），根据使用情况再决定是否作为主采设备。如果半连续工艺发挥的生产能力确实比轮斗挖掘机大，那么半连续工艺自然就会成为主采设备。

半连续工艺兼具连续和间断工艺的优点，机动灵活、适应性强、运费低、能力大、系统可靠性高。岩土剥离采用半连续工艺，对大冲沟、山头以及基岩接触面部位不便铺设工作面带式输送机的区域，轮式软岩破碎站可以处于某一位置不动，工作面物料采用汽车倒短运输，然后进行二次装载。待工作线推出大冲沟、山头等部位后，再进行正常作业。由此，可以将露天矿所发生的黄土剥离物全部运出。可以最大限度地发挥带式输送机系统的作用，获得更大的经济效益。由此可见，在铺设带式输送机条件下，黄土剥离采用半连续工艺具有非常好的客观条件和现实意义。

第二节　带式输送机专业技术基础知识

带式输送机（Belt Conveyer）是一种摩擦驱动以连续方式运输物料的机械，它可以完成从供料点到卸料点的物料输送。带式输送机可用于水平、倾斜或转弯运输，运行高速、平稳、噪声低，可以上下坡传送，被广泛用于煤矿、码头、冶金、化工等行业。带式输送机是煤矿理想的高效连续运输设备，具有输送能力强、输送距离远、连续输送、结构简单、易于维护等优点，易于实现程序化控制和自动化操作。

带式输送机是一种具有挠性牵引构件的连续输送机，挠性输送带作为物料的承载构件和牵引构件，在水平方向和倾角不大的倾斜方向输送散粒物料，有时也用来输送大批的成件物品。

带式输送的工作原理：靠输送带的摩擦力把散料从一端运送到另一端，输送带的动力由电机提供，经过减速器、双卷筒机构传给输送带。

带式输送的基本构造：作为牵引构件和承载构件的输送带是封闭的，主要支撑在托辊上并且绕过驱动滚筒和张紧装置中的张紧滚筒。驱动滚筒由驱动装置驱动旋转，输送带与驱动滚筒之间靠摩擦进行传动。物料由装载斗装到输送带上，由卸载斗将物料卸下。为了清除黏附在输送带上的物料，在靠近驱动滚筒下边装有清扫器。

输送带在带式输送机中既是承载构件又是牵引构件，所以要求其强度高、延伸率小、挠性好、耐磨性和抗腐蚀性强等。通用带式输送机常用的输送带是橡胶带，钢绳芯带式输送机采用钢绳芯输送带。输送带基本由衬垫层和覆盖层组成。衬垫层是输送带的骨架，承受带的全部拉力，橡胶带的衬垫层由若干层帆布胶合而成。普通橡胶带的衬垫层是棉织物，强度较低，仅为 560 N/cm^2；强力型橡胶带的衬垫层是维尼纶，强度为 1400 N/cm^2。带式输送机实物如图 14-1 所示。

1—改向滚筒；2—传动滚筒；3—托辊架、输送带；4—驱动装置

图 14-1 带式输送机实物

一、驱动装置

驱动装置是带式输送机的动力部分，由安装在驱动架上的电动机、液力偶合器（或 AACM）、减速器（或 CST）、联轴器、制动器、逆止器等组成。

（一）驱动装置分类

按减速机输入、输出轴的位置分成以下两类：

（1）平行轴式。平行轴指的是输入、输出轴的分布形式。输入轴和输出轴平行排布的叫平行轴，常用系列有 ZDY 系列、ZLY 系列、ZSY 系列、ZFY 系列、P 系列、H 系列。平行轴式减速机如图 14-2 所示。

（2）直交轴式。直交轴是输入轴和输出轴成 90°，垂直分布，常用系列有 DBY 系列、DCY 系列、DFY 系列、V 系列、B 系列。另外，单级的蜗轮蜗杆减速器都属于直交轴式。直交轴式减速机如图 14-3 所示。

（二）按驱动装置组成分类

（1）电动机+偶合器+减速器+联轴器组成的驱动装置。驱动装置主要由电动机、液力偶合器、减速器、联轴器、制动器、逆止器等组成，典型结构如图 14-4 所示。

1—输入轴；2—输出轴

图 14-2 平行轴式减速机

1—输入轴；2—输出轴

图 14-3 直交轴式减速机

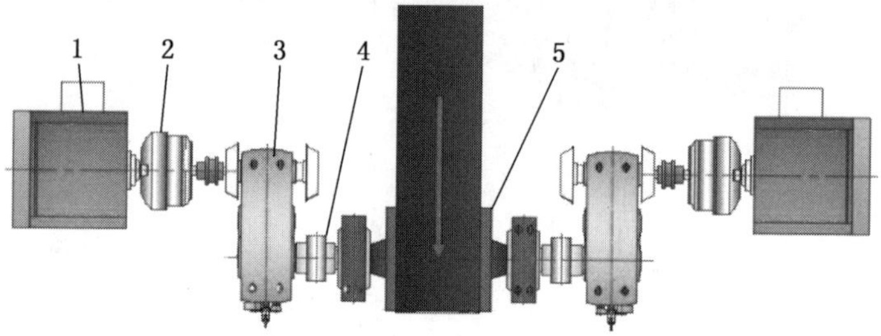

1—电动机；2—偶合器；3—减速机；4—联轴器；5—传动滚筒

图 14-4 电动机+偶合器+减速器+联轴器驱动装置结构图

（2）电动机+可控启动传输（CST）+联轴器组成的驱动装置。驱动装置主要由电动机、可控启动传输（CST）、联轴器等组成，典型结构如图 14-5 所示。

（3）电动机+AACM+减速机+联轴器+制动器+逆止器等组成的驱动装置。驱动装置主要由电动机、AACM、减速机、联轴器、制动器、逆止器等组成，典型结构如图 14-6 所示。

（4）电动滚筒驱动装置。该装置将电动机和减速器共同置于滚筒体内部，属于新型驱动装置，典型结构如图 14-7 所示。

（三）按驱动总成数量分类

（1）单驱。单驱由一套驱动装置组成，驱动装置包括 1 台电动机、1 台偶合器或 AACM、1 台减速机或 CST。单驱带式输送机如图 14-8 所示。

（2）双驱。双驱由两套驱动装置组成，驱动装置包括 2 台电动机、2 台偶合器或 AACM、2 台减速机或 CST。驱动装置的安装有对称或同侧两种安装形式，如图 14-9 所示。

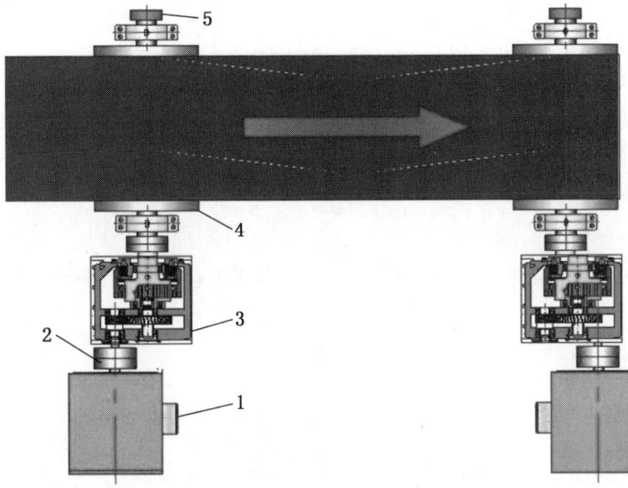

1—电动机；2—联轴器；3—CST；4—传动滚筒

图 14-5　电动机+可控启动传输（CST）+联轴器驱动装置结构图

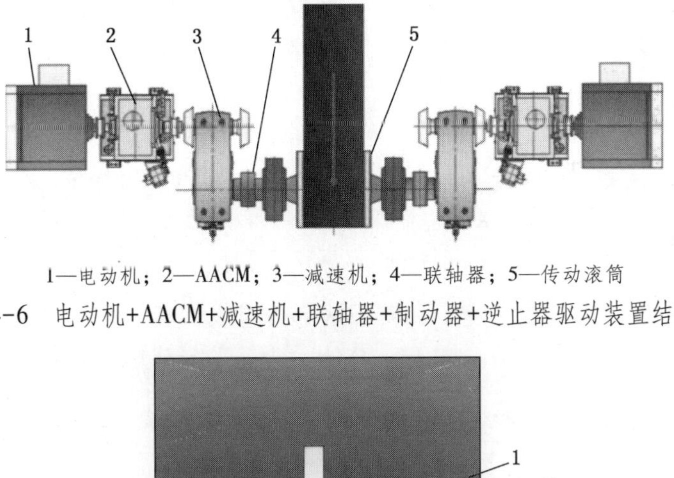

1—电动机；2—AACM；3—减速机；4—联轴器；5—传动滚筒

图 14-6　电动机+AACM+减速机+联轴器+制动器+逆止器驱动装置结构图

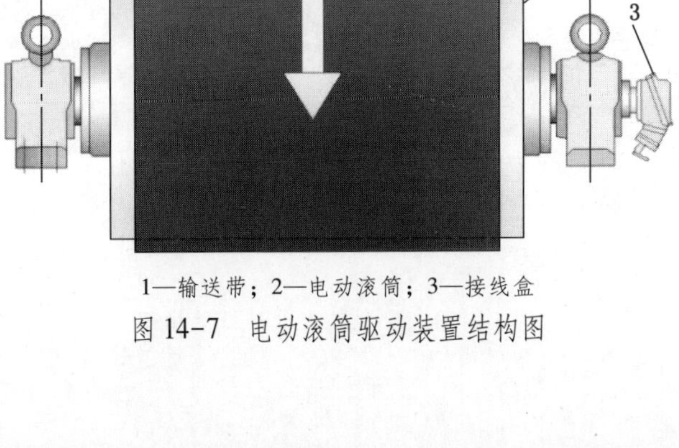

1—输送带；2—电动滚筒；3—接线盒

图 14-7　电动滚筒驱动装置结构图

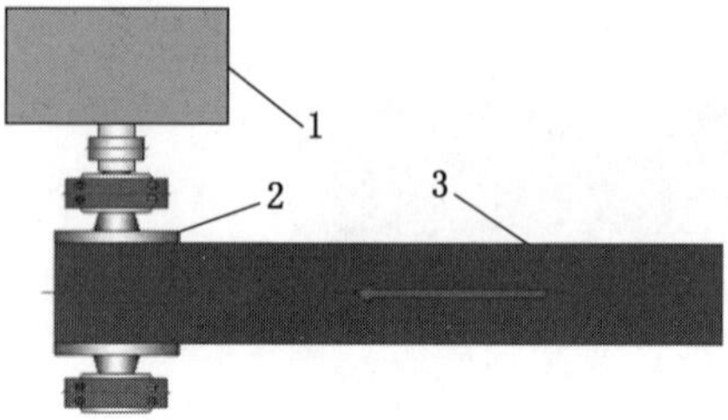

1—驱动装置；2—传动滚筒；3—输送带

图 14-8 单驱带式输送机

（3）多驱。多驱由三套或三套以上驱动装置组成。

二、驱动装置部件

（一）异步电动机

把电能转换成机械能的设备称为电动机，电动机为带式输送机提供动力。地面生产系统常用的电动机是三相异步电动机。

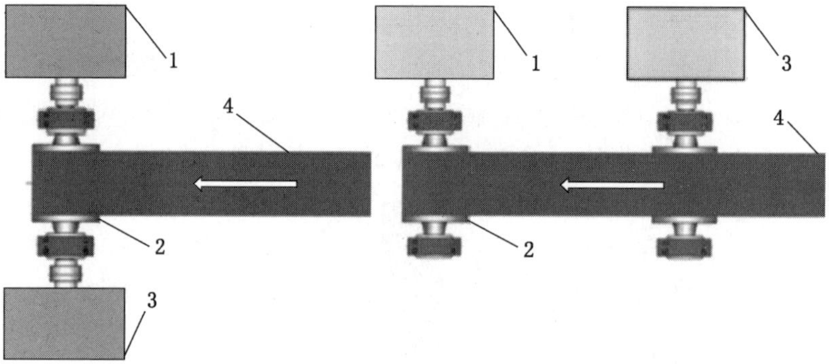

(a) 对称安装 (b) 同侧安装

1—1 号驱动装置；2—传动滚筒；3—2 号驱动装置；4—输送带

图 14-9 双驱带式输送机

三相异步电动机主要由定子和转子两部分组成。转子装在定子腔内，定、转子之间有一缝隙，称为气隙。图 14-10 所示为笼型异步电动机结构。

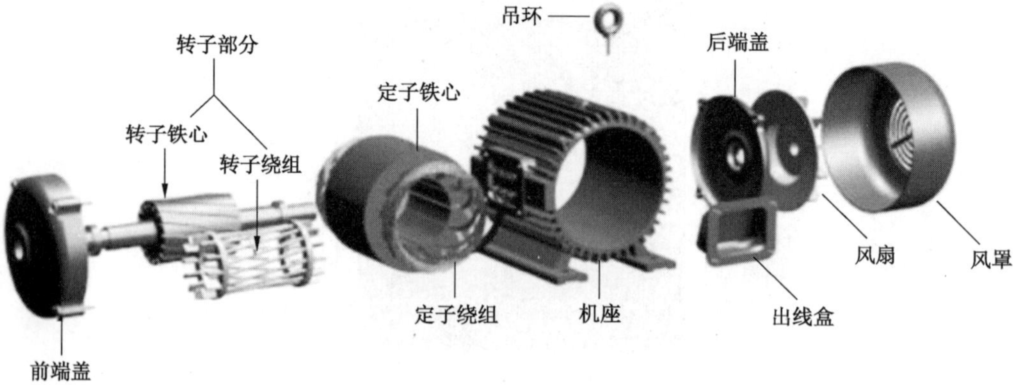

图 14-10 笼型异步电动机结构图

（二）限矩型液力偶合器

液力偶合器有限矩型液力和调速型液力偶合器，按介质不同分为油介质偶合器和水介质偶合器。下面主要介绍限矩型液力偶合器。

1. 限矩型液力偶合器的结构

以液体为工作介质的非刚性联轴器又称液力偶合器，其主要作用是吸收启动过程中的冲击与振动，防止动力过载，延长机械使用寿命。液力偶合器可平稳地改变扭转力矩和角速度。

液力偶合器主要由主动部分和从动部分两部分组成。主动部分主要包括主动联轴器、弹性块、从动联轴器，后辅腔、泵轮、外壳等；从动部分主要包括轴、涡轮等。主动部分与原动机连接，从动部分与工作机连接。液力偶合器通常为外轮传动型，也可根据需要做成内轮传动型。按工作腔数液力偶合器分为单腔、双腔，可以带输送带轮或制动轮。按工作介质分有通常应用场合的油介质液力偶合器和适用于防爆、防燃、防污染特殊场合的水介质液力偶合器。YOX/YOXⅡ/TVA 型偶合器结构如图 14-11 所示。

2. 限矩型液力偶合器工作原理

限矩型液力偶合器的工作腔充有一定的工作油，它能保证主动轴和从动轴间的柔性联结。当泵轮从原动机中得到能量，并使泵轮内的工作油获得泵轮叶片给予的能量后，因离心力的作用，工作油被迫向泵轮外缘流动，从而使工作油的速度和压力增大，这样就把机械能转变为泵轮内工作油的势能和动能。当工作油被迫沿着涡轮叶片间的油道流动时会冲击涡轮叶片，迫使涡轮（连同从动轴）跟着泵轮同向旋转，涡轮把工作油的能量转变成机械能输出，带动从动机械运转。就这样，工作油从泵轮获得能量对涡轮做功，降低能量后，又回到泵轮重新吸收能量，如此循环不断，就实现了泵轮（主动）与涡轮（从动）之间的能量传递。限矩型液力偶合器工作原理如图 14-12 所示。

在多台电动机的传动链中，液力偶合器能均衡各电动机的负荷，减小启动电流以及对电网的冲击电流，从而延长电动机的绝缘寿命。由于液力偶合器可使电动机重载启动，因此液力偶合器的节能效果也非常显著。

（三）可控启动传输装置

可控启动传输装置（AACM）是以液体为介质传递功率的一种液力传动装置，安装在电动机和工作机（如风机、水泵、输送机）之间，可在电动机转速恒定的情况下无级调节工作机的转速，是专门为平滑起动运送大惯性载荷如煤炭或金属矿石的长距离带式输送机设计的。采用 AACM 的主要作用是在启动过程加速阶段降低张力对输送带的不利影响。通过控制启动上升曲线，可减小输送机空载或满载启动时带来的瞬时尖峰张力，从而得到一个满意的动态结果。在一

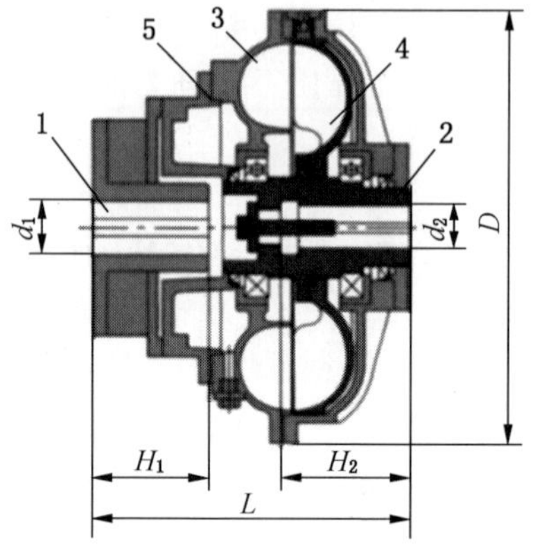

1—输入端；2—输出端；
3—泵轮；4—涡轮；5—外壳

图 14-11　YOX/YOXⅡ/TVA 型偶合器结构图

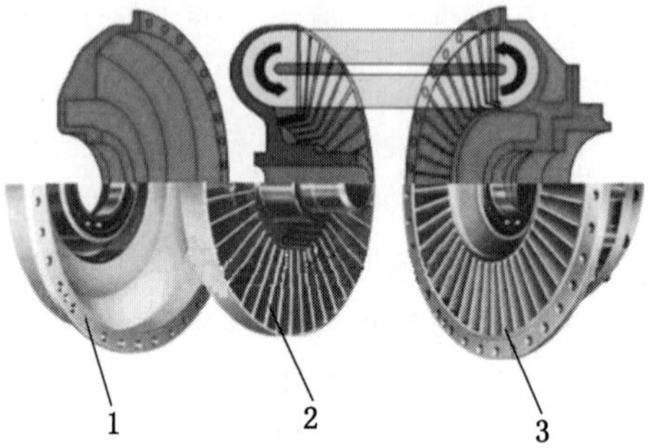

1—外壳；2—涡轮；3—泵轮

注：泵轮和外壳用螺栓连成一体，
涡轮通过轴承固定在泵轮和外壳之间

图 14-12　限矩型液力偶合器工作原理

些超长的带式输送机应用中，通过在启动上升曲线中增加一段缓冲特性来提升起动性能。缓冲特性确保输送机在启动初始阶段逐渐地张紧，输送机各部分单元在正常加速之前处于低速、低启动力矩的运行状态，这降低了输送机的应力作用。

AACM 型号含义说明如下：

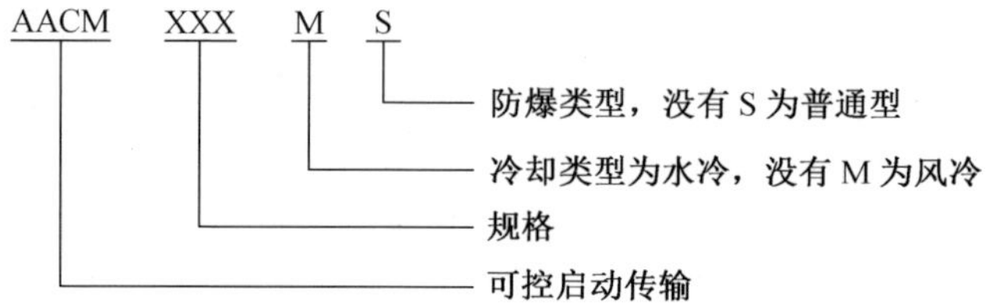

1. AACM 工作原理

AACM 驱动器由泵轮、涡轮、转动外壳、导流管等组成。泵轮和涡轮对称布置，中间保持一定间隙，轮内有几十片径向辐射的叶片。运转时在泵轮与涡轮之间充油，当输入轴带动泵轮旋转时，进入泵轮的油在叶片带动下因离心力作用由泵轮内侧流向外缘，形成高压高速液流冲向涡轮叶片，使涡轮跟随泵轮进行同向旋转，油在涡轮中由外缘流向内侧被迫减压减速，然后流入泵轮。AACM 工作原理示意如图 14-13 所示。

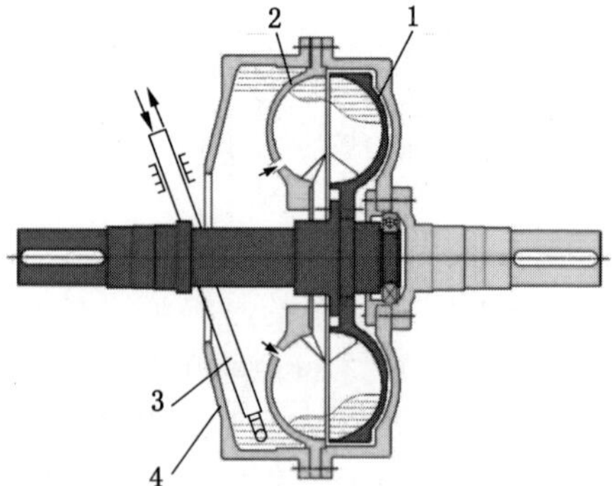

1—涡轮；2—泵轮；3—导流管；4—转动外壳

图 14-13　AACM 工作原理示意图

在这种循环中,泵轮将原动机的机械能转变成油的动能和势能,而涡轮则将油的动能和势能又转变成输出轴的机械能,从而实现能量的柔性传递。转动外壳与泵轮相连,转动外壳腔内放置一根可径向位移的导流管。运转时,腔内的油随转动外壳一起以与泵轮相同的转速旋转,以圆周速度旋转的油环碰到固定不转(只能移动)的导流管头端孔口,动能就变成位能,油环的油即自导流管流出。AACM 驱动器中泵轮与涡轮之间的充油量只能与导流管孔口齐平,只要改变导流管的位置,就能改变 AACM 中的充油度,便可以在原动机转速不变的条件下实现工作机的无级调速。

2. AACM 结构

AACM 结构示意如图 14-14 所示，主要由箱体、泵轮、涡轮、导流管进排油

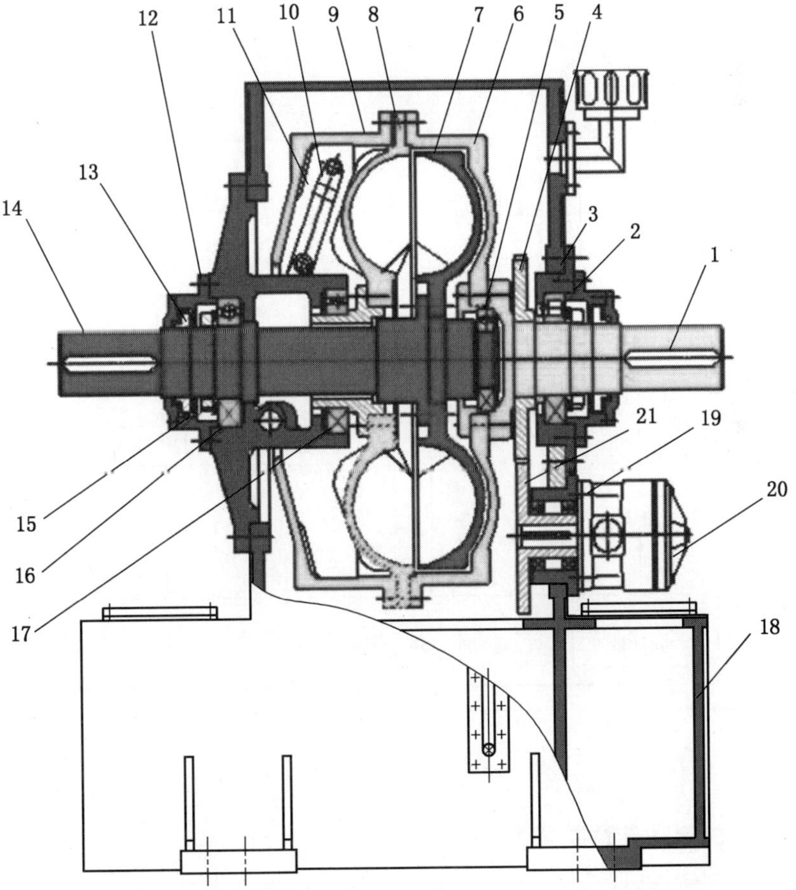

1—泵轮轴；2—单列向心滚子轴承；3—轴承座；4—主动齿轮；5—单列向心球轴承；6—背轮；7—涡轮；8—泵轮；9—外壳；10—导流管装置；11—进、排油腔体；12—轴承端盖；13—测速齿轮；14—涡轮轴；15—圆螺母；16、17、19—单列向心球轴承；18—箱体；20—油泵 CPA3-63；21—从动齿

图 14-14　AACM 结构示意

腔体等组成。泵轮、涡轮和转动外壳均采用高强度铝合金铸成。旋转部件通过泵轮轴和涡轮轴由轴承及箱体支承，全部采用滚动轴承，结构紧凑。箱体上供油泵通过泵轮轴上主动齿轮带动。采用导流管机构实现调速，工作负荷变化将信号传给电动执行器，电动执行器输出臂带动连杆，连杆带动导流管做水平移动，从而改变导流管在转动外壳内的径向位置达到无级调速。采用连杆机构调速比较平稳，导流管随连杆移动到最外侧位置时为最高转速。

进排油腔体设计在一个零件上，导流管装在进排油腔体上，转动外壳内的油通过导流管从排油腔排出，直接进入箱体。

输出轴上装有测速齿轮，输出端盖上装有转速传感器，输出转速通过传感器可在二次仪表上直接显示。

3. AACM 油路循环系统

AACM 油路循环系统如图 14-15 所示。

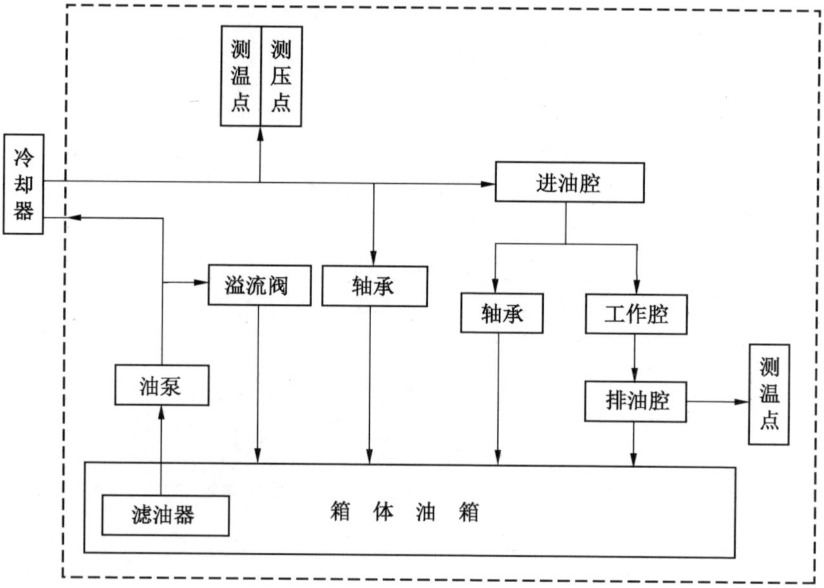

图 14-15 AACM 油路循环系统图

（四）可控启动传输装置

可控启动传输装置（Controlled Start Transmission，CST），是一个由多级齿轮减速器加上湿式离合器及液压控制组成的系统，它是专门为平滑启动运送大惯性载荷如煤炭或金属矿石的长距离输送带运输机而设计的。CST 的输出扭矩是由液压控制系统控制的，随着离合器上所加的液压压力变化。CST 多用在电动机驱动的动力系统中,通过控制其输出轴的转速和扭矩来实现大惯性负载的平滑启动、制动。

1. 型号含义说明

CST 型号含义如下:

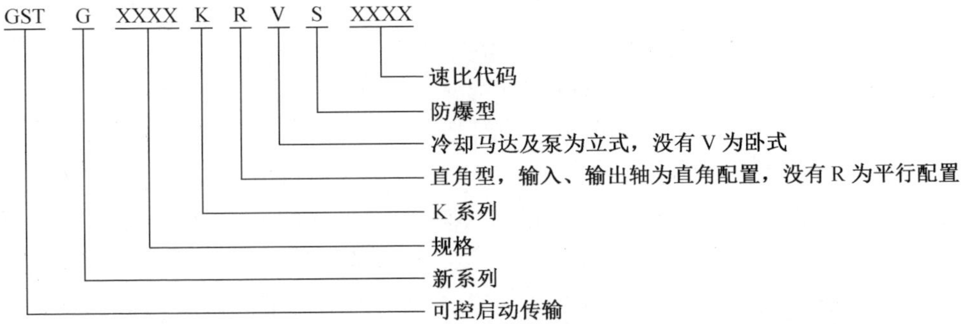

2. CST 工作原理

输入减速齿轮系将电动机的扭矩和速度经第一级减速后传递给行星机构的太阳轮，太阳轮再将速度和扭矩经过行星轮传递到行星架（输出轴）。CST 工作原理如图 14-16 所示。

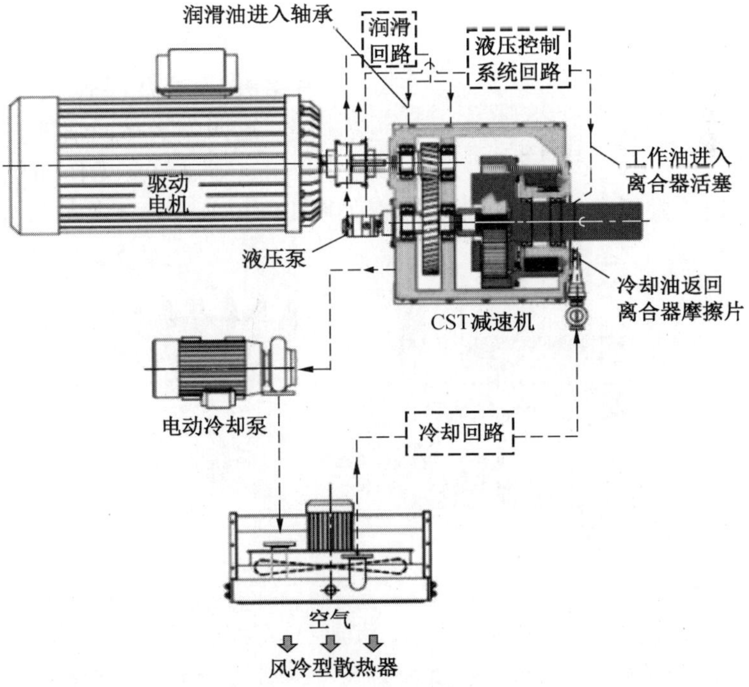

图 14-16　CST 工作原理图

CST两个极端情况下的工况：

（1）当离合器活塞压力为零，行星机构中的内齿圈全速旋转，此时行星架（输出轴）转速为零，此工况可使驱动CST的电动机实现零负载启动。

（2）当离合器活塞压力达到最大设计压力，将摩擦片完全压紧时，行星机构中的内齿圈转速为零，此时行星架（输出轴）转速达到最大，CST完全启动，负载转速达到最大，CST完成了调速使命。此工况下可将CST看作是一台减速机。

CST输出转速在离合器及行星机构的共同作用下被调节。由于输出轴在CST中设计成行星机构的行星架，且行星架转速与行星机构的内齿圈转速成反比，通过调节内齿圈转速从而实现对输出轴转速的调节。调节内齿圈转速可通过调节离合器活塞的油压大小，改变活塞移动行程，从而改变摩擦片组的压紧程度（片于片之间的间隙），被摩擦片动片驱动的内齿圈的转速因此做出相应的改变。

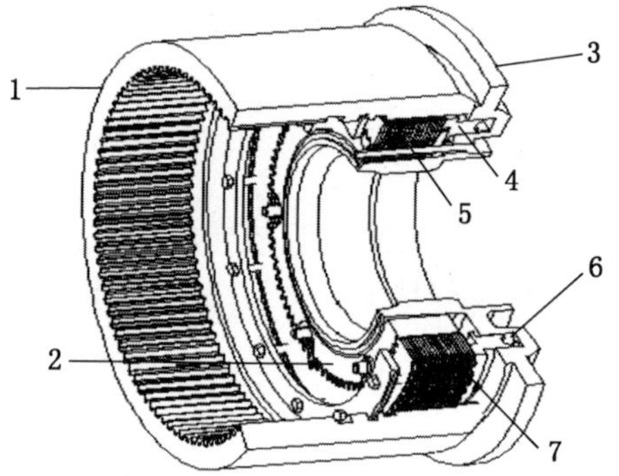

1—离合器齿圈；2—摩擦片静片；3—离合器座；4—环形活塞；5—返回弹簧；6—空腔；7—摩擦片动片

图 14-17 离合器结构示意图

3. 离合器的工作原理

工作油压力推动活塞压紧摩擦片组并压缩返回弹簧；当压力减小，返回弹簧推回活塞，放松摩擦片组，通过改变工作油压力大小来控制摩擦片组压紧程度。离合器结构示意如图14-17所示，工作原理如图14-18所示。

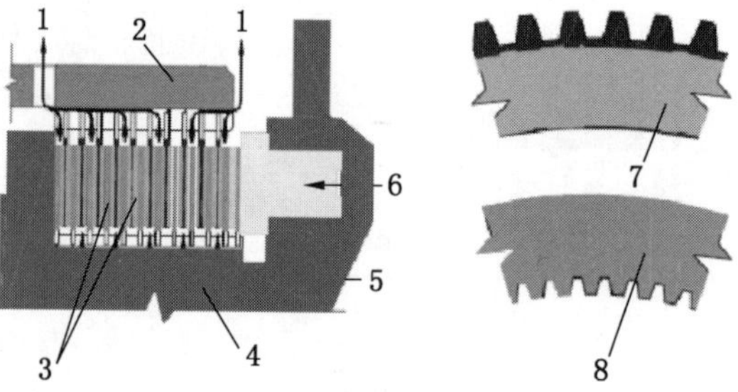

1—冷却油出油；2—齿圈；3—摩擦片；4—与箱体固定的离合器座；5—冷却油进油；6—活塞移动方向；7—摩擦片的动片；8—摩擦片的静片

注：摩擦片静片通过内齿与离合器的座相连；摩擦片动片通过外齿与齿圈相连

图 14-18 离合器工作原理示意图

4. 行星机构及 CST 转速控制原理

行星机构由太阳轮、3 个行星轮、行星架、齿圈组成。行星架与输出轴成一体，3 个行星轮安装在行星架上。行星机构作用：减速，与离合器共同作用以调节输出轴的转速及输出扭矩。

行星轮传动原理如图 14-19 所示。离合器齿圈与行星架齿圈相互啮合，当摩擦片组被压紧时，行星齿圈被固定，太阳轮将运动传递给 3 个行星齿轮，3 个行星轮既自转又绕太阳轮公转，从而带动输出轴达到最大转速。

1—太阳轮；2—行星轮；
3—行星架及输出轴；4—齿圈
图 14-19　行星轮传动原理

当摩擦片组松开时，3 个行星轮带动齿圈自由转动并使齿圈达到最大转速，此时行星轮无法绕太阳轮公转即输出轴转速为零。

当摩擦片部分接合时，齿圈和行星架各自都有旋转，转速互成反比。依据此原理，可改变 CST 工作压力来控制输出轴转速，压力大，齿圈转速慢，输出轴转速快；压力小，齿圈转速快，输出轴转速则慢。CST 转速原理如图 14-20 所示。

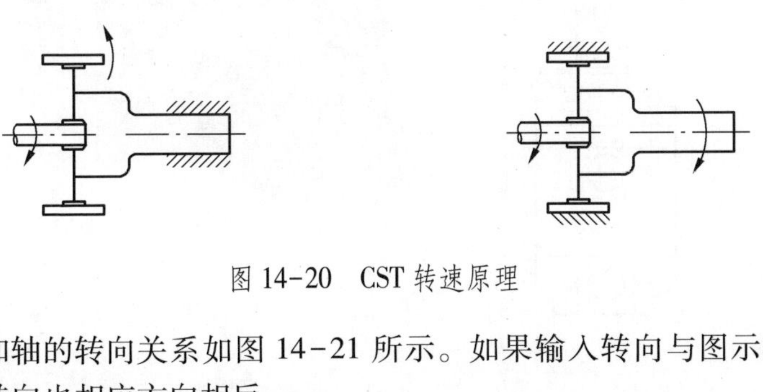

图 14-20　CST 转速原理

行星轮和轴的转向关系如图 14-21 所示。如果输入转向与图示转向相反则其余各轴的转向也相应方向相反。

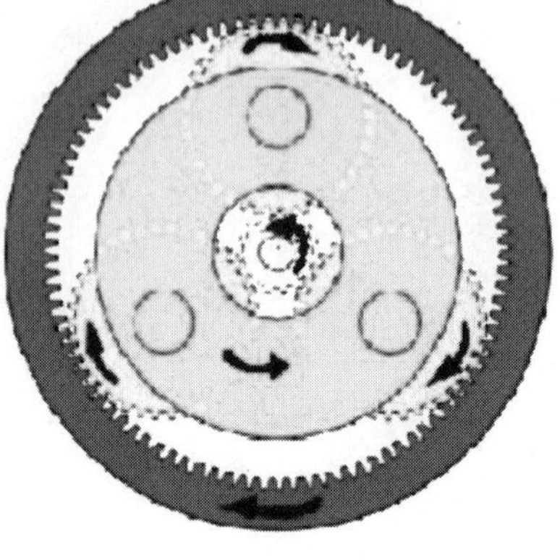

(a) 左视图

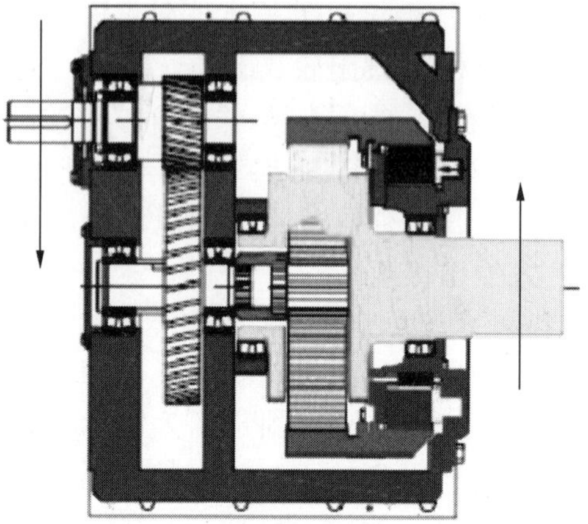

(b) 主视图

图 14-21 行星轮和轴的转向关系

5. CST 液压齿轮泵

CST 液压齿轮泵是双联双向外啮合齿轮泵。双联即两个泵前后串联在一起，共用一个输入轴，但两个泵独立工作互不影响，靠近输入轴的泵通常称作前泵，前泵流量较小，一般将它设为高压泵，为 CST 活塞提供高压控制工作油。远离输入轴的泵称为后泵，其流量较大，将它设为低压泵，为 CST 轴承提供润滑油。CST 液压齿轮泵如图 14-22 所示。

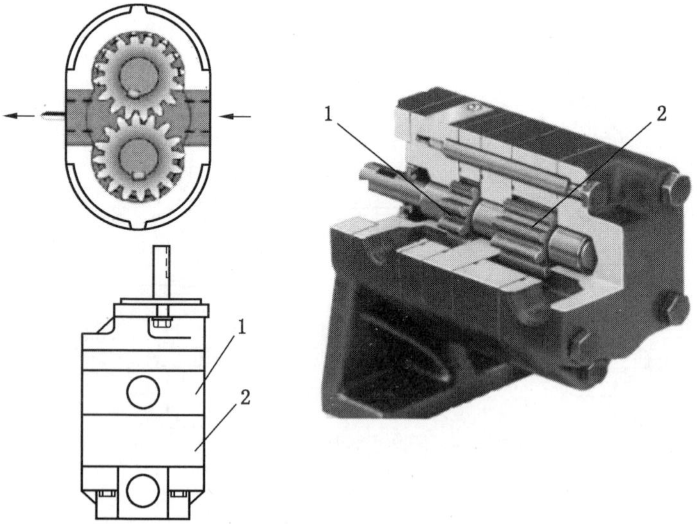

1—前泵；2—后泵

图 14-22 CST 液压齿轮泵

为适应不同的输入转向，液压泵采用双向串联型泵。当 CST 的输入转向改变时，液压泵的输入转向也随之改变，进出油口相应对换。出厂时 CST 一般已根据用户提供的输送机布置图确认了输入轴转向，并据此连接好液压管路，在输入轴上方有明显的转向箭头标记。如在现场安装时需要更改 CST 的输入轴转向，则需相应地改变液压泵输入与输出油口的位置。进出油口与液压泵转向关系如图 14-23 所示。

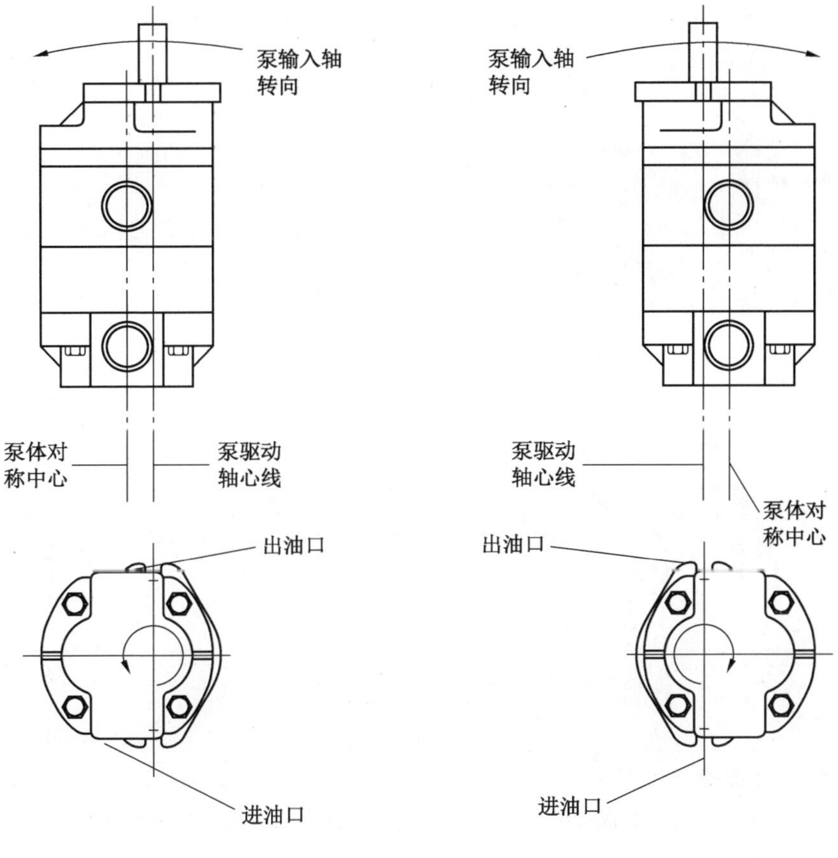

图 14-23　进出油口与液压泵转向关系

具体做法：拧下液压泵的 2 个固定螺栓，将泵绕其驱动轴旋转 180°，涂抹密封胶，按力矩要求拧紧螺栓，再重新接上油管即可。这样可以不必更换管路就能实现液压泵进出油口位置的调换。安装时必须注意齿轮的啮合情况，不允许强行将液压泵装入。

CST 液压泵安装在第二级传动轴的箱体端盖上，由第二级传动轴驱动。为保证流量，对液压泵的输入转速有一定要求。对于速比较大的 CST，第二级的转速低于液压泵所需流量的转速，因此需根据 CST 减速比计算，选用不同速比的增速齿轮来增加液压泵转速，称为齿轮驱动液压泵；对于速比小的 CST，第二级传动轴的转速能够满足液压泵所需流量的转速，因此无须增速齿轮，而直接通过一个弹性联轴器来驱动液压泵，称为直接驱动液压泵。产品出厂时，已经根据 CST 速比确定好液压泵的驱动形式，拆卸液压泵时必须仔细确认。

图 14-24 显示了不同 CST 输入轴转向，液压泵的安装位置及其进出油口方向，所有转向均从输入端看，以此确定逆或顺时针方向。

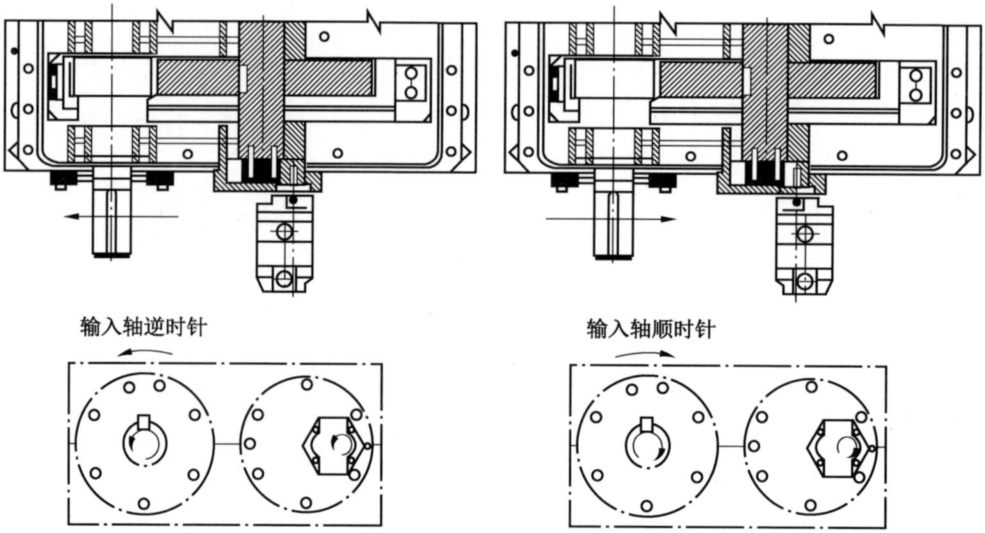

图 14-24 CST 输入轴转向与油泵安装关系

（五）减速器

减速器是一种相对精密的机械，使用它的目的是降低转速，增加转矩，其作用如图 14-25 所示。

减速器的种类繁多，型号各异，不同种类的减速器有不同的用途。按照传动类型可分为齿轮减速器、蜗杆减速器和行星齿轮减速器；按照传动级数不同可分为单级和多级减速器；按照齿轮形状可分为圆柱齿轮减速器、圆锥齿轮减速器和圆锥—圆柱齿轮减速器；按照传动的布置形式又可分为展开式、分流式和同轴式减速器。煤炭加工公司带式输送机主要使用的减速器是圆柱齿轮减速器和圆锥—圆柱齿轮减速器。

1. 圆柱齿轮减速器

一级圆柱齿轮减速器结构如图 14-26 所示，传动简图如图 14-27 所示。

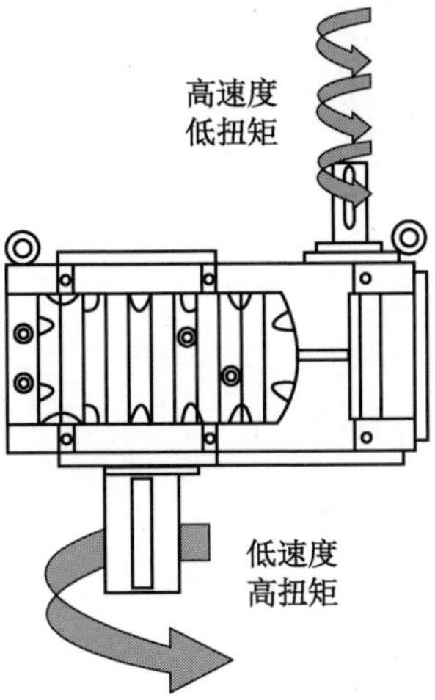

图 14-25　减速器的作用

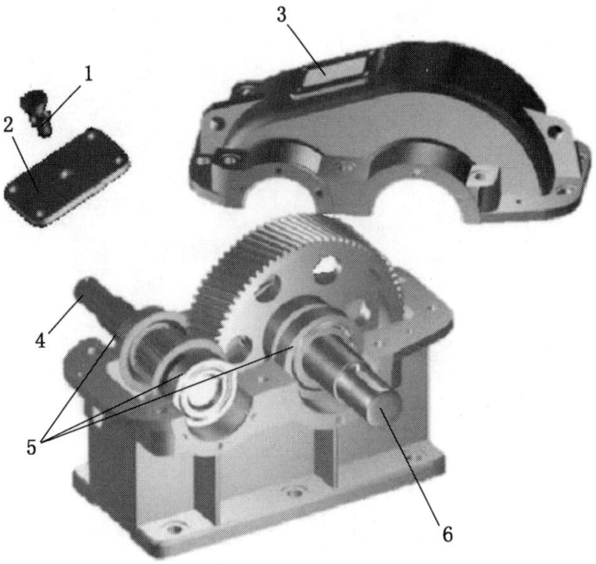

1—通气器（呼吸阀）；2—检查孔盖；3—检查孔；4—高速轴（输入轴）；5—轴承；6—低速轴（输出轴）

图 14-26　一级圆柱齿轮减速器

圆柱齿轮减速器的特点和应用：齿轮可做成直齿、斜齿和人字齿。直齿用于速度较低（$V \leqslant 8$ m/s）、载荷较轻的传动，斜齿轮用于速度较高的传动，人字齿轮用于载荷较重的传动。箱体通常用铸铁做成，单件或小批生产有时采用焊接结构。轴承一般采用滚动轴承，重载或特别高速时采用滑动轴承。

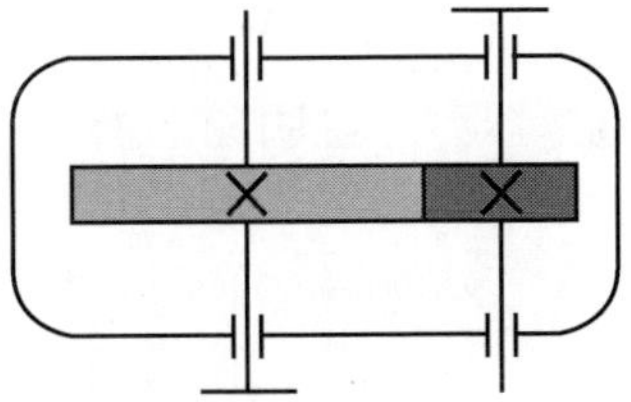

图 14-27　一级圆柱齿轮减速器传动简图

2. 圆锥—圆柱齿轮减速器

二级圆锥—圆柱齿轮减速器结构如图 14-28 所示，传动简图如图 14-29 所示。

圆锥—圆柱齿轮减速器的特点和应用：齿轮可做成直齿、斜齿或曲线齿，用于两轴垂直相交的传动中。由于制造安装复杂、成本高，因此这类减速器仅在传动布置需要时才采用。

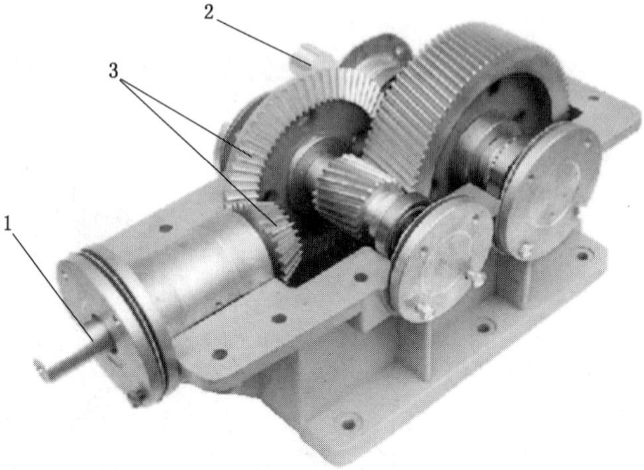

1—高速轴（输入轴）；2—低速轴（输出轴）；3—圆锥齿轮

图 14-28　二级圆锥—圆柱齿轮减速器

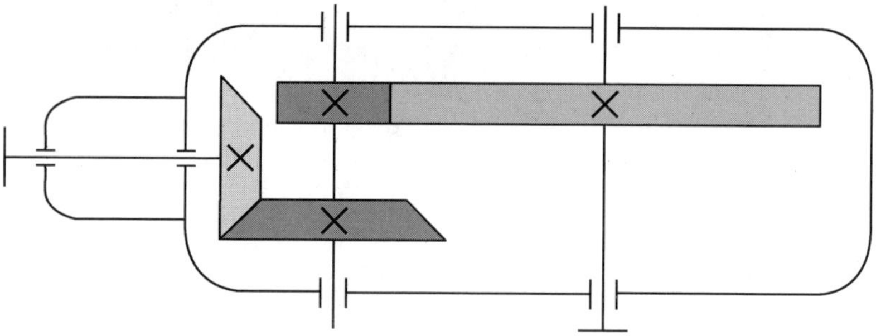

图 14-29　二级圆锥—圆柱齿轮减速器传动简图

减速器型号说明如下：

M 3 R H F 60

- 60：尺寸 10～90
- F：安装形式：
  - F—地脚安装；
  - T—力矩臂安装
- H：低速轴类型：
  - S—实心轴；
  - H—空心轴
- R：减速器设计形式：
  - P—平行轴低速轴水平出轴；
  - PV—平行轴低速轴垂直出轴；
  - R—伞齿低速轴水平出轴；
  - RV—伞齿低速轴垂直出轴
- 3：级数
- M：M 系列

（六）制动器

制动器是具有使运动部件（或运动机械）减速、停止或保持停止状态等功能的装置，是使机械中的运动件停止或减速的机械部件，俗称刹车、闸。制动器主要由支架、制动件和操纵装置等组成。有些制动器还装有制动件间隙的自动调整装置。为了减小制动力矩和结构尺寸，制动器通常装在设备的高速轴上，但对安全性要求较高的大型设备（如矿井提升机、电梯等）则应装在靠近设备工作部分的低速轴上。

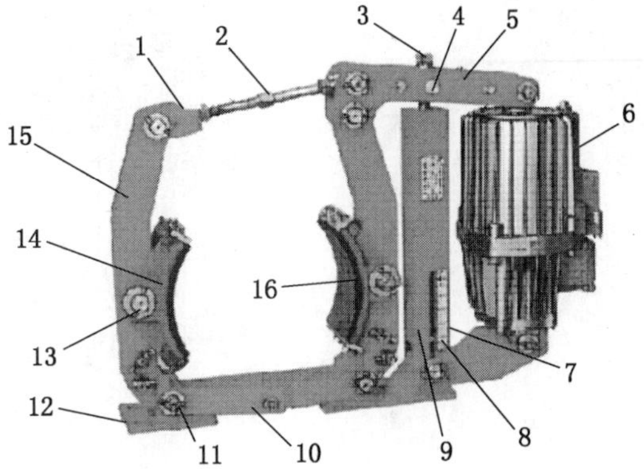

1—旋转接头；2—拉杆调解螺母；3—调节螺钉；4—驱动销；5—杠杆板；6—推动器；7—力矩标尺；8—弹簧管；9—弹簧组建；10—等退距机构；11—底座销；12—底座；13—制动瓦销轴；14—制动瓦套；15—制动臂；16—制动瓦

图 14-30　外抱块式制动器结构

制动器分类如下：

（1）外抱块式制动器。外抱块式制动器靠制动块压紧在制动轮上实现制动。单个制动块对制动轮轴压力大且不匀，故通常多用一对制动块，抵消制动轮轴上制动块的压力。该制动器构造简单可靠，散热好。瓦块有充分和较均匀的退距，调整间隙方便。外抱块式制动器结构如图 14-30 所示。

（2）盘式制动器。盘式制动器又称为碟式制动器，由液压控制，主要零部件有制动盘、制动钳等。制动盘用合金钢制造并固定在轴上，随轴转动。制动钳上的两个摩擦片分别装在制动盘的两侧，通过液压作用，推动摩擦片压向制动盘发生摩擦制动，动作起来就好像用钳子钳住旋转中的盘子，迫使它停下来一样。盘式制动器散热快、质量轻、构造简单、调整方便，特别是高负载时耐高温性能好，制动效果稳定。盘式制动器 3D 图及内部结构如图 14-31 所示。

盘式制动器型号说明（西伯瑞）如下：

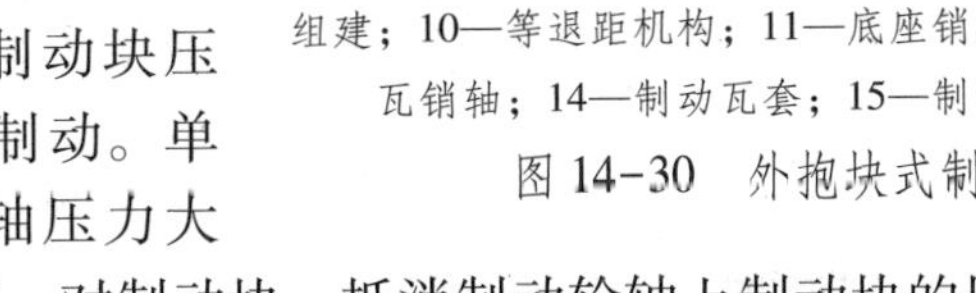

（七）逆止器

倾斜角大于 5°的带式输送机，在其减速机低速轴上或在传动滚筒上装设逆

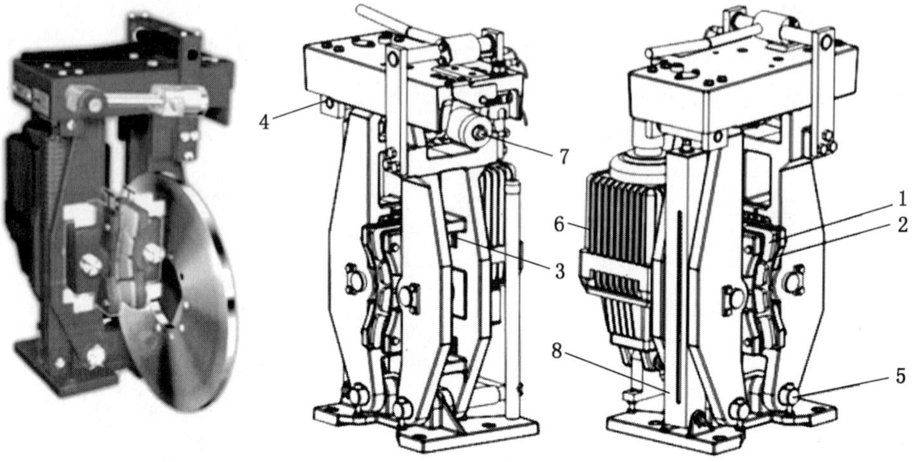

(a) 3D图 (b) 内部结构

1—摩擦片；2—制动靴；3—制动靴夹持弹簧；4—全套轴套；5—全套轴销；
6—推动器；7—摩擦片磨损自动补偿装置；8—弹簧组

图 14-31 盘式制动器3D图及内部结构

止器以防带式输送机反转。在输煤系统中，主要使用的是楔块式逆止器。逆止器3D图如图14-32所示。

图 14-32 逆止器3D图（DSN/NJD）

1. 逆止器工作原理

若干个异形楔块按一定规律分布在逆止器内外圈形成的滚道中，内外圈之间的滚道采用轴承式定位支撑，使逆止器运行平稳。外圈与防转力臂联结，力臂由固定挡铁限位。每个楔块采用两个扭簧，可以保证逆止器受力时的无间隙逆止和每个块的受力同步，在内圈正常转数运行时因楔块的形状独特，使逆止器在力学与扭力的作用下达到超低磨损的效果。当逆止器内圈运行停转之前，楔块在扭簧力的作用下给予逆止器初始力；当输送机因停电或故障停机时，物料的提升重力迫使逆止器内圈反转，从而带动楔块转偏，并将逆止器楔块内圈、外圈紧楔成一体，实现无间隙逆止功能。逆止器工作原理示意如图 14-33 所示。

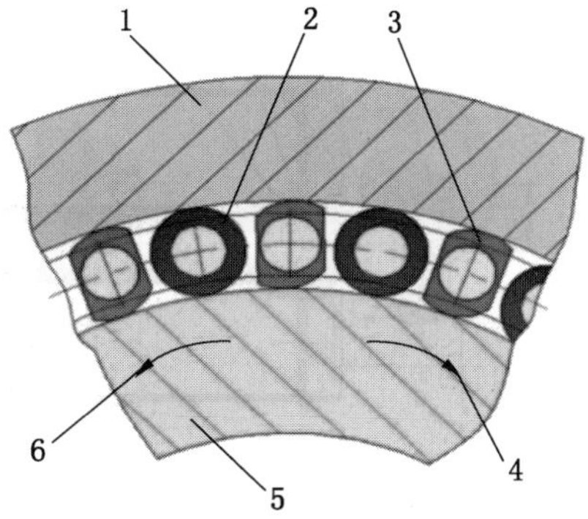

1—外圈；2—圆辊；3—楔块；
4—逆止状态；5—内圈；6—自由旋转状态
图 14-33 逆止器原理示意

2. 逆止器的作用

逆止器能有效地阻止物料因重力而发生的逆行或下滑事故。在逆止状态时，整个传动装置处于卸载状态，不会影响电动机、减速机等传动部件的维修和更换，对因传动系统损坏而出现的逆行事故有可靠的安全防护作用。逆止器用于大型倾斜带式输送机、斗式提升机、刮板输送机的逆止防护。

在当地安全规章允许时，在某些应用中逆止器也可用作备用刹车，但不能作为设备的直接刹车用或其代替品。逆止器在运行过程中会产生一定的热量，应适当通风。逆止器在允许的最高速度下运行时温度可达到 80 ℃，需检查其对主机设备的影响，必要时应采取适当措施。

（八）滚筒

1. 按承载能力分类

根据滚筒的承载不同，可将滚筒分为轻型滚筒、中型滚筒、重型滚筒。轻型滚筒为焊接结构，辐板与筒体、套焊接，轮毂与轴一般采用键连接。中型滚筒和重型滚筒为铸焊结构，辐板与上下连接部分采用整体铸造形式（轮毂），然后与筒体焊接，轮毂部分与轴一般采用胀套连接，根据实际情况滚筒表面覆盖橡胶或陶瓷以增大滚筒与输送带间的摩擦因数。这三种滚筒的结构分别如图 14-34、图 14-35 所示。

2. 按实际应用分类

带式输送机中使用的滚筒有传动滚筒、改向滚筒和电动滚筒。

（1）传动滚筒。传动滚筒是带式输送机传递动力的主要部件，输送带靠其与滚筒之间的摩擦力运行，主要由筒体、轴和轴承座等组成。传动滚筒表面有裸

（2）油冷式电动滚筒。这类电动滚筒也称为间接油冷式电动滚筒。电动滚筒内有一定的冷却油液，由于滚筒体不停地旋转，筒体上刮油板将油液不停地浇到电动机和齿轮上，带走电动机和齿轮工作时产生的热量，把热量传递到滚筒体壁上，加速电动机散热，并对齿轮产生润滑作用。油冷式电动滚筒需要注意的是电动机内部不允许进入油液。

（3）油浸式电动滚筒。油浸式电动滚筒也称直接油冷式电动滚筒，这类电动滚筒允许油液进入电动机内部，直接与电动机转子和定子绕组接触，将它们工作时产生的热量靠滚筒体不断地旋转而传递到滚筒体内壁。这种滚筒结构散热效果较好，但对润滑油和电动机的质量要求也相对较高。在地面系统中常使用的是油浸式电动滚筒。图 14-39 列出了电动滚筒常见参数。

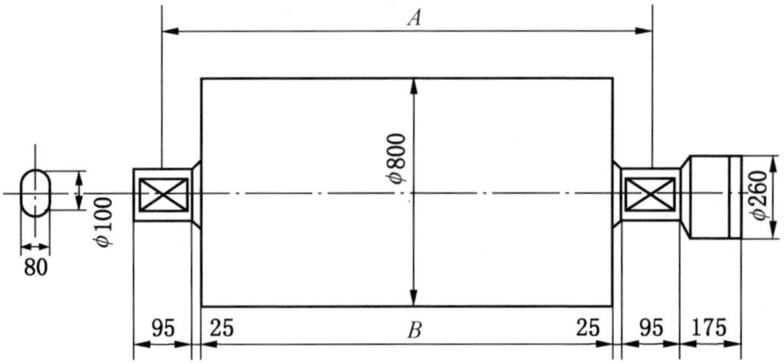

图 14-39 电动滚筒常见参数

4. 按减速器传动结构分类

（1）定轴齿轮传动的电动滚筒。电动滚筒最常用的减速器装置是定轴齿轮传动，而齿轮传动中 95% 以上是定轴渐开线圆柱齿轮传动结构。这类传动结构简单、性能可靠、制造容易、安装维修方便，同时又具有效率高、噪声低的优点。减速器多为两级减速，少数为三级减速。

（2）行星齿轮传动的电动滚筒。这种传动形式与定轴齿轮传动相比，具有体积小、质量轻、承载能力大、工作平稳等优点，但维修不方便。国外的电动滚筒多为这种结构形式。

（3）摆线针轮传动的电动滚筒。除日本外，其他国家的电动滚筒很少使用这种传动结构。这种传动结构的电动滚筒可实现很小的线速度，输出很大功率。

5. 滚筒头部支架及尾部支架

所有滚筒支架（包括头、尾架，图 14-40）全部由型钢和钢板组成三角形刚性结构，采用焊接或螺栓连接，并进行消除焊接应力处理。与滚筒轴承座连接的平面需经过机械加工处理，并保证左右两侧加工平面的平面度不超过 1.5 mm。所有架子必须满足强度和刚度要求以及设备使用和安装的要求，制造误差不得超过相关标准的要求，材质为 Q235A。架体上安装轴承座的两个对应平面应在同一平面上，其平面度及两边轴承座上对应的孔间距偏差和对角线长度之差应符合相关规定。

(a) 头部支架

(b) 尾部支架

图 14-40　滚筒支架

（九）联轴器

机器运转时两轴不能分离，只有机器停车并将联轴器拆开后，两轴才能分离，联轴器的作用就是把两轴连接在一起。常用的联轴器有以下几种：

1. 弹性柱销联轴器

工作时转矩通过两个半联轴器及中间的尼龙柱销传给从动轴。为了防止柱销脱落，在半联轴器的外侧，用螺钉固定挡板。这种联轴器结构简单，制造、安装方便，承载大，吸振好，寿命长；多用于轴向窜动较大、正反转或启动频繁、转速较高的场合。由于尼龙柱销对温度较敏感，工作温度限制在 -20 ~ 70 ℃。弹性柱销联轴器如图 14-41 所示，弹性柱销齿式联轴器如图 14-42 所示。

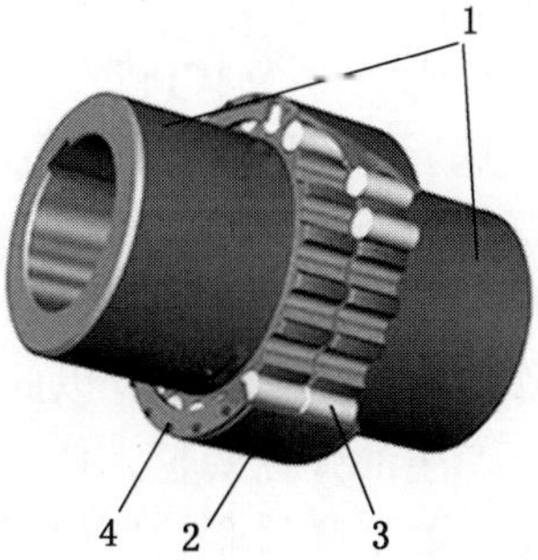

1—半联轴器；2—外壳；
3—弹性柱销；4—挡圈

图 14-41　弹性柱销联轴器

2. 梅花形弹性联轴器

梅花形联轴器是将一个整体的梅花形弹性环装在两个形状相同的半联轴器的凸爪之间，以实现两个半联轴器的连接。凸爪与弹性环之间的挤压传递动力通过

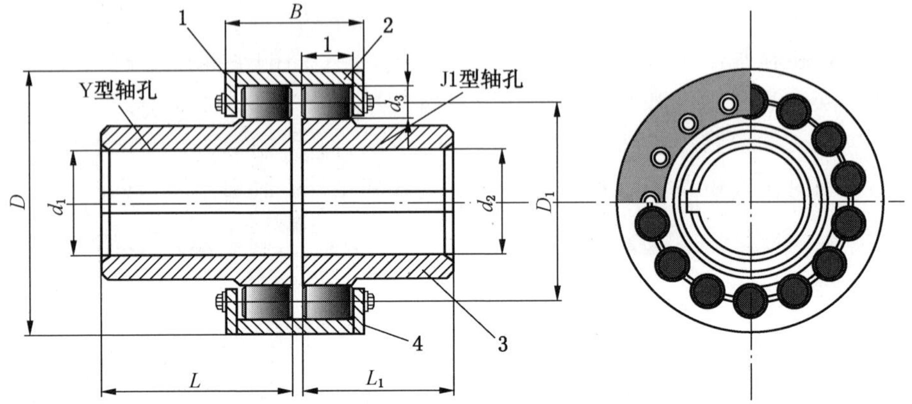

1—挡圈；2—外壳；3—半联轴器；4—弹性柱销

图 14-42　弹性柱销齿式联轴器

弹性环的弹性变形补偿两轴相对偏移，实现减振缓冲。这种联轴器有五种结构形式，分别为基本型（LM 型）、单法兰型（LMD 型）、双法兰型（LMS 型）、分体式制动轮型（LMZ-Ⅰ型）和整全式制动轮型（LNZ-Ⅱ）。每种形式均有 14 个规格，它们适用的轴孔直径为 12~160 mm，轴孔长度为 35~135 mm，公称转矩为 25~25000 N·m，许用转速为 1500~15300 r/min。梅花形弹性联轴器如图 14-43 所示。

3. 蛇形弹簧联轴器

蛇形弹簧联轴器靠蛇形簧片来传递扭矩，蛇形主要由两个半联轴器、两个半外罩、两个密封圈及蛇形弹簧片组成。联轴器的蛇形弹簧片嵌入两个半联轴节的齿槽内，以实现主动轴与从动轴的连接。运转时，靠主动端齿面对蛇形簧片的轴向作用力带动从动端，以此传递扭矩，避免了共振现象的发生。簧片在传递扭矩时所产生的弹性变量，使机械系统能获得较好的减振效果，平均减振率达 36%以上。蛇形弹簧联轴器如图 14-44 所示。

三、承载装置

（一）机架

输送机机架是输送机承载装置的重要组成部分，输送带架构中心线偏斜不大于长度的 0.5‰，全长不超过设计尺寸 20 mm，横向水平误差应不大于宽度的 2‰，托辊支架与架构的连接螺丝必须牢固，不能歪斜。托辊轴头必须紧密地嵌入支架槽口内，不能使其脱出来，相邻托辊的高低不平应不大于 2 mm。以输送

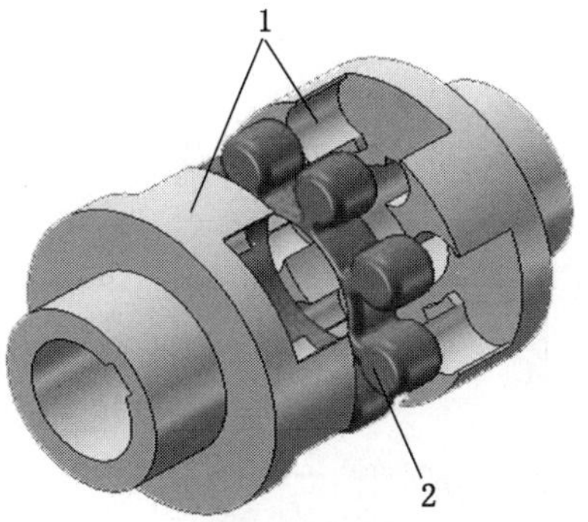

1—半联轴器；2—梅花形弹性元件

图 14-43　梅花形弹性联轴器

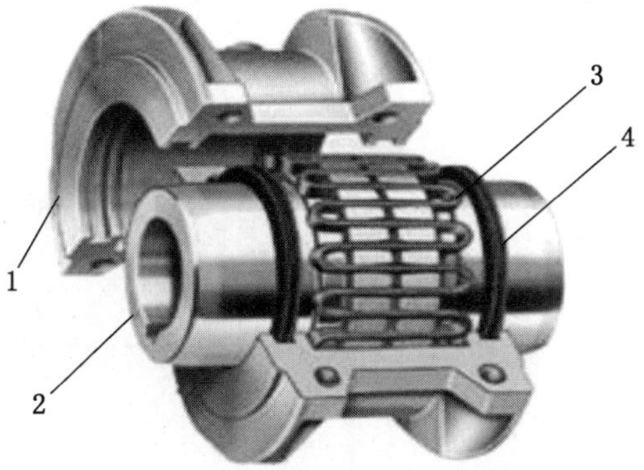

1—壳体；2—半联轴器；3—蛇形弹簧；4—密封圈

图 14-44　蛇形弹簧联轴器

带中心线为准，托辊的偏移不得大于 2 mm。试运要求输送带不跑偏、不撒煤，跑偏度不超过托辊和滚筒的边缘，不得与架构等部分发生摩擦。输送带运行应平稳，振动值不超过 0. 10 mm；无异音，各部螺丝应完整无缺。输送带机架如图 14-45 所示。

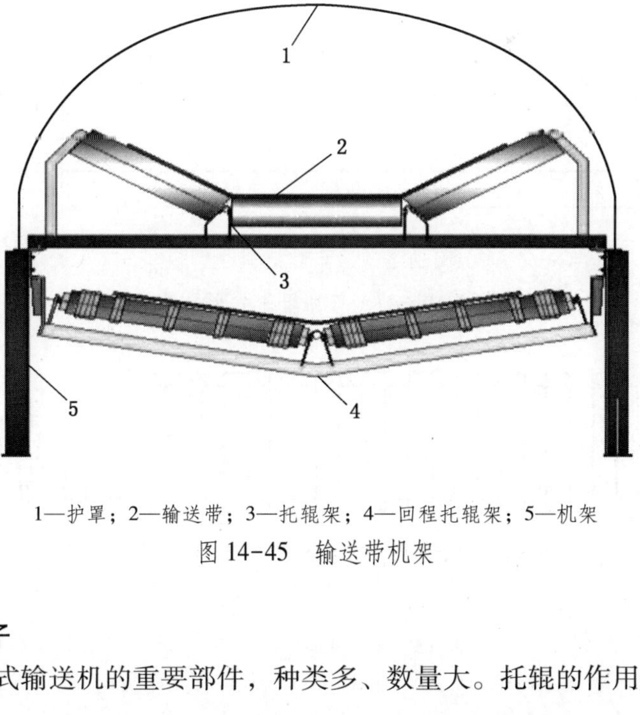

1—护罩；2—输送带；3—托辊架；4—回程托辊架；5—机架

图 14-45　输送带机架

（二）辊子

托辊是带式输送机的重要部件，种类多、数量大。托辊的作用是支撑输送带和物料重量。托辊运转必须灵活可靠，以减少输送带同托辊的摩擦力，托辊影响输送带的使用寿命。托辊结构如图 14-46 所示。

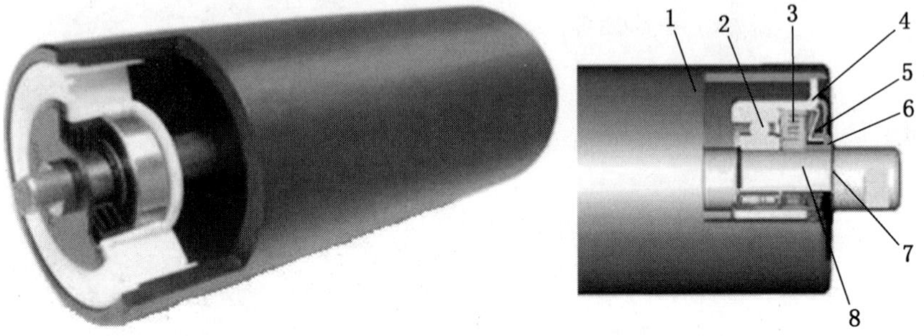

1—钢管；2—轴承；3—二级迷宫式密封；4—冲压轴承座；
5—一级迷宫式密封；6—护盖，轴用挡圈；7—冷拉轴；8—轴用钢丝挡圈

图 14-46 托辊结构图

普通辊子、缓冲辊子、梳形辊子、螺旋辊子外形尺寸如图 14-47～图 14-50 所示。

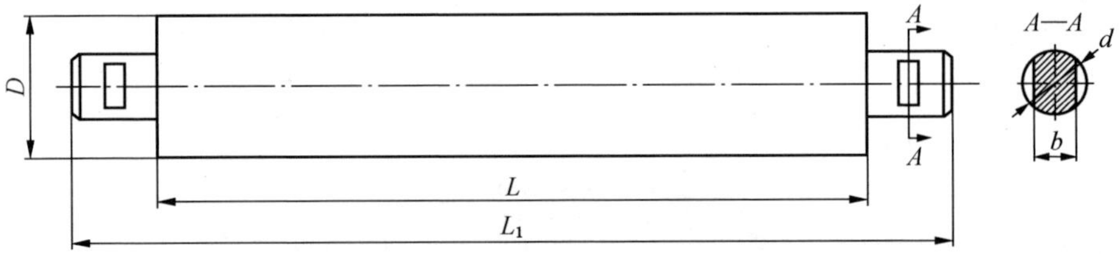

图 14-47 普通辊子外形尺寸

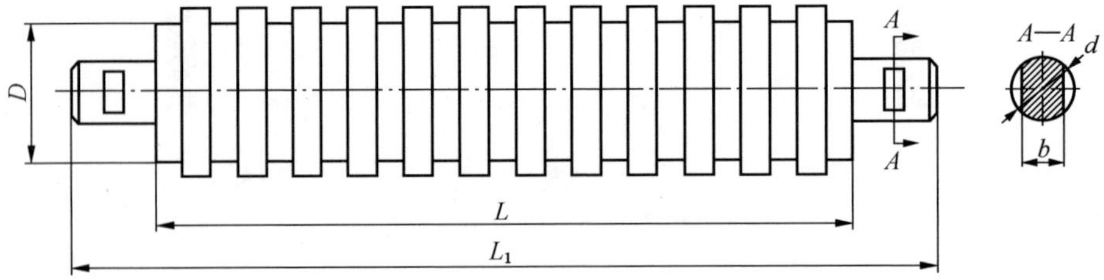

图 14-48 缓冲辊子外形尺寸

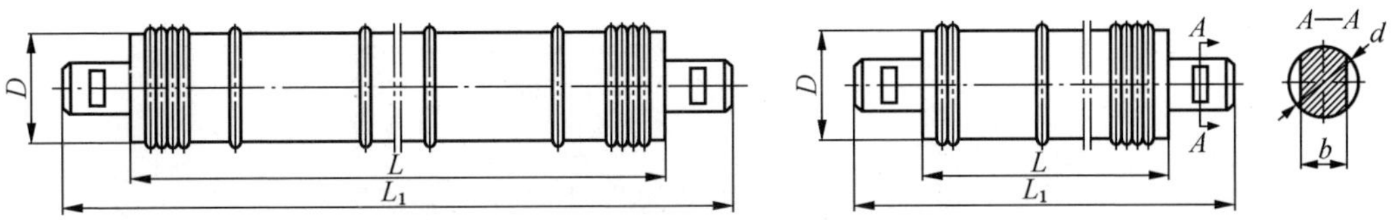

图 14-49　梳形辊子外形尺寸

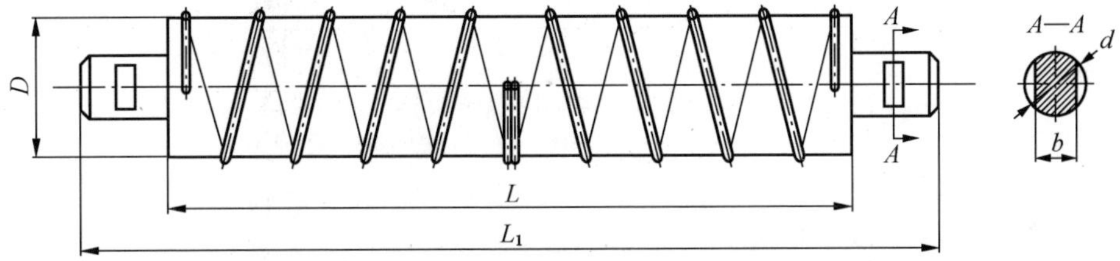

图 14-50　螺旋辊子外形尺寸

（三）托辊及安装形式

1. 槽型托辊（35°）

槽型托辊（35°）托辊安装形式如图 14-51 所示。

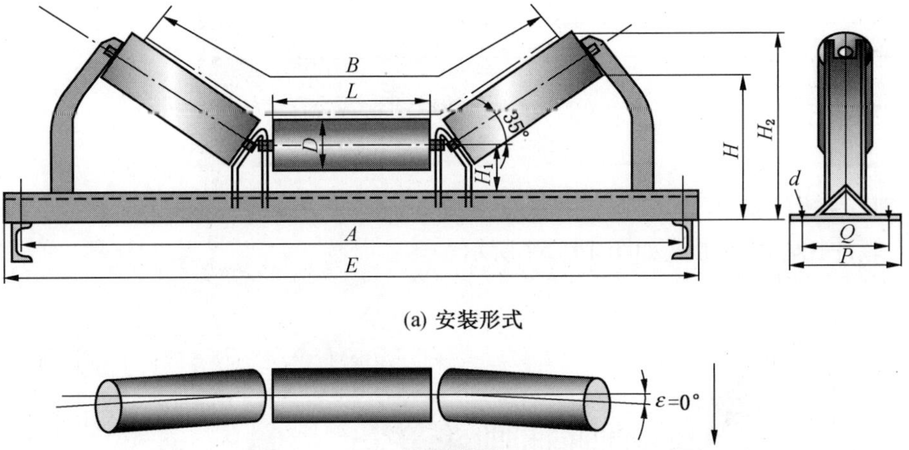

(a) 安装形式

(b) 俯视图

图 14-51　槽型托辊（35°）

2. 槽型托辊（45°）

槽型托辊（45°）安装形式如图 14-52 所示。

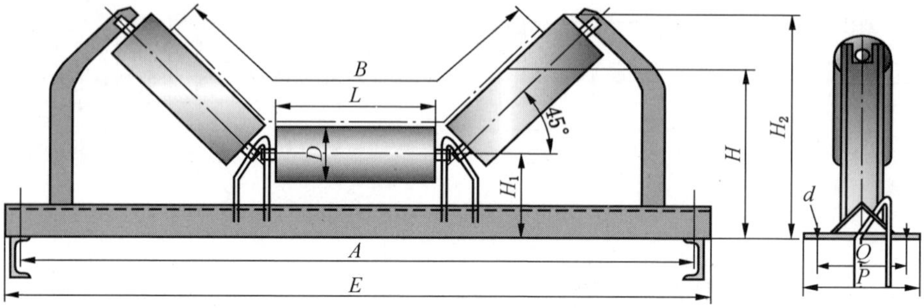

图 14-52 槽型托辊（45°）

3. 过渡托辊

过渡托辊安装形式如图 14-53 所示。

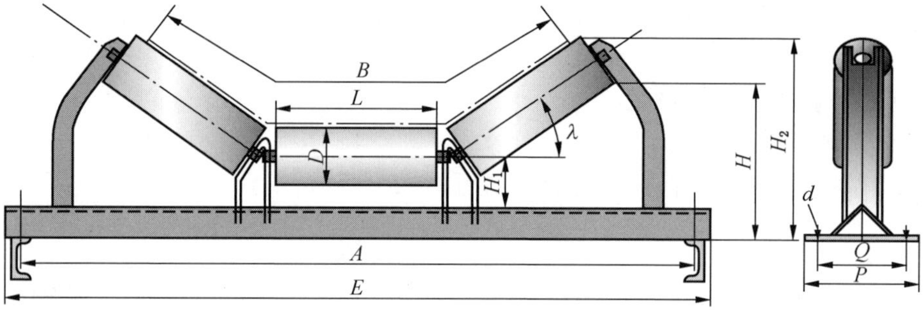

注：λ 可取 10°、20°、30°

图 14-53 过渡托辊

4. 缓冲托辊

缓冲托辊安装形式如图 14-54 所示。

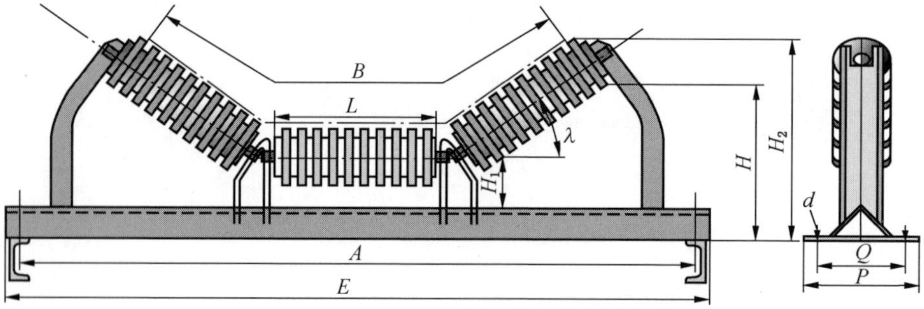

图 14-54 缓冲托辊

5. 槽型摩擦上调心托辊

槽型摩擦上调心托辊安装形式如图 14-55 所示。

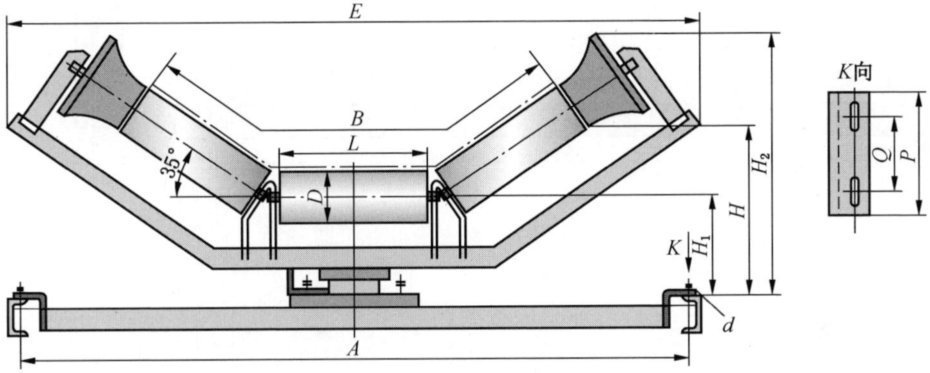

图 14-55　槽型摩擦上调心托辊

6. 平形上托辊

平形上托辊安装形式如图 14-56 所示。

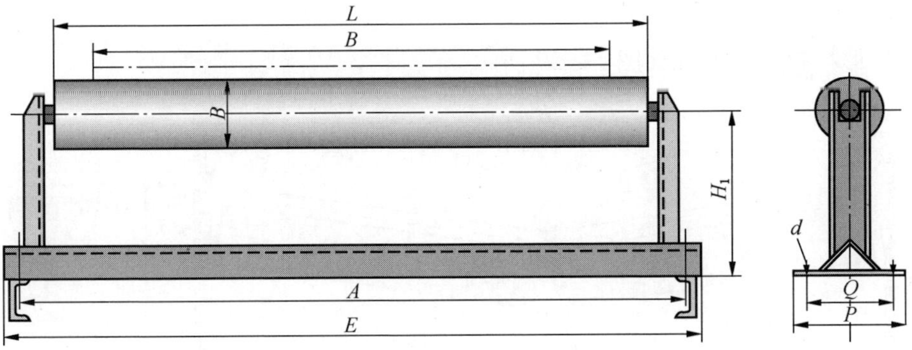

图 14-56　平形上托辊

7. 摩擦上平调心托辊

摩擦上平调心托辊安装形式如图 14-57 所示。

8. 平形下托辊

平形下托辊安装形式如图 14-58 所示。

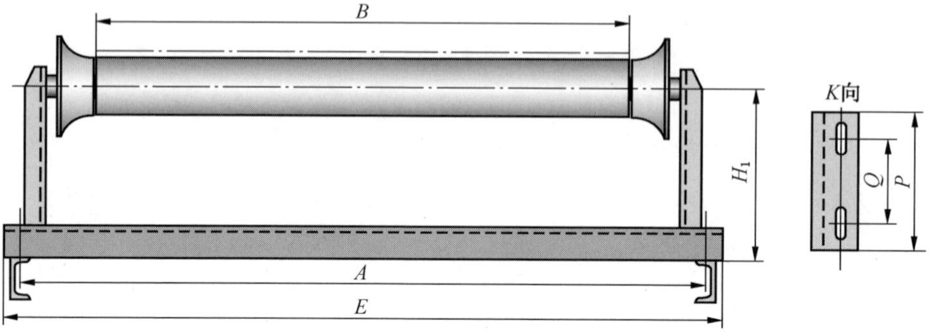

图 14-57 摩擦上平调心托辊

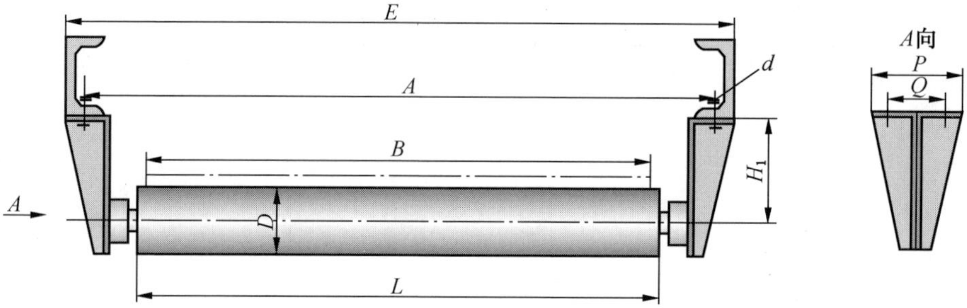

图 14-58 平形下托辊

9. V 形托辊

V 形托辊安装形式如图 14-59 所示。

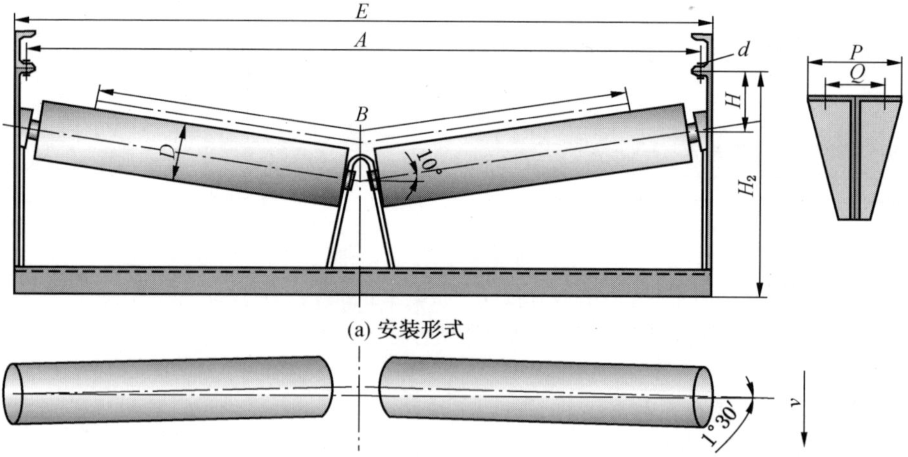

图 14-59 V 形托辊

10. 摩擦下调心托辊

摩擦下调心托辊安装形式如图 14-60 所示。

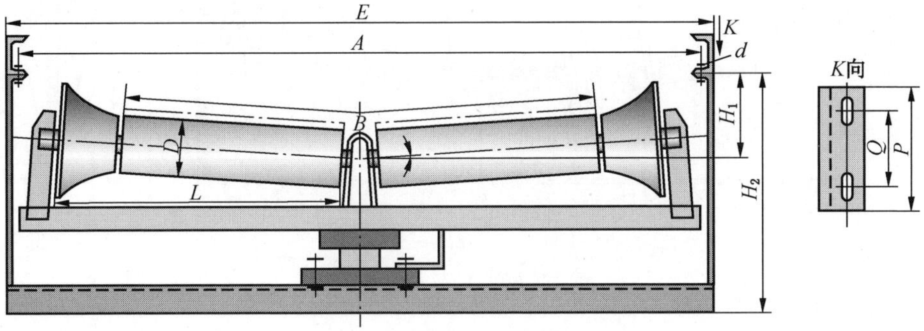

图 14-60　摩擦下调心托辊

11. 平形梳形托辊

平形梳形托辊安装形式如图 14-61 所示。

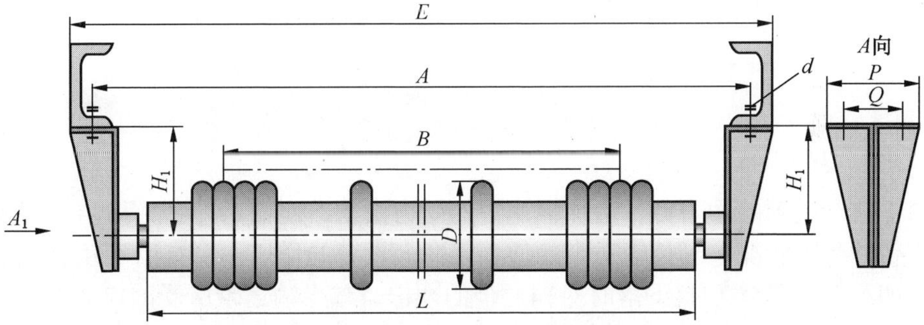

图 14-61　平形梳形托辊

12. V 形梳形托辊

V 形梳形托辊安装形式如图 14-62 所示。

13. 螺旋托辊

螺旋托辊安装形式如图 14-63 所示。

(四) 缓冲床

缓冲床是由缓冲条、支撑架、固定螺栓组成的一种输送辅助设备，是代替缓冲托辊的最佳产品。缓冲床安装在输送带的下面，能够帮助吸收、分解输送带在

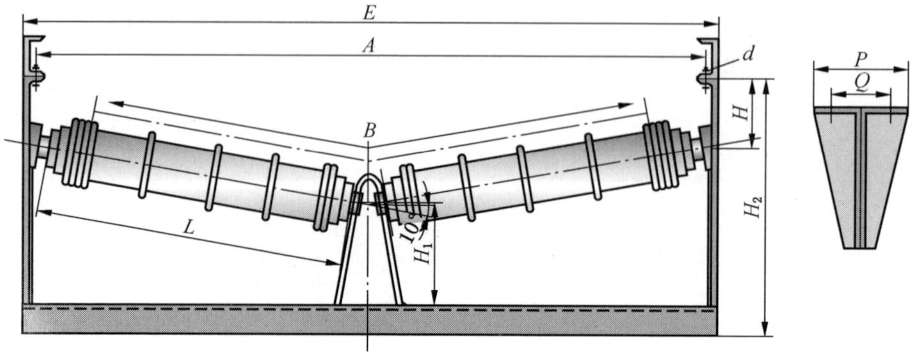

图 14-62　V 形梳形托辊

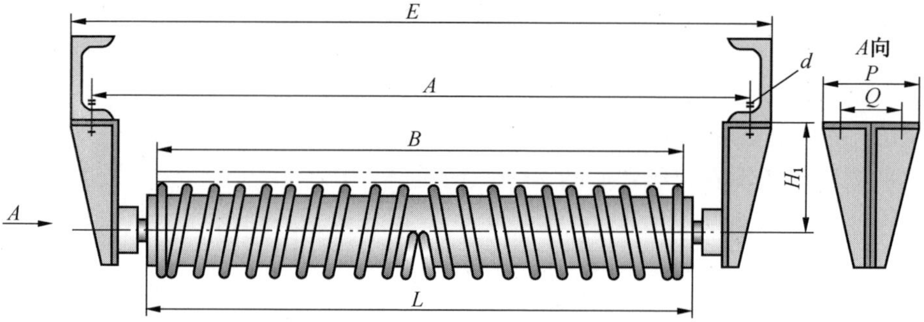

图 14-63　螺旋托辊

物料下落时受到的冲击力，增加输送带的受力面积，使输送带受力均匀，可改善输送带的受力状况，延长输送带的使用寿命。设备的作用主要有以下几点：

（1）用于缓解物料下落时对输送带的冲击，减少输送带所受的应力。

（2）克服缓冲托辊与输送带线与线接触的缺点，变为面与面接触，增加了输送带的受力面积，减缓了物料对输送带的冲击。

（3）使输送带受力均匀，防止输送带变形，减少了物料的飞溅和散落。

（4）可以有效防止输送带因物料的卡住造成的纵向撕裂，延长了输送带的使用寿命。

（5）缓冲作用明显，减少了物料在输送带上的黏附。

图 14-64 所示为 1.4 m 输送带用的缓冲床尺寸。

四、清扫装置

输送带在输送物料过程中，受物料黏性、水分以及环境温度等条件的影响，

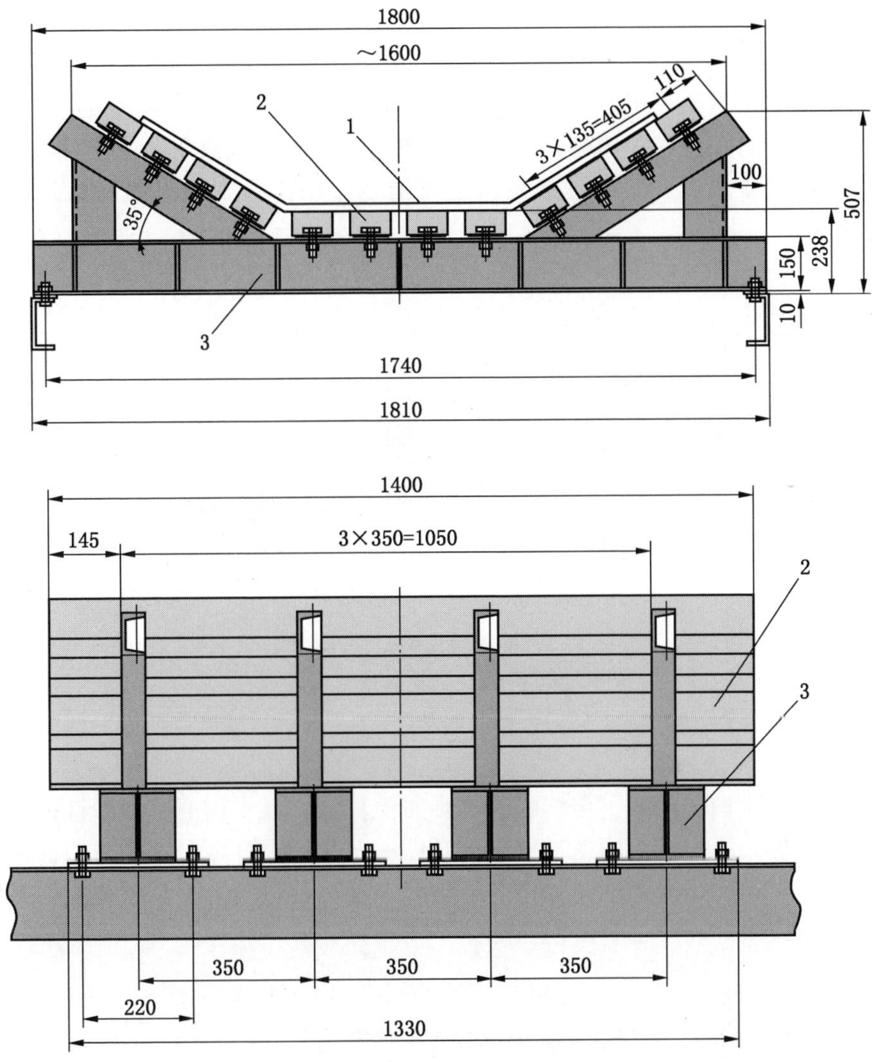

1—输送带；2—缓冲条；3—支撑架

图 14-64　缓冲床

承载面会黏附一定量的物料。物料黏性和水分越大，环境温度越低，输送带黏附的物料也就越多。一旦物料粘到托辊和滚筒上，就会造成两端直径不等，不但加剧了输送带的损坏，还可能引起输送带“跑偏”，致使带式输送机不能正常工作。为了避免事故的发生，保证输送机正常运行，必须对输送带承载面进行清扫。

（一）清扫器按材质分类

1. 聚氯脂清扫器

聚氯脂清扫器是利用弹簧压紧刮刀，把输送带黏附的物料刮下的一种装置。聚氯脂清扫器的工作件是用聚氯脂或工业橡胶板做的一个板条，通常与输送带一样宽，用扁钢或钢板夹紧通过弹簧压紧在输送带工作面上。聚氯脂清扫器如图14-65所示。

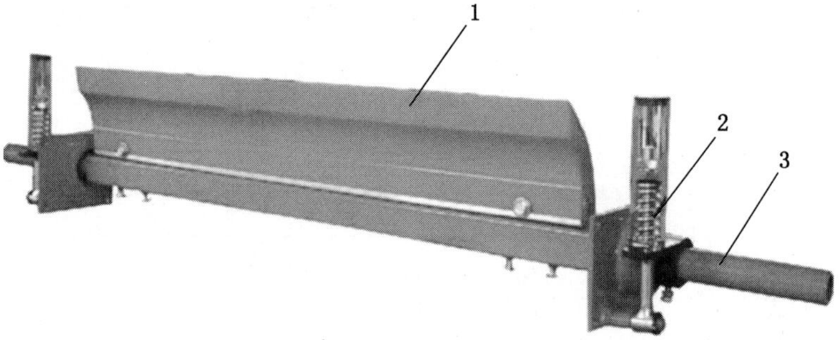

1—刮刀；2—弹簧张紧器；3—清扫架

图14-65 聚氯脂清扫器

2. 硬质合金清扫器

硬质合金清扫器代替了传统的胶皮弹簧清扫器，在专用的胶块弹性体上固定了钢架清扫板，清扫板与输送带接触上端镶嵌耐磨粉末合金。这种清扫器接触面比较耐用，不易磨损，弹性体吸振效果较好，在一定程度上提高了清扫器的使用寿命和清扫效果。硬质合金清扫器如图14-66所示。

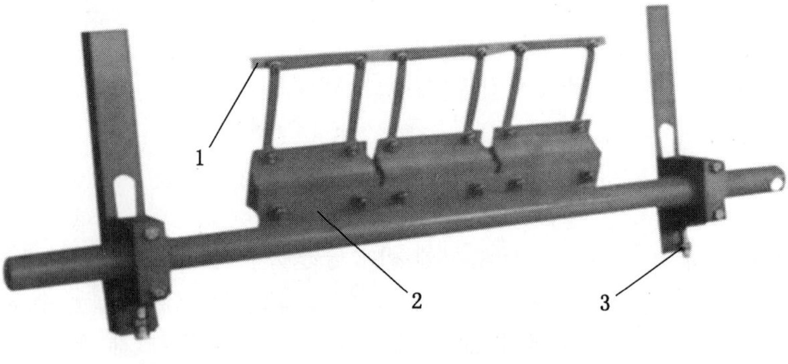

1—刮刀；2—清扫架；3—调节螺栓

图14-66 硬质合金清扫器

3. 滚刷清扫器

滚刷清扫器能有效地清扫滚筒表面和输送带底面黏附物，由电动机驱动圆柱形毛刷或输送带带动托辊，再由托辊链驱动滚刷清扫器；刷尖与带面轻微接触，毛刷的旋转方向与回程输送带的运行方向相反，从而将粘在带面上的微粒料刷下，达到彻底清洁的目的。

旋转式清扫器由电动机、减速机、清扫滚筒、联轴器（或输送带轮）、轴承座、调节架组成，主要部件如图 14-67 所示。

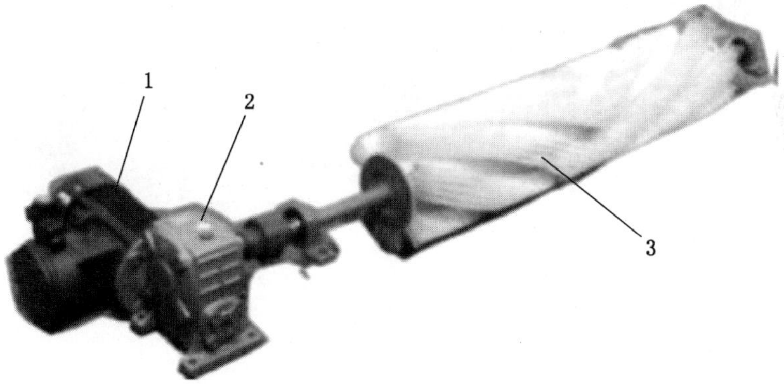

1—电动机；2—减速机；3—清扫滚筒

图 14-67　电动滚刷清扫器

（二）清扫器按位置分类

1. 头部清扫器

头部清扫器由一级清扫器和二级清扫器组成。通常一级清扫器安装在机头滚筒表面，刚好在物料轨道下方；二级清扫器结构设计上应避免材料堆积，安装在物料流向之外。头部清扫器安装位置如图 14-68 所示。

1）一级聚氨酯清扫器（H 型）

通常一级清扫器安装在机头滚筒表面，刚好在物料轨道下方。清扫器采用模组化刮刀，摩擦因数低、磨损低、强度高，不伤输送带，输送带表面不平整时同样适用。零元件模组化设计使安装和维修都较容易。

清扫器两端各有一组压力弹簧调整座，使刮刀与输送带保持适当接触压力。当遭受外界冲击时，压力弹簧能适时缓冲冲击力，从而避免刮刀伤害输送带；当刮刀磨损时，压力弹簧还能自动补偿压力，从而降低维护检修成本。一级聚氨酯清扫器如图 14-69 所示。

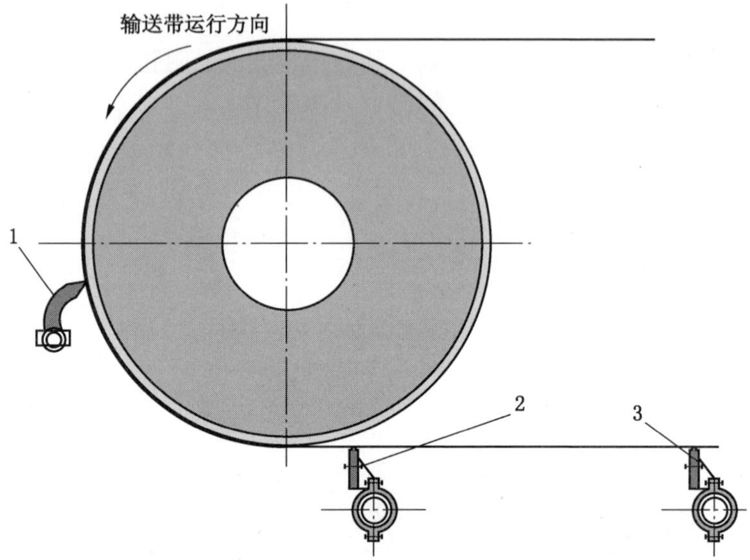

1—一级聚氨酯清扫器；2、3—二级清扫器

图 14-68 头部清扫器安装位置

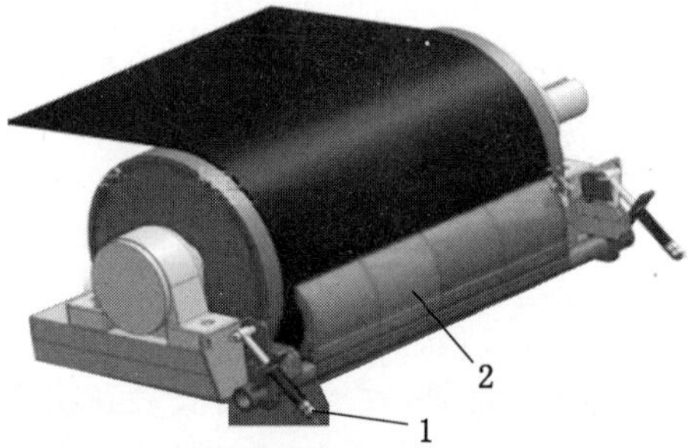

1—弹簧张紧器；2—刀片

图 14-69 一级聚氨酯清扫器

2）二级清扫器（P 型）

二级清扫器安装在一级清扫器下部，用于清除仍然残留在输送带上的粉末和水分。如果想达到更好的清洁效果需要安装多个二级清扫器。

通常二级清扫器安装在头部滚轮之后的回程输送带下，使其与物料运行轨道接近，这样清扫器刮下的物料仍可返回主落料口。清扫刀片与输送带接触点在离开输送带头轮处 51~102 mm 内。如存在障碍或其他清扫器无法安装在此点上，则该清扫器应安装在输送带离开头滚正下方后 51~102 mm 范围内。

（1）二级聚氨酯清扫器。刮刀借助弹簧的弹性与输送带保持适当的接触压力，达到刮除效果。清扫器采用弹性体刮刀，耐磨、强度高，不伤输送带。螺杆式调整座加避振弹簧可吸收突然出现的外力冲击，避免刮刀伤害输送带。二级聚氨酯清扫器如图 14-70 所示，清扫器刀片及连接组件组配方式如图 14-71 所示。

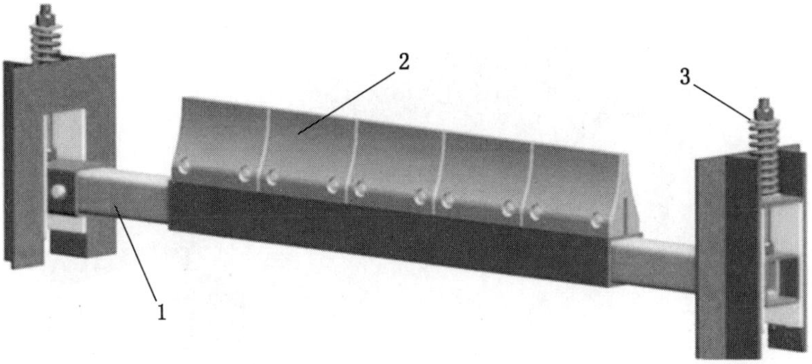

1—清扫架；2—刀片；3—弹簧张紧器

图 14-70　二级聚氨酯清扫器

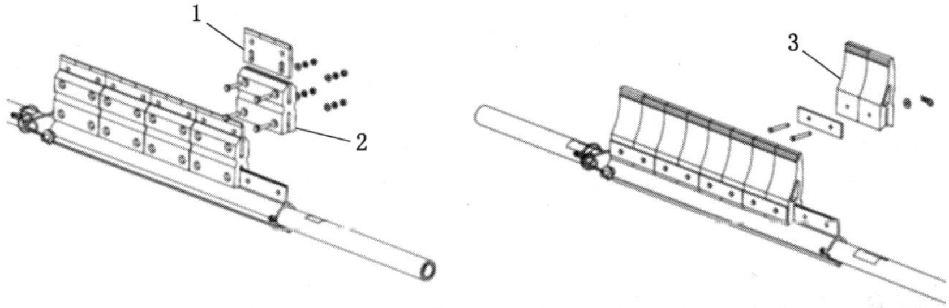

1、3—刀片及连接件组；2—刀片缓冲装置

图 14-71　清扫器刀片及组件组配方式

（2）二级合金清扫器。合金清扫器的碳化钨刮刀与橡胶硫化成型，借助橡胶与弹簧的弹性同输送带保持适当的接触压力，达到刮除效果。清扫器采用弹性体刮刀，耐磨、强度高，不伤输送带，适用于正转、逆转输送带。螺杆式调整座加避振弹簧可吸收突然出现的外力冲击，零元件模组化设计使调整和安装都很容易。二级合金清扫器如图 14-72 所示。

2. 空段清扫器

为了保持带式输送机输送带非工作面的清洁，避免将物料带入尾部的改向滚筒和重锤间，在尾部和中部靠近改向滚筒的非工作面上装有空段清扫器，以清除非工作面上的物料，也可防止掉落的小托辊等零部件卷入尾部滚筒或重锤处。空段清扫器的下方前后最好多装一组平行托辊，以保证清扫器与输送带接触的平整性与严密性。

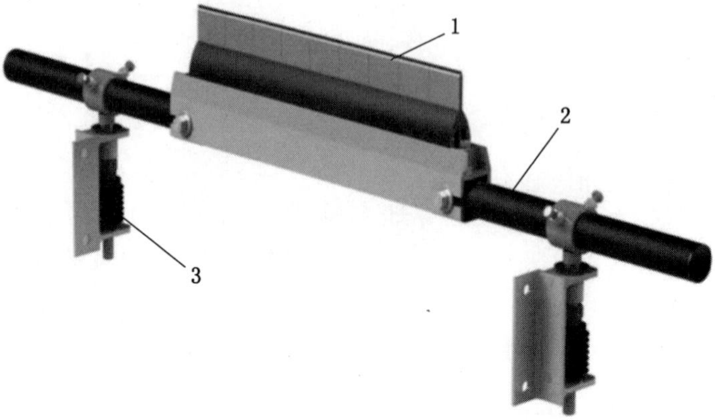

1—合金刀片；2—清扫架；3—弹簧张紧器

图 14-72　二级合金清扫器

（1）V 型空段清扫器。刮刀片整体材质使用聚氨酯复合材料，内无金属，摩擦阻抗低，平滑顺畅，不伤输送带表面。前端刮刀片采用船艏弧形设计，在输送带运行使用中不易跳动，也不会因输送带凸起面导致刮刀内折现象，除了可以延长刮刀使用寿命外，还能长效维持输送带表面物料刮除效果。刮刀固定架采用夹板设计，刮刀片容易维护更换。V 型空段清扫器如图 14-73 所示。

1—刮刀；2—刮刀架；3—固定架

图 14-73　V 型空段清扫器

（2）Ⅰ型空段清扫器。刮刀片整体材质使用聚氨酯复合材料，内无金属，摩擦阻抗低，平滑顺畅，不伤输送带表面。能有效清洁掉落在输送带上的物料，减少输送带轮积料，延长输送带轮使用寿命，避免输送带轮因积料产生的输送带偏斜。刮刀固定架采用夹板设计，刮刀片容易维护更换。该清扫器适用于各种物料的输送，如煤、焦炭、烧结矿、盐、铁矿、肥料、矿石等的输送。工型空段清扫器如图 14-74 所示。

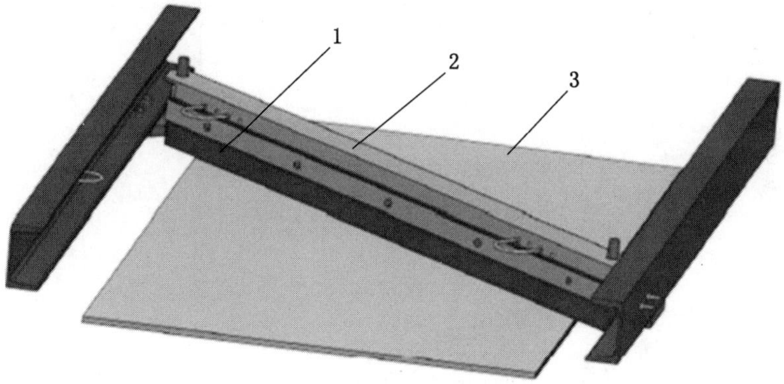

1—刀片；2—清扫架；3—输送带

图 14-74　Ⅰ型空段清扫器

五、安全护罩

设备生产过程中，为保护操作者人身安全需要在机械设备上安装各种防护罩。防护罩结构和布局应设计合理，使人体不能直接进入危险区域。防护罩应有足够的强度、刚度，一般采用金属材料制造，在满足强度和刚度的条件下，也可用其他材料制造。

在带式输送机机架两侧加装安全护栏，可有效保护人员安全。在机器的进料或排料区装护罩，除了可以保护人员安全，还可以防尘、防风。机架两侧的安全护罩及护栏如图 14-75 所示。

在带式输送机机架上装护罩，可防雨、防尘、防风，降低煤炭在运送过程中的损失，输送带在运行中更安全可靠，对环境净化也起到极大的作用。带式输送机机架上的护罩如图 14-76 所示。

在旋转体旁加装护罩以防伤人。如耦合器在运行过程中，为防止高速旋转的

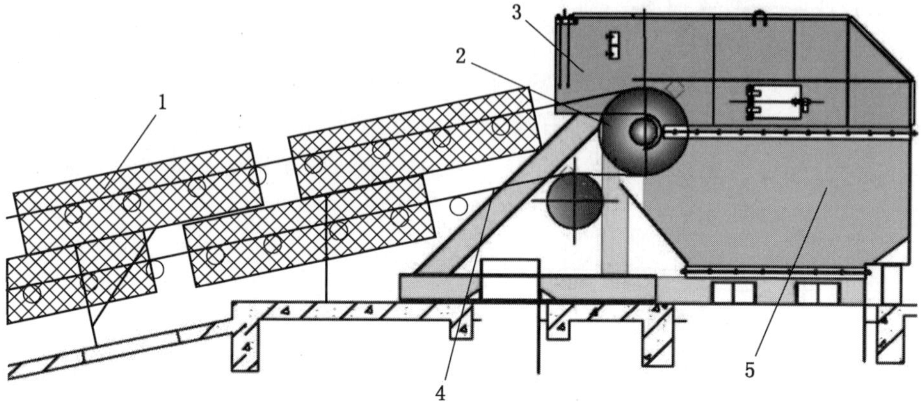

1—安全护栏；2—带式输送机；3—机头护罩；4—机架；5—落料斗

图 14-75 机架两侧的安全护罩及护栏

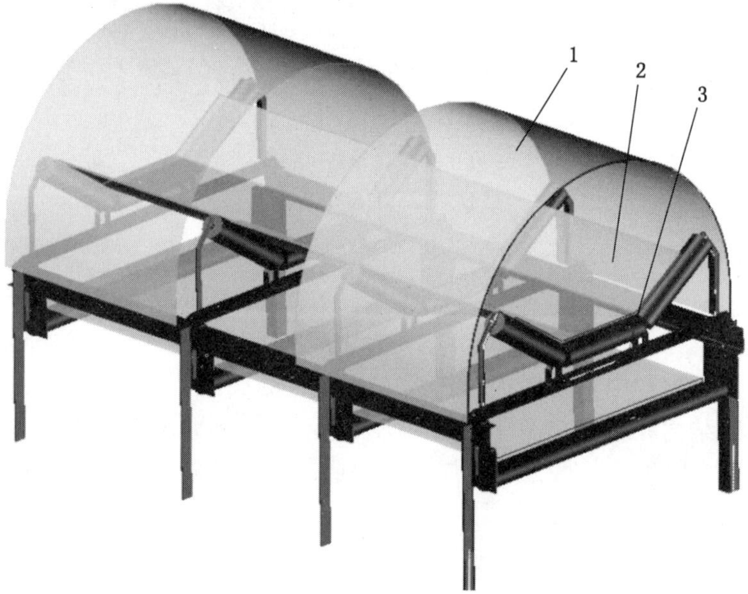

1—护罩；2—输送带；3—托辊架及机架

图 14-76 带式输送机机架上的护罩

耦合器故障或意外伤人，需加装安全护罩，如图 14-77 所示。还可以根据联轴器型号选取安全护罩，具体如图 14-78 所示。

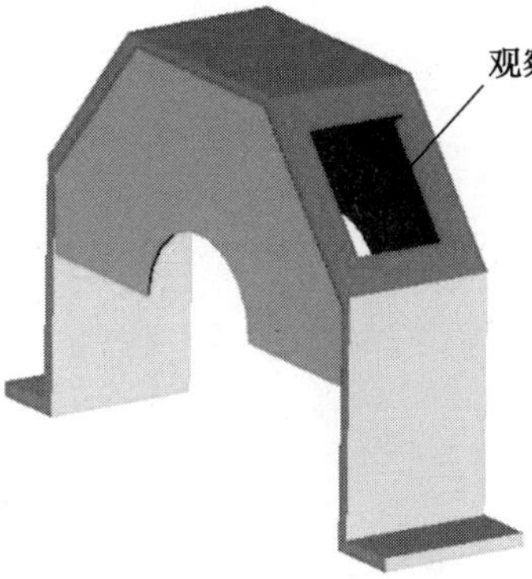

图 14-77　耦合器护罩

1—油泵；2—底座；3—联轴器护罩；4—电动机

图 14-78　联轴器护罩

六、附属装置

中部槽作为非标设备在输煤系统中被大量使用。中部槽多应用在输送、密封、调节工艺流程中，可使物料合理分布。若中部槽设计不合理，可能会引起输送物料堵塞、使用寿命缩短等问题，严重时还会造成设备堵料，直接导致输煤系统停机。与中部槽上部连接的是头部漏斗，与中部槽下部连接的是导料槽，这三部分可实现物料从一条输送带到另一条输送带的过渡，这 3 个装置在实际应用中的位置如图 14-79 所示。

物料经过机头位置后，在惯性力作用下，进入头部漏斗，在中部槽和导料槽的引导下落入下一级输送带。部分惯性大的物料在撞击到头部漏斗内壁后改向落入漏斗，落差产生的粉尘被挡在头部漏斗内。因此头部漏斗不仅可以控制料流方向，还可起防尘作用。

1. 中部槽

物料在中部槽中的运动比较复杂，当中部槽改变方向时，煤的运动速度降低，动能转化成势能，加大了对中部槽的冲击。通常在中部槽内铺设一层铁板（衬板，图 14-80），防止物料对中部槽母板造成磨损。中部槽一般由钢板焊接形成，最常用的钢板是 25Mn，槽内部根据使用场所不同铺设不同的衬板，衬板常使用耐磨钢板、不锈钢、高分子材料等材料。

中部槽中间可以分出多个分支，连接多个系统，可设置翻板，通过改变翻板的位置实现系统流程的转换。这种设计不仅节省空间、原料，而且能够实现多个系统的相互连通。分叉中部槽翻板的位置如图 14-81 所示。

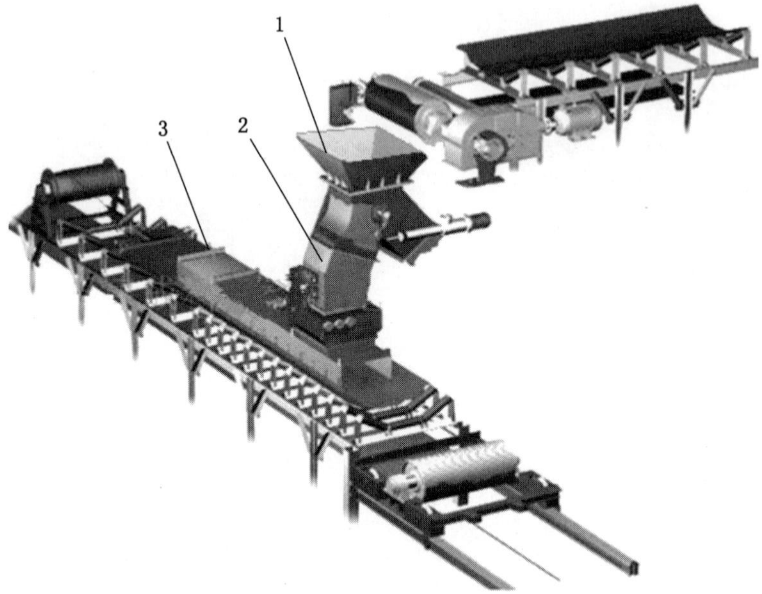

1—头部漏斗；2—中部槽；3—导料槽

图 14-79 中部槽及头部漏斗、导料槽在实际应用中的位置

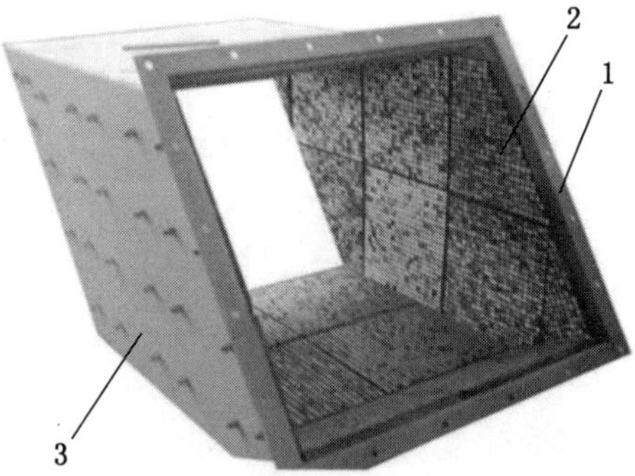

1—连接法兰；2—中部槽衬板；3—中部槽母板

图 14-80 中部槽衬板

1—电动液压推杆；2—分叉中部槽；3—翻板

图 14-81 分叉中部槽翻板的位置

2. 导料槽

导料槽的作用是使物料从中部槽落下到达输送带时，能集中到输送带中部。导料槽的底边宽度为$\frac{2}{3}$~$\frac{1}{2}$带宽。

导料槽由前、中、后三段组成，中段数量可根据需要任意增加。导料槽的长度应根据落料速度与输送带稳定运行速度之差来选取。导料槽的截面分为矩形和喇叭形两种。

3. 驱动装置架

驱动装置架由钢板焊接而成，钢板材质为 Q235A，具有足够的强度、刚度。减速器与电动机底座平面要求进行机械加工处理，电动机底座下设有调整垫片组，在减速器与电动机两侧各装有螺杆调整器，方便安装、调整，螺杆调整器可提高装置架的安装精度，满足设计及使用要求。驱动装置架如图 14-82 所示。

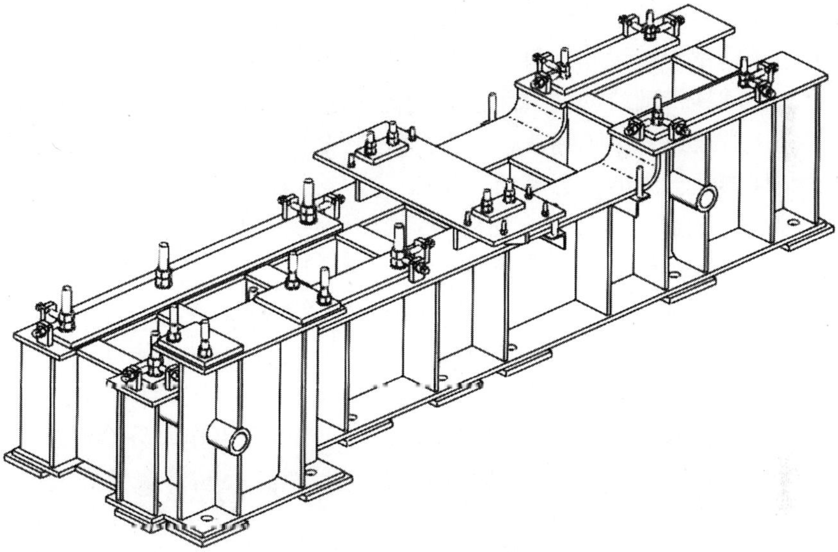

图 14-82　驱动装置架

七、相关辅助设备

（一）犁煤器

1. 概述与分类

犁煤器用于电厂配煤，可实现带式输送机的中途卸料。犁煤器全称为犁式卸料器，一般有固定式和可变槽角式两种。固定式属于老式犁煤器，可变槽角式为新式犁煤器。犁煤器按设备卸料位置可分为单侧和双侧。电厂多使用可变槽角式犁煤器（双侧犁煤器）。

2. 结构

可变槽角式电动犁煤器主要由机座、电动推杆、驱动杆、拉杆、主犁刀、犁头、副犁刀、框架、滑动架、滑轮、滑轮支座、定位轴、长辊、短辊、边辊、中辊、门架和连接梁等组成。犁头固定在主犁架上，主犁刀与门架通过拉杆和电动推杆连接。电动推杆可布置在机架中间，也可布置在支架的单侧。

可变槽角式犁煤器具有结构合理、动作灵活、工作可靠、运行平稳、卸料干净、维修方便等优点，能有效防止输送机溢煤。

3. 原理

当电动推杆电动机正转时推杆推出，犁刀下落，驱动杆带动滑动框后移，边辊落下，使托架上托辊水平上移，输送带在犁煤机上截面处于水平状，犁刀与输送带面接触、紧贴、处于工作状态。来煤通过犁刀卸入料斗，部分细小的煤留在输送带上通过副犁刀继续卸入料斗。当电动推杆电动机反转时，此时推杆返回，犁刀抬起，驱动杆带动滑动框架前移，边辊升起，使托架上的托辊成槽形，输送带上的煤流正常通过，不被卸落，也不向外溢煤。

电动犁煤器运行中的注意事项：

（1）犁头与输煤输送带结合松紧应适当。过紧地压住输送带，会造成输送带的不正常磨损，过松会出现煤流漏撒。

（2）输送带上无煤流时再放下犁头。切换运行时，应先放下后部的犁头，再抬起前部的犁头，以免造成犁口与输送带面接触不良和冲击振动现象。

（3）监视电动推杆的工作情况，不得超载运行，以免损坏电动机，并注意内限位是否正常工作，不正常工作时应停机，通知电气工作人员检查处理。

（4）犁头升降要正常，查看犁头磨损是否严重，控制器有无失灵，水平托辊有无卡阻不转的现象。

（5）注意输送带的运行情况，出现跑偏、欠头或严重磨损等现象时，应按规定及时消除。

（6）犁板上应无煤流漏撒，落煤管无堵塞现象。

（7）发现犁板严重磨损或电气部分故障时，不得自行拆卸、调整各部机件。

（8）严禁同时使用两台以上犁煤器，两台犁煤器均处于半工作状态也是不被允许的。

（二）除铁器

除铁器是一种用于清除粉状或块状非磁性物料中杂铁的装置，具有透磁深度大、吸力强、防尘、防雨、耐腐蚀等特点，在极其恶劣的环境中仍能可靠运行。除铁器按磁源分为电磁、永磁两大类；按卸铁方式分为人工卸铁、自动卸铁；按冷却方式有自冷式、油冷式、强迫风冷式。煤炭加工公司输煤系统中主要使用悬挂式除铁器。

1. 悬挂电磁除铁器

悬挂电磁除铁器是一种用于清除散状非磁性物料中铁件的电磁设备，通电产生的强大磁力将混杂在物料中的铁件吸起后由卸铁输送带抛出，达到自动清除的目的。电磁除铁器以 RCD 系列为主。

电磁除铁器型号说明如下：

R C D □ □ T

- T——超强磁型
- 第二个□——除铁器适合输送带宽度，dm
- 第一个□——特征代号：用 A、B、C、D、E、F 表示。A 为人工卸铁风冷式；B 为人工卸铁自然冷却式；C 为自动卸铁风冷式；D 为自动卸铁自然冷却式；E 为人工卸铁油冷式；F 为自动卸铁油冷式
- D——电磁式
- C——除铁器
- R——矿山机械类其他设备

RCD 系列电磁除铁器由线圈绕组、主轭板、副轭板、下托板及外箱体组成，具有绝缘好、散热快、磁势大、除铁率高等优点，结构如图 14-83 所示。

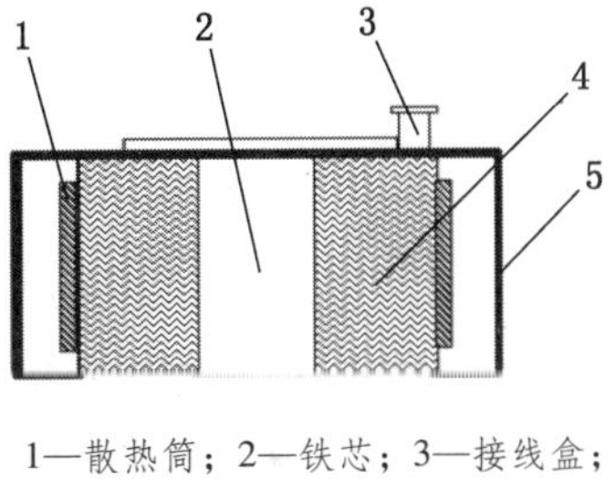

1—散热筒；2—铁芯；3—接线盒；4—励磁线圈；5—导磁圈

图 14-83　RCD 系列电磁除铁器

2. 悬挂永磁除铁器

悬挂永磁除铁器是以永磁材料代替电磁线圈产生强大吸引力的高效、环保、节能型除铁设备，能除去混杂在非磁性物料中的铁磁性物质，并保证下道工序设备正常安全运行。除铁器以钕铁硼作为磁源，磁力强、寿命长、故障率低。永磁除铁器以 RCY 系列为主。

永磁除铁器型号说明如下：

R C Y □ □

- 第二个□——适应输送带宽度，dm
- 第一个□——卸铁方式：A、B、P 为人工；C、D、G 为自动
- Y——永磁式
- C——除铁器
- R——矿山机械类其他设备

（三）电子皮带秤

电子皮带秤是在带式输送系统中对散状物料进行连续计量的称量设备。它采用高精度、高性能的 32 位单片机作为中央处理器，内置完善的称重和控制数学

模型，可有多种输入输出信号形式，具有计量准确度高、响应速度快、精度高、稳定性好、功能齐全、操作简单、安装及调试方便等优点。该设备适用于各种粉、粒、块状物料的自动连续计量。

电子皮带秤根据结构特点可分为以下三类：

（1）悬臂式称重桥架。该桥架采用悬臂梁压力传感器，称重桥架与机架通过传感器悬挑挂接，具体结构如图 14-84 所示。

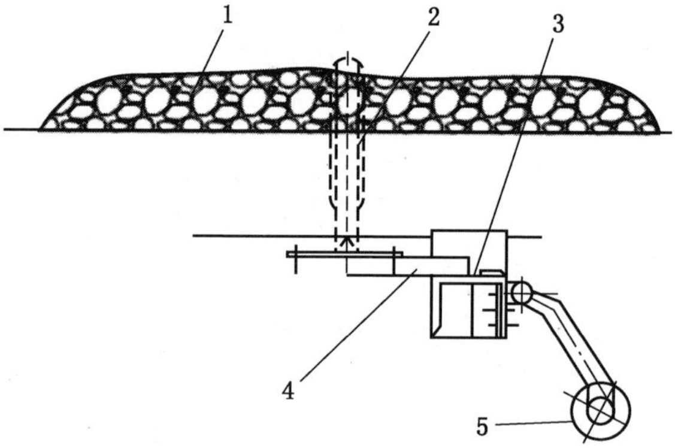

1—煤流；2—输送带托辊；3—机架梁；4—悬臂梁式传感器；5—速度计

图 14-84 悬臂式称重桥架

（2）杠杆式称重桥架。该桥架采用 S 形拉力传感器，称重桥架与机架采用销轴式点接触挂接，具体结构如图 14-85 所示。

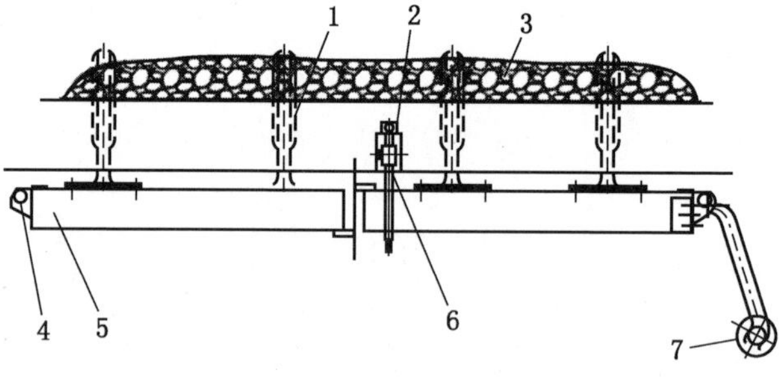

1—输送带托辊；2—机架梁；3—煤流；4—轴；5—称重桥架；6—S 型传感器；7—速度计

图 14-85 杠杆式称重桥架

（3）全悬浮式称重桥架。该桥架采用 S 形拉力传感器，称重桥架通过两个横梁上的四只称重传感器垂直悬挂在机架上，具体结构如图 14-86 所示。

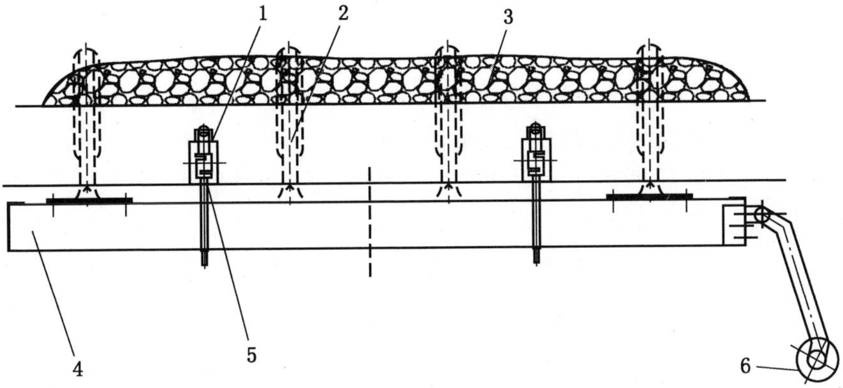

1—机架梁；2—输送带托辊；3—煤流；4—称重桥架；5—S 形传感器；6—速度计

图 14-86　全悬浮式称重桥架

电子皮带秤工作原理：将装有称重传感器的称重桥架固定于带式输送机的纵梁上，通过称重传感器支承或悬挂的称重桥架及输送带托辊检测输送带上的物料质量，产生一个正比于输送带载荷的电输出信号，同时速度传感器通过滚轮与输送带同步转动产生一系列脉冲信号，每个脉冲代表一个输送带长度，脉冲的长度正比于输送带速度，计算机将以上两种信号用积分方法进行计算，转换成选项定的工程单位，在显示器上分别显示出累计量和瞬时流量。

（四）除尘器

1. 除尘器及其分类

除尘器是将粉尘、烟尘等固体性颗粒从气体中分离出来的设备。除尘器在工业中被用于处理各种废气和环境中的粉尘清洁，除尘器在锅炉系统中使用的频率最高。除尘器按工作原理不同分为机械式除尘器、洗涤式除尘器、过滤式除尘器、静电式除尘器和磁力式除尘器。其中，过滤式除尘器的过滤性能最好，袋式除尘器在实际生产中的应用最广。

JYMC120 型脉冲喷吹袋式除尘器在露天煤矿应用较多，这种除尘器可直接安装在防尘罩上，不设卸灰阀，除尘器下口既是吸尘口，脉冲清灰时又是排灰口，吸尘、排灰更直接，克服了管路积灰的弊端，设备阻力小，使用寿命长，除尘效率高。

除尘器的除尘系统采用 PLC 自动控制，可实现脉冲清灰、风机运行、供气系统等与带式输送机运行集控联动控制，并配置有就地手动控制系统。除尘系统适用于高浓度除尘，对于含尘浓度高达 1000 g/Nm^3 的尘气可直接进行处理。

冬季比较寒冷的地区，为防止除尘器挂蜡、结露、结冻现象的发生，除尘器的内壁采用高分子聚四氟乙烯敷衬，该材质低温性能好、耐磨、摩擦因数小、不易挂壁。

对脉冲阀、提升阀及其管路进行加热保温，可保证设备冬季可靠运行。

除尘器采用离线式清灰技术，既避免了在线清灰产生的粉尘二次飞扬“再吸附”现象，又提高了清灰效果，延长了滤袋的使用寿命。

除尘器滤袋采用“滤袋自锁密封”技术，大大改善了滤袋与设备间的密封性能，提高了除尘效率。滤袋材料采用高新技术产品“三防微孔薄膜复合滤料”，不但能提高过滤风速、降低除尘设备运行阻力，并且能避免因结露造成粉尘黏结等现象的发生。

除尘器采用定时控制方式清灰，可实现自动清灰，运行阻力低而稳定。电磁脉冲阀采用进口双膜片结构产品，具有控制灵敏、效率高、使用寿命长等优点。

2. 除尘器构成

（1）主除尘系统。主要由除尘器、引风机、空气压缩机、冷干机、预过滤器、精密过滤器、储气罐、控制系统、管路等组成。除尘系统工作原理如图 14-87 所示。

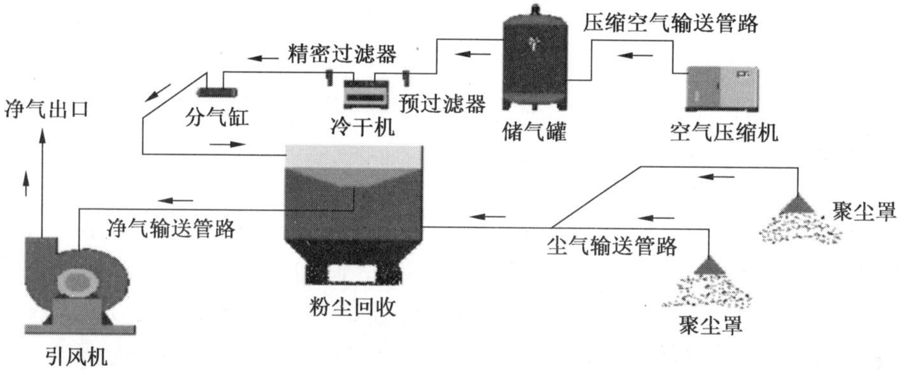

图 14-87 除尘系统工作原理

（2）除尘箱。主要由底部支座、上箱体（净气室）、中箱体（滤袋过滤室）、灰斗、阀室（清灰喷吹控制室）、进出风口、滤袋、笼骨、清灰装置、检修门、伴热器材等构成，具体如图 14-88 所示。

3. 除尘器工作原理

1）除尘过滤原理

带式输送机粉尘的治理，主要是消除原料由上一级带式输送机输送到落料中部槽、通过中部槽落到下一级带式输送机时产生的诱导风和落料冲击波，避免在冲击力作用下产生粉尘外溢、飞扬现象。导料槽内的含尘气体在引风机的作用下通过防尘隔离罩，由除尘器的下灰斗或通过吸尘口进入除尘器滤袋过滤区。储料仓粉尘的治理，重点是保证仓内微负压，抑制物料入仓时仓内正压产生的粉尘外溢。

图 14-88　除尘箱

含尘气体在引风机的作用下由进气口进入装有若干滤袋的箱体，由外向内经过滤袋，使气体得到净化，粉尘被阻留在滤袋外表面。净化后的气体进入箱体上部，由排气口排出。经过一定的过滤周期，进行脉冲清灰。每排滤袋上部都装有一根喷吹管，与脉冲阀、储气罐相连；喷吹管上的喷射孔与每条滤袋相对应。清灰时，由 PLC 定时发出信号，控制各脉冲阀的开启。此时，与该脉冲阀相连的喷吹管与储气罐相通，高压空气以极高的速度从喷射孔喷出，在高速气流周围形成一个比喷吹气流大 5～7 倍的诱导气流，一起进入滤袋，使滤袋急剧膨胀，引起冲击振动，同时产生瞬间反吹气流，将附着在滤袋外表面上的粉尘吹扫下来，落入灰斗，并经排灰阀排出，各排滤袋依次得到清灰。

脉冲袋式除尘器的过滤清灰周期如图 14-89 所示。

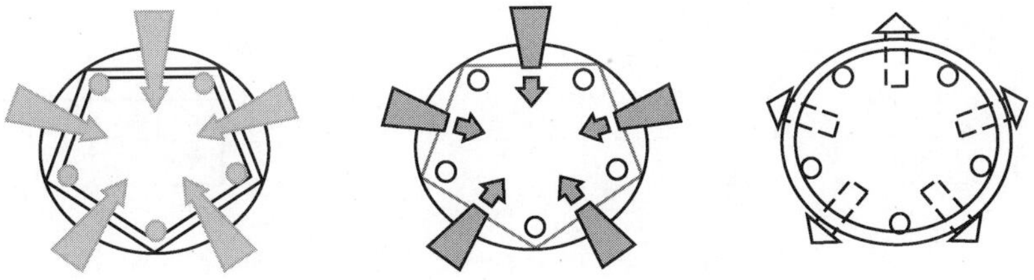

(a) 过滤初期　(b) 过滤末期　(c) 喷吹清灰

图 14-89　脉冲袋式除尘器的过滤清灰周期

过滤初期，滤袋表面黏附的粉尘颗粒较少；过滤末期，滤袋表面黏附着一层较厚的粉尘颗粒，含尘气体由外向里通过滤袋，由于有袋笼骨架支撑，滤袋呈多边形；喷吹清灰状态，气流由里向外反吹，将滤袋表面黏附的粉尘层吹落，此时滤袋呈圆形。

2）喷吹（清灰）系统组成和工作原理

脉冲袋式除尘器清灰系统由 PLC、喷吹机构（包括脉冲阀和电磁阀）、喷射器（包括喷吹管）等组成。脉冲阀一端连接进气管，另一端连接喷吹管，PLC 控制着电磁阀及脉冲阀开启。

喷吹系统的工作原理：当滤袋表面的粉尘负荷增加、达到一定的阻力时，由 PLC 发出指令，按顺序触发各电磁阀，逐渐关闭各室风门，同时开启脉冲阀，使储气罐内的压缩空气从喷吹管各喷孔中心以极高的速度喷出一次空气流，通过诱导二次气流一起喷入滤袋，滤袋瞬间膨胀，从而使附着在滤袋上的粉尘脱落。每次喷吹的时间很短（0.1~0.2 s），由 PLC 进行切换，每分钟有多排滤袋得到清灰。喷吹系统工作原理如图 14-90 所示。

清灰过程中每清灰一次记作一个脉冲，脉冲宽度就是喷吹一次所需要的时间，为 0.1~0.2 s。脉冲周期是全部滤袋完成一个清灰循环的时间，一般在 60 s 左右。压缩空气的喷吹压力为（5~7）$\times 10^5$ Pa。

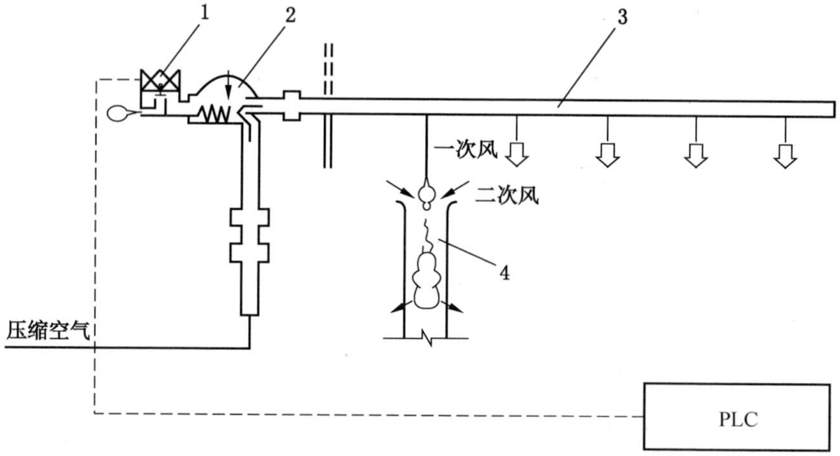

1—电磁阀；2—脉冲阀；3—喷吹管；4—滤袋

图 14-90　喷吹系统工作原理

3）PLC

PLC 控制脉冲清灰过程比脉冲控制仪更准确、更可靠。在工程设计中，只有小型脉冲袋式除尘器用脉冲控制仪控制，大中型脉冲袋式除尘器多用 PLC 控制。PLC 除了可以控制清灰过程外，还可以控制排灰装置、电动润滑装置及除尘器温度、压力等；脉冲控制仪不具备清灰过程外的控制功能。

4）脉冲阀

脉冲阀是脉冲喷吹清灰系统的执行机构和关键部件，分为直角式和淹没式两类。图 14-91 所示为直角式脉冲阀的结构，阀内的膜片把脉冲阀分成前、后两个气室，当接通压缩空气时，压缩空气通过节流孔进入后气室，此时后气室压力将膜片紧贴阀的输出口，脉冲阀处于“关闭”状态。

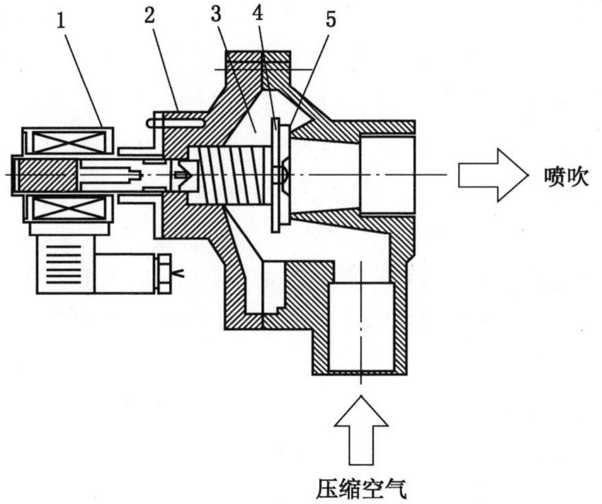

1—衔铁；2—放气孔；3—后气室；4—膜片；5—前气室

图 14-91　直角式脉冲阀结构图

PLC 的电信号使电磁脉冲阀衔铁移动，后气室放气孔打开，后气室迅速失压，膜片后移，压缩空气通过阀输出口喷吹，脉冲阀处于“开启”状态。压缩空气瞬间从阀内喷出，形成喷吹气流。

当 PLC 电信号消失时，脉冲阀衔铁复位，后气室压力升高使膜片紧贴阀出口，脉冲阀又处于“关闭”状态。

5）粉尘收集

经过过滤和清灰工作，被截留下来的粉尘落入灰斗再由灰斗排放到带式输送机上，进入生产系统随原料运走，这不仅有利于物料的回收，而且无须人工清理，实现了除尘与清灰的闭环。

4. 离心风机工作原理

离心风机的叶轮外覆有机械外壳，叶轮的中心为进气口。离心风机工作时，动力设备运转驱动叶轮旋转，将空气从进气口吸入。离心风机的叶片转动过程中对气体施加作用力，提高了气体的压力和速度，气体在离心力的作用下沿叶道从排气口排出。离心风机在工作过程中，虽然叶轮的旋转对气体的压力和速度均有所提升，但气体的各种变化量较小，因此在离心风机的设计和使用过程中，通常是将气体当作不可压缩的流体来处理。离心风机的气体处理过程都是在同一径向平面内完成的，因此离心风机也称为径流离心风机。

5. 空气压缩机工作原理

1）基本结构

单螺杆空气压缩机由一个圆柱形的螺杆与两个对称配置的平面星轮组成啮合副，装在主机壳内。压缩机在螺杆的螺槽、主机壳的内壁、星轮的齿面三者围成的空间内工作。电机直接带动螺杆轴转动，螺杆再带动星轮旋转。气体由主机壳上的吸气口进入螺槽，经压缩后再由主机壳上的排气孔排出。主机壳上还开有喷液孔，润滑油此孔喷入，起到密封、冷却和润滑的作用。

2）工作原理

螺杆上通常有6条螺槽，每个星轮齿将螺槽分隔成上、下两个空间，各自实现压缩机的工作过程。现以螺杆上的一个螺槽为例，说明压缩机的工作过程：

（1）吸气过程(图14-92)。螺杆螺槽在星轮齿尚未啮入前与吸气腔相通,处于吸气状态。当螺杆转到一定位置时,星轮齿将螺槽封闭,此时吸气过程结束。

（2）压缩过程（图14-93）。吸气过程结束后，螺杆继续转动，随着星齿轮沿着螺槽推进，封闭的工作空间逐渐缩小，实现气体的压缩过程。当工作空间与排气孔连通时，压缩过程结束。

图14-92　吸气过程

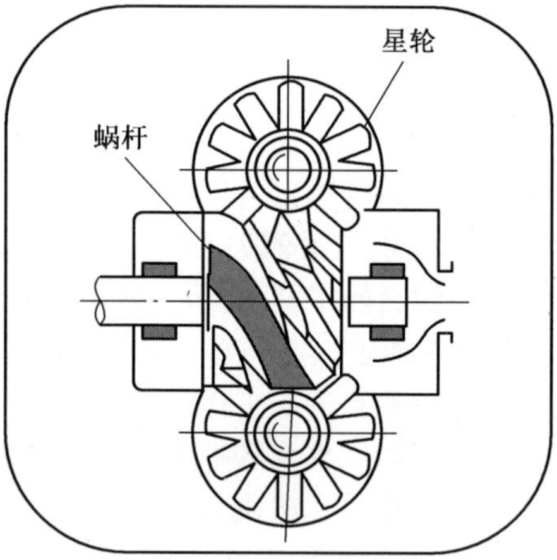

图14-93　压缩过程

（3）排气过程（图14-94）。工作空间与排气孔连通后，随着螺杆的转动，被压缩气体由排气孔输送至排气管道，直到星轮齿脱离螺槽为止。

6. 冷干机工作原理

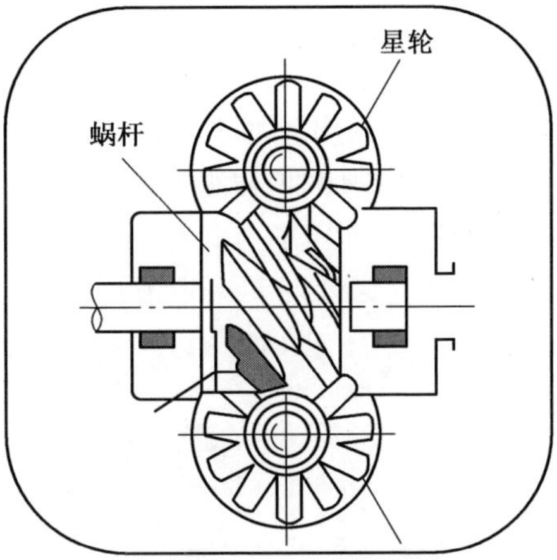

图 14-94　排气过程

潮湿且高温的压缩空气进入干燥机后，首先经过前期冷热换热器进行预冷，除去空气中的水汽；然后进入冷媒蒸发器与冷媒热交换，将空气露点温度降至 2~10 ℃，则可将大部分的水分分离出来，水滴经自动排水器排出系统外；最后干燥的空气再经冷热换热器将温度提高，直到接近环境温度。冷干机的作用是避免空气管路结露、滴水、生锈，节约了能源。干燥后压缩空气的露点温度为-17~23 ℃，含水量约为0.7 g/m^2，除水效率高达93%。

7. 除尘系统日常巡检内容

（1）辅机设备间内清洁整齐，设备表面无灰尘，保证设备的安全空间及散热空间。

（2）检查空压机、储气罐、分气缸上的压力表指针是否一致（0.5~0.7 MPa），检查供气管路有无漏气。

（3）空压机运行时润滑油是否在油标两条红线之间，如少则加，如多则放。其他按空压机控制面板上文本显示器的提示进行维护与保养（加油、更换滤芯）。

（4）打开储气罐、分气缸底部排污阀至无水及油污为止。

（5）检查引风机冷却水箱液位是否高于出口，如液位低应及时补充。寒冷地区冬季使用防冻液。

（6）检查引风机联轴器螺栓、地脚螺栓是否松动，缓冲胶垫是否磨损，轴承箱润滑油液位是否正常，发现问题及时处理。

（7）检查电机、风机轴承温升，发现问题及时处理。

（8）电器元件是否有异常现象，发现问题及时处理。

（9）刮板输送机刮板链条、托辊与传动链条有无异常，发现问题及时处理。

8. 除尘器保养

（1）主除尘风机轴承箱、卸灰阀减速机、刮板输送机减速机每 6 个月换一次齿轮油（标号视季节而定）。

（2）地面清扫风机每 3 个月打开轴承端盖，换一次二硫化钼。

（3）空压机、储气罐、分气缸、储气包上的安全阀、压力表，每年由相关职能部门校验一次。

（4）电机轴承每年换油一次。

（5）滤袋视其磨损程度 3~5 年更换一次。

（6）电磁阀、脉冲阀 3~5 年更换一次。

（7）在雨季和冬季要特别注意，装有卸灰阀的除尘器灰斗是否积灰，卸灰阀是否堵塞，必要时要人工清理。

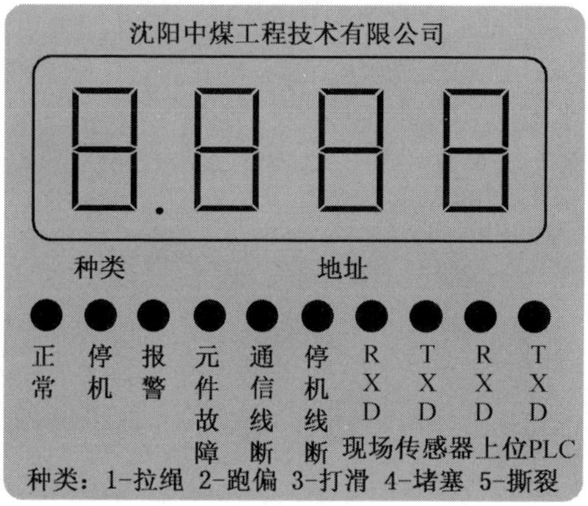

图 14-95 带式输送机五项保护界面图

（五）带式输送机五项保护

带式输送机五项保护全称为输送机综合保护仪（以下简称“综保仪”），是集五项保护于一体的自动化保护装置。综保仪显示装置一般装设于运行司机休息室，当现场有开关动作时，综保仪会显示对应的故障及地址。输送机五项保护包括拉绳、跑偏、输送带打滑、堵塞、纵向撕裂等 5 种开关类型的保护。带式输送机五项保护界面如图 14-95 所示。

1. 拉绳开关

一般成对装设于输送带架两侧或过道一侧。拉绳开关由两旁的钢丝绳牵引，每两个拉绳开关之间的距离约为 50 m。

（1）拉绳开关用途。主要用于设备操作员在运检中发现人身及设备安全隐患或事故的急停，以及停机检修时防止误启机造成人身伤害的保护。

（2）拉绳开关工作原理。拉绳带动凸轮机构控制行程开关实现信号的通断。拉绳开关一般带有自锁装置，当拉杆转角超过 30°时，凸轮带动行程开关动作，自锁装置复位钮会自动上锁。当现场有拉绳动作时，综保仪会显示对应的故障及地址。在隐患排查及检修完成后，拔出复位钮即可恢复。

拉绳开关结构及安装示意如图 14-96 所示。

2. 跑偏开关

短输送带一般在机头和机尾安装跑偏开关，长输送带除在机头和机尾安装外，在输送机中部会根据输送机的距离适当增加跑偏开关，一般成对装设于输送带两侧。当跑偏角度小于 12°时综保仪不显示；跑偏角度大于 12°时输出报警信号，此时不停机；当跑偏角度大于 25°时，输出停机信号，此时输送机停机。

跑偏开关主要用于输送带跑偏时的停机保护。其工作原理是立辊带动凸轮机

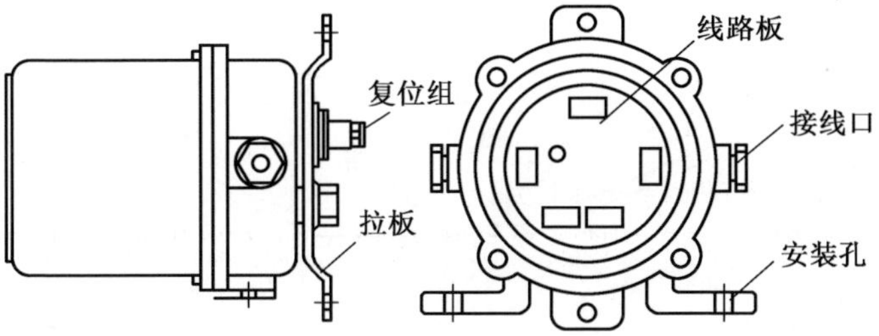

(a) 结构

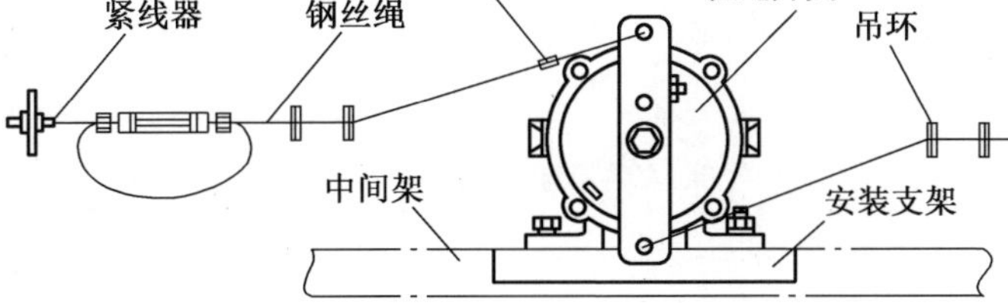

(b) 安装示意

图 14-96 拉绳开关结构及安装示意

构控制行程开关实现信号的通断，当现场有跑偏动作时，综保仪会显示对应的故障及地址。

跑偏开关结构及安装示意分别如图 14-97a、图 14-97b 所示，跑偏等级如图 14-97c 所示。

3. 纵向撕裂开关

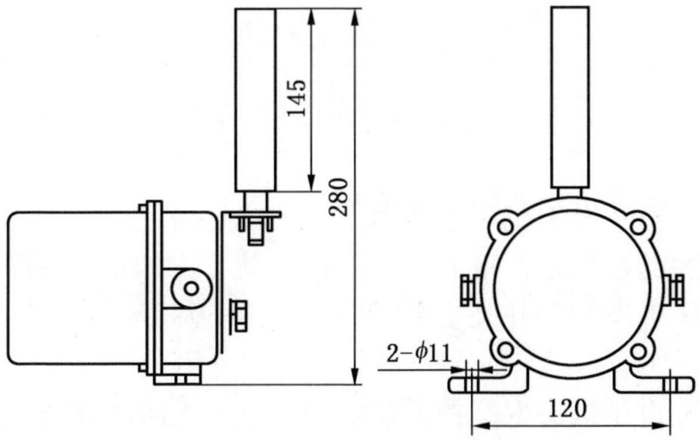

(a) 结构

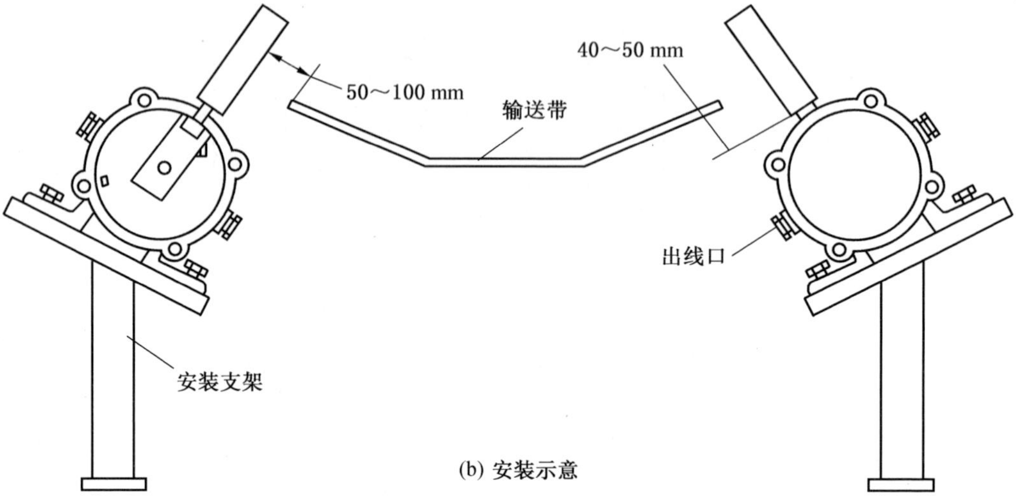

(b) 安装示意

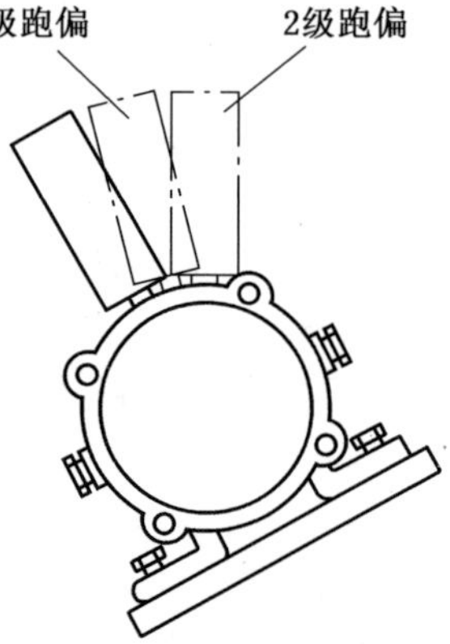

(c) 跑偏等级

图 14-97　跑偏开关结构及安装示意

纵向撕裂开关一般装设于机尾中部槽下方的输送带上，用于防止输送带纵向撕裂的扩大化。撕裂的输送带在重力作用下促使其下方的钢丝绳牵引限位开关动作，从而实现停机。纵向撕裂开关安装示意如图 14-98 所示。

4. 堵塞开关

堵塞开关一般装设于机头中部槽或翻板处，由传感器和控制箱两部分组成，传感器装设于机头中部槽处，控制箱装设于机头支架。

堵塞开关主要用于防止输送机中部槽堵料，通过电容式压力传感器检测信号

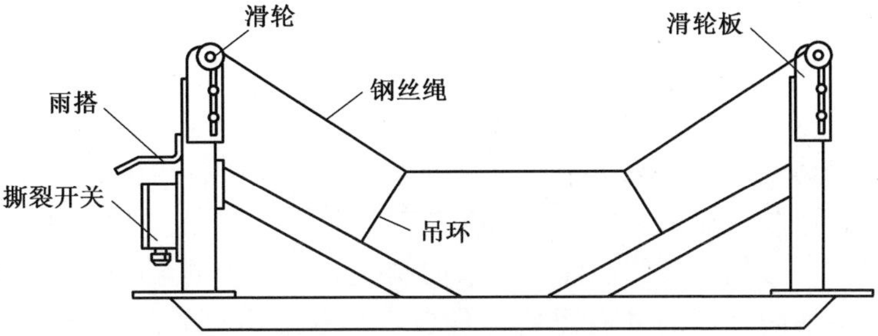

图 14-98　纵向撕裂开关安装示意

的变化达到防堵料的目的。当传感器检测面有堵塞物体持续压力作用时，堵塞开关会一直显示故障直至堵塞物被清除。堵塞开关结构如图 14-99 所示。

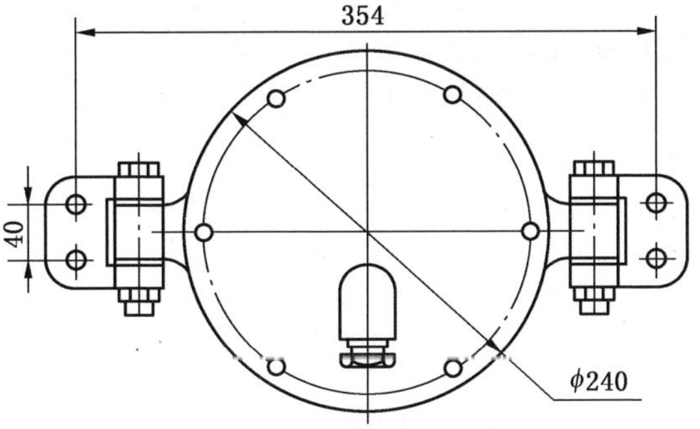

图 14-99　堵塞开关结构图

5. 输送带打滑检测装置

打滑检测装置由传感器和控制箱两部分组成，传感器装设于机头滚筒处，控制箱装设于机头支架。

（1）打滑保护装置用途。主要用于防止输送带打滑造成输送带与设备的损害。

（2）打滑保护装置工作原理。通过速度传感器检测输送速度变化以实现保护功能。通过装设于滚筒上的磁头与传感器的频繁交汇使传感器输出脉冲信号来计算输送带速度，再通过微处理器对比来实现输送机的打滑保护。

打滑检测装置结构如图 14-100 所示。

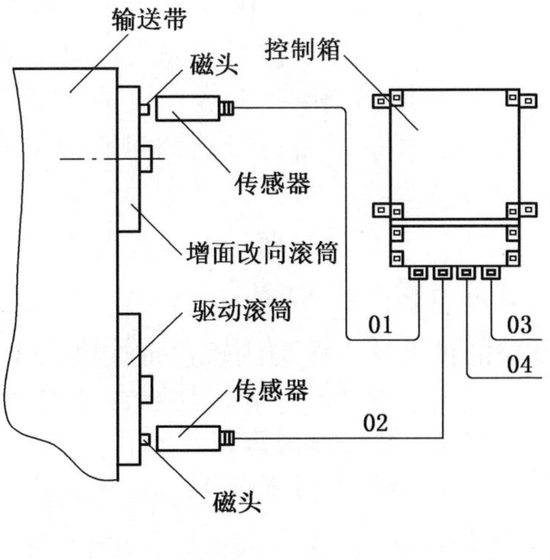

图 14-100　打滑检测装置结构图

第三节 岗位责任制

岗位责任制是充分考虑了企业自身的岗位职责特点，根据企业各个工作岗位的工作性质和业务特点来设置的，明确规定其职责、权限，并定期按照规定的工作标准进行相关考核及奖惩而建立起来的制度。建立和健全岗位责任制，必须明确任务和人员编制，然后才有可能以任务定岗位、以岗位定人员，责任落实到人，各尽其职。岗位责任制的建立有助于各项工作的科学化、制度化、流程化和规范化，达到事事有人负责的目标，改变以往有人没事干，有事又没人干的局面，避免苦乐不均现象的发生。

安全生产责任制是根据我国“安全第一，预防为主，综合治理”的安全生产方针和安全生产法律法规建立的各级领导、职能部门、工程技术人员、岗位操作人员在劳动生产过程中对安全生产层层负责的制度。安全生产责任制是企业岗位责任制的组成部分，是企业中最基本的一项安全制度，也是企业安全生产、劳动保护管理制度的核心。安全生产责任制有助于改善劳动条件，减少工伤事故和职业性疾病。

一、带式输送机作业人员岗位责任制

（一）带式输送机作业人员岗位职责

带式输送机作业人员专业技能要求：熟悉本岗位专业知识，掌握一般电工、钳工、各类油脂润滑等相关知识，了解相关岗位的一般知识。熟练掌握设备操作技能和日常保养，对设备常见故障能正确判断。带式输送机作业人员主要职责：

（1）做好自主保安和相互保安工作，保证自身安全和设备安全，不出事故。

（2）根据调度指令操作设备，完成生产作业任务。

（3）做好设备运行前的对职交接检查、班中（运行）检查、故障汇报、交班检查及清扫工作。

（4）配合检修部门做好各类故障的检修工作。随时向队长和集控调度汇报设备运行状态和检修进度。

（5）如实填写交接班记录和运行记录等各项报单，做到对职交接。

（6）每班进行设备的保养，并做好保养记录。

（二）交接班岗位责任制

（1）接班人员提前 15 min 进车间参加班前会，提前 5~10 min 到岗位与当班人交接班。

（2）当班人员应该在下班前处理完毕当班事务，原则上严禁无故将本班应

该完成的事务拖留给接班人员。

（3）当班人员在当班期间应该尽职尽责恪尽职守，对本岗位的安全消防、设备运转等方面经常巡检，随时保持现场卫生。

（4）当班人员在当班期间应该如实详尽记录本班生产实际情况以及设备检修情况，并在岗位交接班记录本交班人一栏签上自己名字。生产记录字迹要工整，严禁涂改和撕毁。

（5）当班人员有责任和义务为接班人员讲解说明本班生产记录，对设备维修情况、公司重要通知以及领导交办的事务要着重说明。

（6）当班人员在下班前尽最大努力仍未完成本班事务者应该向接班人员解释未完成的理由，如果理由正当合理，得到接班人员认可同意签名确认后方可下班。如果生产紧急需要或者交接班期间出现乱账或者设备故障，交班人员有责任留下和接班人员团结协作共同完成工作，尽快恢复正常生产秩序。

（7）当班人员在下班前必须清扫现场卫生，为接班人员创造一个安全、整洁、有序、稳定的工作环境。

（8）接班人员接班时必须了解上一班的生产情况，对不清楚的情况及时向交班人员询问，对本班的事务和设备有一个整体认识，安排好本班事务，提前领物料用品，备好工具。

（9）接班人员不得无故拖延接班时间，如遇特殊情况没有及时赶到岗位接班应提前通知交班人员，交班人员严禁在无人交接班情况下离岗，如确实联系不上，通知接班班长安排人员接班后方可离岗。

（10）接班人员不得无故不接班，不得无故拒绝在交接班记录本接班人一栏签名。

（11）本制度制定的目的是为了规范岗位交接班的注意事项，创造一个安全、文明、团结、稳定的生产秩序。

（三）日常巡检岗位责任制

带式输送机巡检主要是通过巡检+电视监控的现代化管理手段，采用无人值守、流动巡检的管理模式，改善员工工作条件，降低管理成本、运行风险及安全管理风险。及时发现、上报隐患，提高设备管控水平及时维护，保证生产正常进行。

1. 巡检前工作准备

（1）巡检人员应参加班前会，接受本队安全戴帽教育，了解当班的生产任务，按照岗位要求和队长任务分配并配合主控开始本岗位工作。

（2）与上班巡检人员做到对职交接，严禁信誉交接，要详细了解生产情况及上个班的设备运行情况，如有不明确问题不能在交接班记录上签字，仔细核查后方可正常交接班。

（3）巡检工具、日常用具、安全用具及其他附属用具交接班时要认真检查，发现问题及时记录并汇报当班队长解决。

（4）劳动保护要穿戴齐全，通信设施要保持畅通无阻，熟悉巡检现场的周边环境，防止视线不清时发生意外。

（5）对巡检区域进行设备检查前必须通知主控，并做好必要的安全措施。

2. 巡检工作流程

（1）按照规定时间和内容沿规定的路线进入现场进行巡检工作。开始检查前必须通知主控，检查时安全措施要做到位。设备转换开关打到“零”位，停控制电源，按下急停按钮。

（2）检查设备时必须同时通知队长及监屏员。

（3）巡检人员应在到达相应位置时通知监屏人员，由监屏员对巡检工的位置、到达指定监控位置时间进行确认并在监屏记录上做好记录。

（4）巡检人员到达相应位置后，同时需要由智能巡检卡记录到达位置和到达时间。

（5）静态、动态设备检查时要随时携带好巡检工具，进行检查和测量，检查内容和完好标准执行公司规定，静、动态检查时长按规定执行。检查结果要及时记录，发现的问题要及时汇报主控和当班队长，重要问题当班队长需要到现场确认，不能安全作业的设备要及时通知主控、停机待修。

（6）设备静态检查时要特别重点关注：中部槽衬板、挡料板、正料板、导料槽、机头护罩是否变形、开裂，螺栓是否松动或缺失，焊缝是否磨损严重或开裂；中部槽内是否有异物，清扫器是否变形，输送带是否破损，减速机、耦合器油位是否正常；集中润滑点是否堵塞，油管是否开裂、脱落，双驱动设备耦合器油位是否一致；挡料皮子磨损情况及压板固定方式；缓冲床磨损及固定情况；托辊缺失情况；配重钢丝绳破损情况；安全部件是否可靠，尤其是制动器是否好使；电缆积尘是否清理。

（7）设备动态检查时要特别重点关注：设备温度、温升；是否严重漏油；设备运行时是否有异音及异常振动、异味；中部槽是否漏料；输送带是否跑偏严重，输送带是否损伤；缓冲床底板、固定螺栓、固定底座是否松动；托辊及托辊架是否脱落、缺失或松动；清扫器固定情况、轴承温度及间隙是否正常；滚筒表面是否开裂；配重机构是否安全可靠；安全保护器件是否正常工作。

（8）监屏人员要特别重点关注设备运行时，输送带是否跑偏；中部槽是否堵料、返料；输送带是否破损严重、输送带是否撕裂；是否有铁器、利器或异物进入；监控照明是否正常，是否逆光；巡检人员是否到位。

（9）发现异响、异味、异常振动、冒烟、漏料、漏油、温度异常、异物、堵料、返料、输送带破损等异常情况要果断采取措施（包括紧急停机），监屏人员发现异常或感到异常必须立即停机，同时及时向主控室和队长汇报。巡检人员现场确定或排除隐情。

（10）除设备外，巡检区域的其他所有设施均需要检查，如门窗封闭情况、设备卫生、工业卫生、巡检道路、摄像头、消防设施、供暖设施、供水设施、走台、梯子、护栏、滑道等。

（11）每个单机巡检完毕后，都需要通知主控室。

（12）设备检查完毕后，为启机做好准备，按照主控命令进行启机生产。

（13）首次巡检完毕后，巡检人员必须对巡检质量负责，不得出现因检查不认真、故障没及时发现导致生产计划受到较大影响的情况。

（14）主控根据实际情况安排设备检修时，检修人员到达现场需要联系岗位人员。检修作业完毕后通知主控和巡检人员，同时主控需再次通知巡检人员、维修人员现场作业完毕。设备维修过程中和维修完毕后，巡检人员或定点看护人员要重点进行跟踪和巡视检查，确保无安全隐患。

3. 巡检工作岗位责任制

（1）带式输送机作业人员必须按照规定的时间、检查时长、巡检周期和内容沿规定的路线进入现场及时进行巡检工作。

（2）必须执行公司制定的设备检查标准、检查内容，以及检查周期、检查要求。

（3）巡检工要对上个班次遗留的问题有针对性地进行检查，交班时对存在的问题进行重点交接。

（4）进入相关区域检查时通知相关人员，撤离时也要通知相关人员。

（5）每次流程启机时巡检人员都需要到巡视区域进行检查，确认现场无闲杂人员、外委施工人员及其他人员，没有影响设备正常运行的因素后方可通知主控启机，启机时监护运行，启机正常后方可撤离现场。

（6）巡视时要和旋转部件等保持适当的安全距离，每次检查必须进行温度测量。设备的温度测量一定要用测温工具，测温距离符合规定，严禁用手触摸。

（7）发现突然停机或有异常情况需要立即停机时，要及时和主控室、队长联系，进行隐患确认和排除。再次启机时要求主控按流程逐条启机，以保证每启一条输送带时都有巡检人员到现场及时监护。

（8）流程运行时维修人员若要继续处理故障，需要得到主控室的同意和确认，维修人员还需要及时告知巡检人员。巡检人员如发现维修人员没有采取或安全措施采取不到位，有权制止其作业，同时通知当班队长和主控室。

（9）检查发现设备带病作业，要及时通知主控，询问是否可以继续作业，由维修部门进行鉴定确认，由主控发出指令，如需继续作业，维修部门也要派人监护运行。

（10）启动闲置较长时间的流程时，巡检工有权和主控联系，让维修部门提前对该流程进行细致的检查。设备启机正常后维修人员方可撤离现场。巡检人员需要及时对长时间不运行的设备进行检查，确保现场安全。

（11）需要自行清理的积尘部位、摄像头、廊前屋后及休息室卫生，巡检人员要及时自行清理，及时通知队长和主控。

（12）发现清扫人员设备卫生、工业卫生打扫不合格及未及时关闭门窗，维修人员未及时清理电缆桥架积尘，维修人员处理完故障后隐患未及时消除的，需要及时汇报当班队长和主控室。

（13）设备需要加油或补油时，必须由队长或技术员告知油的品牌号，按照设备保养“五定”“三清洁”要求进行油品加注。

（14）对外委施工单位有权进行检查，发现不遵守公司和部门规章制度，不及时通知巡检人员进入现场或已在现场作业，发现没有采取安全措施或安全措施采取不到位，现场作业时不听从建议、劝阻，隐患未立即整改，没有外委作业审批单，存在“三违”现象，有权立即制止和停止外委施工作业活动，同时通知当班队长和主控室。

（15）巡检工汇报时语言表达要清楚，描述要准确。

4. 巡检周期规定

（1）巡检区域范围的设备检查时长按规定执行，动态和静态检查时长不能低于规定。

（2）设备性能良好，每次巡检间隔时间为 45 min。其中，遇到饭点巡检间隔时间可为 60 min。

（3）本班当班时，对未启动的流程设备执行检查次数要求，要求接班、交班及班中各检查一次。有维修人员作业的部位，巡检时按照正常运转设备的巡检要求进行。

（4）如果需要巡检人员处理堵料等情况，当班队长要合理安排人员，杜绝巡检区域无人巡检现象的发生。

（5）本班当班时设备未作业，要求接班、交班及班中各检查一次。有维修人员作业的部位，要进行现场过程跟踪。

（6）监屏人员要求每隔一小时进行一次轮换。

（四）日常维护保养责任制度

日常检查、润滑保养规范和要求如下：

（1）集中润滑系统加注油脂时不能有粉尘进入，将集中润滑泵的流量调整到最大，设备操作人员每周检查一次出油情况。

（2）集中润滑系统在设备运行前 30 min 开始工作，并在设备停机后继续工作 2 h。

（3）设备操作人员每班对带式输送机驱动设备的杂音、振动、渗漏情况进行检查，发现异常时要及时上报处理。

（4）设备操作人员每班检查一次液力耦合器和减速机的油位是否正常，油量不足时要及时补充。

（5）检修人员每月检查一次液力耦合器联轴器胶块磨损情况，并检查联轴器间隙和电动机轴承间隙及轴承润滑情况。检修人员每月检查一次减速机密封情况，并检查减速机输入、输出轴间隙，如超过允许范围要及时调整或处理。

（6）设备检修人员每月对集中润滑系统出油情况进行检查，打开每个出油点查看出油情况，发现异常情况要及时处理。

（7）当产生异常情况时，要立即停机进行检查，确定原因后及时进行处理。

（8）使用单位每年进行两次减速机油质化验分析，对不合格的润滑油进行更换。

（五）润滑保养表（表 14-2）

表 14-2　润滑保养表

<table>
<tr><th rowspan="2">润滑部位</th><th colspan="4">润滑、补油周期</th><th colspan="2">换油（脂）周期</th><th rowspan="2">加油量及
注意事项</th></tr>
<tr><th>一周</th><th>半月</th><th>一月</th><th>3 个月</th><th>半年</th><th>一年</th></tr>
<tr><td>JZQ 减速器</td><td></td><td></td><td></td><td></td><td>○</td><td></td><td rowspan="6">油面应在油针（标）上下两刻线之间</td></tr>
<tr><td>ZL 减速器</td><td></td><td></td><td></td><td></td><td>○</td><td></td></tr>
<tr><td>NGW 行星齿轮减速器</td><td></td><td></td><td></td><td></td><td>○</td><td></td></tr>
<tr><td>摆线针轮减速器</td><td></td><td></td><td></td><td></td><td>○</td><td></td></tr>
<tr><td>直交轴减速器</td><td></td><td></td><td></td><td></td><td></td><td>○</td></tr>
<tr><td>蜗轮减速器</td><td></td><td></td><td></td><td></td><td>○</td><td></td></tr>
<tr><td>电动滚筒</td><td></td><td></td><td></td><td></td><td>○</td><td></td><td>2/3 滚筒半径</td></tr>
<tr><td>液力偶合器</td><td></td><td></td><td></td><td>○</td><td></td><td>○</td><td>按设计规定</td></tr>
<tr><td>液压推杆、电磁制动器</td><td></td><td></td><td></td><td>○</td><td></td><td>○</td><td>油孔高度</td></tr>
<tr><td rowspan="2">逆止器</td><td rowspan="2"></td><td rowspan="2"></td><td rowspan="2"></td><td rowspan="2">○</td><td rowspan="2"></td><td rowspan="2">○</td><td>油标上下两刻线间</td></tr>
<tr><td>适量</td></tr>
<tr><td>电动机轴承</td><td></td><td></td><td></td><td></td><td></td><td>○</td><td>1/2~3/4 轴承座空间</td></tr>
<tr><td>滚筒轴承</td><td></td><td>○</td><td></td><td></td><td></td><td></td><td>加油时将旧油脂挤出</td></tr>
<tr><td>链式联轴器</td><td></td><td></td><td></td><td></td><td></td><td>○</td><td rowspan="3">适量</td></tr>
<tr><td>钢丝绳</td><td></td><td></td><td></td><td>○</td><td></td><td></td></tr>
<tr><td>滑轮</td><td></td><td></td><td></td><td>○</td><td></td><td></td></tr>
</table>

表14-2(续)

润滑部位	润滑、补油周期				换油（脂）周期		加油量及注意事项
	一周	半月	一月	3个月	半年	一年	
拉紧小车车轮		○					注油至旧油脂挤出
装载卸料小车车轮		○					
托辊							1/2~1/3 轴承座空间
各转动销轴、拉杆	○						适量
各连接、调整螺杆				○			保持一层润滑脂

二、带式输送机作业人员安全生产岗位责任制

带式输送机作业人员是本岗位安全生产直接责任人，对本岗位安全生产负责，完成本岗位安全生产工作。带式输送机作业人员安全生产岗位责任制具体内容见表14-3。

表14-3 带式输送机作业人员安全生产岗位责任

序号	安全职责	到位标准	权利与义务
1	负责对现场作业环境进行安全风险辨识	了解对本岗位作业环境、生产过程和设施设备运行等方面存在的安全风险，掌握安全风险预防措施，严格落实班前会制定的安全风险控制措施	1. 有关安全生产的知情权 2. 有获得符合国家标准的劳动保护用品的权利 3. 有对安全生产提出批评、建议的权利 4. 有对违章指挥的拒绝权 5. 有采取紧急避险措施的权利 6. 在发生生产安全事故后，有获得及时抢救和医疗救护、工伤保险赔付的权利 7. 在作业过程中遵守本单位的安全生产规章制度和操作规程，服从管理，不违章作业 8. 接受安全生产教育和培训，掌握本职工作需要和安全生产知识 9. 发现事故隐患应当及时向本单位安全生产管理人员或主要负责人报告 10. 正确使用和佩戴劳动保护用品
2	负责按照本岗位作业规程和操作规程进行作业	1. 严格按照操作规程、作业规程进行作业，严格按照北露天煤矿巡检管理办法要求进行设备巡检 2. 不发生违章操作、违反劳动纪律的行为	
3	负责对带式输送机情况进行监督，防止煤泥、外来异物进入输送带	1. 作业时做好设备运行监护工作，并做好记录 2. 遇到矸石、铁结核或外来铁器时，需要立即停机采取安全措施后将其取出，并检查设备的完好情况	
4	负责对联合作业现场进行监督	1. 严格执行运行部“电厂输煤系统联合作业规程”，记录维修、清扫人员作业地点、作业项目及作业时间，并汇报主控 2. 监督安全防护措施落实到位，严格落实安全保护（拉绳、急停）“谁挂谁解除”原则 3. 维修作业完成后进行现场验收，检查无遗留火源或杂物；检查、确认人员已全部撤离、现场采取设备启动保护措施已解除后方可进行试机操作	
5	负责配合维修、供电完成检修和停送电工作	1. 检查维修人员工作票所列安全措施正确完备，符合现场条件，监督正确执行工作票所列的安全措施 2. 配合维修人员进行试机操作	

第四节　带式输送机作业风险预控

实施作业风险预控对减少事故的发生具有十分重要的意义。风险预控管理是指通过生产作业危险辨识、运用风险评估方法（LEC）将作业风险进行评估定级，根据作业过程的危险源制定和实施相关风险管理标准，控制或降低作业风险，进而实现安全作业。通过对带式输送机作业进行危险辨识、风险评估、制定管控措施建立带式输送机作业风险数据库。

根据《企业职工伤亡事故分类》（GB 6441—1986）进行带式输送机风险辨识，带式输送机作业主要存在物体打击、机械伤害、高处坠落、触电、火灾、灼烫等风险。根据辨识出的风险项从人、机、环、管四方面制定管控措施，按风险类型分为作业场所类、设备设施类、作业人员类、管理类，具体内容见表 14-4。

表 14-4　带式输送机作业风险数据库

序号	风险等级	风险类型	风险内容	管控措施
1	低风险	作业场所类	带式输送机正常运行时存在的风险： （1）作业过程中有物料工具掉落可能砸伤下方工作人员的风险 （2）设备行走、回转有挤压碰撞的风险 （3）护栏开焊、缺失易造成人员跌落 （4）平台有杂物、平台栅格板有缺损易造成人员跌落 （5）雨雪天气易造成输送带打滑、撕裂及着火，损伤设备 （6）带式输送机遇大风天气易造成设备损伤 （7）作业场地物品摆放杂乱易造成巡检人员绊倒、摔伤或扭伤 （8）环境中的风沙、粉尘易增加职业病患病风险	（1）穿戴齐全劳动保护用品，注意周围环境；严禁抛投工器具和作业材料 （2）严格执行操作规程，回转半径、走行区域严禁人员进入，加强联系，重复指令明确指挥信号，遵守各项安全操作规程，严禁违章指挥、违章操作 （3）强化安全戴帽教育，发现开焊或变形及时维修处理，并悬挂警示牌；有针对性地进行安全教育 （4）强化安全戴帽教育，一人手持物品时，需另一人监护安全，并悬挂警示牌；有针对性地进行安全教育 （5）联系调度确保安全停机；停机后加强巡视 （6）联系调度确保安全停机；降低卸料臂并顺风停放；把防风锚定锁死 （7）作业场地物品摆放规整，作业时观察好作业环境、脚下环境，防止摔伤 （8）做好职业病防治宣传教育工作，戴好口罩、防风镜等劳动保护用品，做好驾驶室的密封

表14-4(续)

序号	风险等级	风险类型	风险内容	管控措施
2	低风险	设备设施类	带式输送机正常运行时存在的风险： （1）运行中损坏的托辊长时间运转有损伤输送带和伤人的风险 （2）停机拉绳缺失或者紧急停机装置失效后，巡检工不能对系统检修而紧急停机时，可能造成输送带撕裂和事故扩大	（1）加强巡视，发现托辊损坏要及时停机处理 （2）定期检查拉绳，紧急停机按钮，保证发生紧急状况时急停拉绳安全可靠
3	低风险	作业人员类	带式输送机正常运行时存在的风险： （1）使用电气设备时，电气设备电源线绝缘外皮破损可能导致人员触电 （2）停送电操作不当有人员触电的风险 （3）操作不当引起的碰撞易发生设备损伤 （4）操作不当引起的突然停机有造成设备损伤的风险 （5）司机未取得上岗资格证，技术能力不强导致操作不当造成设备损伤或人员伤害 （6）与调度室联系不清，不清楚启停机指令和启停机地点，误启机造成设备损伤或人员伤害 （7）违章作业或未遵守操作规程、违章指挥或指挥信号不明确易造成设备事故或人员伤亡	（1）电气设备修复接电时，联系电工操作，严禁私自接线 （2）有专人监护下作业，严格执行审批制度，停送电时加强沟通，并有专人监护 （3）加强司机专业技术培训，加强沟通，指令不明确不执行操作 （4）定期对司机进行职业培训，加强职业技能能力 （5）司机必须经过培训，考试合格取得上岗证后，方可上机操作，并持证上岗。见习司机必须在司机指导下进行操作，司机严禁班中饮酒及酒后上岗。考勤时做好酒精测试工作，加强安全培训，从思想上加强安全意识 （6）严格执行操作规程；加强联系，重复指令，指令不明确不进行操作 （7）加强对安全规程、作业规程的学习和教育，严禁违章指挥、违章作业、违反劳动纪律的事情发生。操作司机有权对违章指挥、违章作业、违反劳动纪律的行为进行制止

表14-4(续)

序号	风险等级	风险类型	风险内容	管控措施
4	低风险	作业场所类	带式输送机静态巡检时存在的风险： (1) 作业过程中有物料工具掉落可能砸伤下方工作人员的风险 (2) 设备行走、回转有挤压碰撞的风险 (3) 护栏开焊、缺失易造成人员跌落 (4) 平台有杂物、平台栅格板有缺损易造成人员跌落 (5) 雨雪天气易造成输送带打滑、撕裂及着火，损伤设备 (6) 带式输送机遇大风天气易造成设备损伤 (7) 作业场地物品摆放杂乱易造成巡检人员绊倒、摔伤或扭伤 (8) 环境中的风沙、粉尘易增加职业病患病风险	(1) 穿戴齐全劳动保护用品，严禁抛投工器具和作业材料 (2) 严格执行操作规程，回转半径、走行区域严禁人员进入，加强联系，重复指令明确指挥信号，遵守各项安全操作规程，严禁违章指挥、违章操作 (3) 强化安全戴帽教育，发现开焊或变形及时维修处理，并悬挂警示牌；有针对性地进行安全教育 (4) 强化安全戴帽教育，一人手持物品时，需另一人监护安全，并悬挂警示牌；有针对性地进行安全教育 (5) 联系调度确保安全停机；停机后加强巡视 (6) 联系调度确保安全停机；降低卸料臂并顺风停放；把防风锚定锁死 (7) 作业场地物品摆放规整，作业时观察好作业环境、脚下环境，防止摔伤 (8) 做好职业病防治宣传教育工作，戴好口罩、防风镜等劳动保护用品，做好驾驶室的密封
5	低风险	设备设施类	带式输送机静态巡检时存在的风险： (1) 梯子上下设备、系统各设备梯子多而且较陡易导致人员摔伤、跌落 (2) 巡检过程中被设备电路、电缆电伤的风险 (3) 减速机、液力耦合器漏油飞溅，油温过高导致人员烫伤 (4) 滚筒、托辊异常磨损产生高温导致烫伤 (5) 照明不足，巡检人员夜间检查设备时，容易发生人员受伤的情况	(1) 上下走梯时抓稳扶好，注意脚下环境 (2) 巡检时与带电设备保持安全距离，并做好安全隔离措施，发现用电设施或者电线漏电及时停机，联系调度室找电工立刻处理 (3) 穿戴齐全劳动保护用品，检查减速机、液力耦合器时保持在上风口，并在安全位置进行检查。如需观察温度用手持型测温枪进行检查 (4) 检查异常滚筒、托辊严禁用手直接触摸。如需观察温度用手持型测温枪进行检查 (5) 加装照明，随身携带移动照明设备

表14-4(续)

序号	风险等级	风险类型	风险内容	管控措施
6	低风险	作业人员类	带式输送机静态巡检时存在的风险： （1）使用电气设备时，电气设备电源线绝缘外皮破损可能导致人员触电 （2）操作不当引起的碰撞易造成设备损伤 （3）操作不当引起的突然停机有造成设备损伤的风险 （4）司机未取得上岗资格证，技术能力不强导致操作不当造成设备损伤或人员伤害 （5）与调度室联系不清，不清楚启停机指令和启停机地点，误启机造成设备损伤或人员伤害 （6）违章作业或未遵守操作规程、违章指挥或指挥信号不明确易造成设备事故或人员伤亡	（1）电气设备修复接电时，联系电工操作，严禁私自接线 （2）加强司机专业技术培训，加强沟通，指令不明确不执行操作 （3）定期对司机进行职业培训，加强职业技能能力 （4）司机必须经过培训，考试合格取得上岗证后，方可上机操作，并持证上岗。见习司机必须在司机指导下进行操作，司机严禁班中饮酒及酒后上岗。考勤时做好酒精测试工作，加强安全培训，从思想上加强安全意识 （5）严格执行操作规程；加强联系，重复指令，指令不明确不进行操作 （6）加强对安全规程、作业规程的学习和教育，严禁违章指挥、违章作业、违反劳动纪律的事情发生。操作司机有权对违章指挥、违章作业、违反劳动纪律的行为进行制止
7	低风险	作业人员类	带式输送机动态巡检时存在的风险： （1）使用电气设备时，电气设备电源线绝缘外皮破损可能导致人员触电 （2）设备行走、回转有挤压碰撞的风险 （3）操作不当引起的碰撞易损伤设备 （4）操作不当引起的突然停机有造成设备损伤的风险 （5）司机未取得上岗资格证，技术能力不强导致操作不当造成设备损伤或人员伤害 （6）与调度室联系不清，不清楚启停机指令和启停机地点，误启机造成设备损伤或人员伤害 （7）违章作业或未遵守操作规程、违章指挥或指挥信号不明确易造成设备事故或人员伤亡	（1）电气设备修复接电时，联系电工操作，严禁私自接线 （2）加强司机专业技术培训，加强沟通，指令不明确不执行操作 （3）定期对司机进行职业培训，加强职业技能能力 （4）司机必须经过培训，考试合格取得上岗证后，方可上机操作，并持证上岗。见习司机必须在司机指导下进行操作，司机严禁班中饮酒及酒后上岗，考勤时做好酒精测试工作。加强安全培训，从思想上加强安全意识 （5）严格执行操作规程；加强联系，重复指令，指令不明确不进行操作 （6）加强对安全规程、作业规程的学习和教育，严禁违章指挥、违章作业、违反劳动纪律的事情发生。操作司机有权对违章指挥、违章作业、违反劳动纪律的行为进行制止

表14-4(续)

序号	风险等级	风险类型	风险内容	管控措施
8	低风险	作业场所类	带式输送机动态巡检时存在的风险： （1）作业过程中有物料工具掉落可能砸伤下方工作人员的风险 （2）设备行走、回转有挤压碰撞的风险 （3）护栏开焊、缺失易造成人员跌落 （4）平台有杂物、平台栅格板有缺损易造成人员跌落 （5）雨雪天气易造成输送带打滑、撕裂及着火，损伤设备 （6）带式输送机遇大风天气易造成设备损伤 （7）作业场地物品摆放杂乱易造成巡检人员绊倒、摔伤或扭伤 （8）环境中的风沙、粉尘易增加职业病患病风险 （9）雨雪天气乘坐车辆有涉水熄火、侧滑、碰撞等风险	（1）穿戴齐全劳动保护用品，严禁抛投工器具和作业材料 （2）严格执行操作规程，回转半径、走行区域严禁人员进入，加强联系，重复指令明确指挥信号，遵守各项安全操作规程，严禁违章指挥、违章操作 （3）强化安全戴帽教育，发现开焊或变形及时维修处理，悬挂警示牌；有针对性地进行安全教育 （4）强化安全戴帽教育，一人手持物品时，需另一人监护安全，并悬挂警示牌；有针对性地进行安全教育 （5）联系调度确保安全停机；停机后加强巡视 （6）联系调度确保安全停机；降低卸料臂并顺风停放；把防风锚定锁死 （7）作业场地物品摆放规整，作业时观察好作业环境、脚下环境，防止摔伤 （8）做好职业病防治宣传教育工作，戴好口罩、防风镜等劳动保护用品，做好驾驶室的密封 （9）雨雪天气尽量避免下坑，如必须下坑时要检查好车辆性能，提醒司机减速慢行，注意瞭望
9	低风险	设备设施类	带式输送机动态巡检时存在的风险： （1）运行中损坏的托辊长时间运转有损伤输送带和伤人的风险 （2）巡检过程中有被设备电路、电缆电伤的风险 （3）减速机、液力耦合器漏油飞溅，油温过高导致人员烫伤 （4）滚筒、托辊异常磨损产生高温导致人员烫伤 （5）照明不足，巡检人员夜间检查设备时容易发生人员受伤的情况 （6）梯子上下设备、系统各设备梯子多而且较陡易导致人员摔伤、跌落	（1）加强巡视，发现托辊损坏时及时停机处理 （2）巡检时与带电设备保持安全距离，并做好安全隔离措施，发现用电设施或者电线漏电及时停机，联系调度室找电工立刻处理 （3）穿戴齐全劳动保护用品，检查减速机、液力耦合器时保持在上风口，并在安全位置进行检查。如需观察温度用手持型测温枪进行检查 （4）检查异常滚筒、托辊严禁用手直接触摸，如需观察温度用手持型测温枪进行检查 （5）加装照明，随身携带移动照明设备 （6）上下走梯时抓稳扶好，注意脚下环境

表14-4(续)

序号	风险等级	风险类型	风险内容	管控措施
10	低风险	作业场所类	带式输送机运行中故障恢复时存在的风险： （1）作业过程中，有物料掉落可能砸伤下方工作人员的风险 （2）设备运转时或某设备解锁运转时，造成人员触碰打击或绞入设备内受伤	（1）穿戴齐全劳动保护用品，注意周围环境，禁止在运行的输送带下方逗留 （2）穿戴齐全劳动保护用品，恢复故障必须停机作业。如需设备运转观察时，要保证与设备的安全距离，禁止在倾斜处恢复故障和观察设备状态
11	低风险	设备设施类	带式输送机运行中故障恢复时存在的风险： （1）设备行走、回转有挤压碰撞的风险 （2）护栏开焊、缺失易造成人员跌落 （3）平台有杂物、平台栅格板有缺损易造成人员跌落 （4）触碰无明显标记的电气设备，误断其他间隔断路器或者隔离开关 （5）操作失误，碰触到其他带电体 （6）断路器停电错误可能导致被恢复设备带电，使故障恢复人员触电	（1）注意周围环境，注意设备各系统动向；佩戴对讲机，保持通信通畅；与设备回转、行走等运行系统保持安全距离 （2）定期检查护栏，如有开焊、缺失要及时维修、更换 （3）观察好作业环境、脚下环境，防止摔倒。作业时需专人负责监护，相互保安 （4）由电工进行作业，并确保由专人监护下作业 （5）确定在无电的情况下再开始作业 （6）在无法准确判断面临的危险时，禁止作业
12	低风险	作业人员类	带式输送机运行中故障恢复时存在的风险： （1）作业过程中搬运物品、工具掉落可能有砸伤人员的风险 （2）设备误启动有绞伤人员的风险	（1）搬运物品时合理安排搬运量，严禁抛投工器具和作业材料 （2）进入检修现场前，确保设备停机，告知调度、工长和设备司机，得到许可后方可进入作业现场
13	低风险	作业场所类	带式输送机配合钳工维修处理故障操作及监护工作时存在的风险： （1）作业过程中有被搬运物体掉落砸伤的风险 （2）作业过程中有物料工具掉落可能砸伤下方工作人员的风险 （3）平台有杂物、平台栅格板有缺损易造成人员跌落 （4）环境中的风沙、粉尘易增加职业病患病风险	（1）加强安全教育，搬运物体站好抓牢 （2）穿戴齐全劳动保护用品，严禁抛投工器具和作业材料 （3）强化安全戴帽教育，一人手持物品时，需另一人监护安全，并悬挂警示牌；有针对性地进行安全教育 （4）做好职业病防治宣传教育工作，戴好口罩、防风镜等劳动保护用品，做好驾驶室的密封

表14-4(续)

序号	风险等级	风险类型	风险内容	管控措施
14	低风险	设备设施类	带式输送机配合钳工维修处理故障操作及监护工作时存在的风险： （1）电动工具（扭矩扳手、切割机）操作不当伤人的风险 （2）设备误启动绞伤人员的风险 （3）钢丝绳起刺、断股扎伤人员的风险 （4）更换减速机、液力耦合器等油温过高易造成人员烫伤	（1）加强安全教育，使用电动工具时严格按照使用手册使用 （2）进入检修现场前，开具工作票，告知调度和工长，得到许可后方可进入作业现场。进入作业现场后，先拉拉绳，再拍急停，防止设备误启动 （3）检查钢丝绳是否完好，有毛刺或起丝现象时要立即更换 （4）穿戴齐全劳动保护用品，检查减速机、液力耦合器时保持在上风口，并在安全位置进行检查。如需观察温度用手持型测温枪进行检查
15	低风险	作业人员类	带式输送机配合钳工维修处理故障操作及监护工作时存在的风险： （1）使用吊车吊运油品时捆绑方法与要领不当，造成偏载或吊装重心不稳，重物倾斜、脱落、晃动有伤人的风险 （2）因指挥失误或司机误操作，作业人员躲闪不及被挤压在吊具和障碍物之间，造成挤伤 （3）吊车机体回转时配重部分将指挥或其他作业人员撞伤、挤伤 （4）钢丝绳检查不到位、使用不当有发生断裂、回弹伤人的风险 （5）站位不当、失去重心导致坠落伤人的风险 （6）高处作业未做防护措施或防护措施不当导致坠落伤人的风险 （7）进行动火作业时未配备防护用具，火星飞溅有烫伤的风险 （8）气焊作业使用氧气和乙炔气瓶安全距离不足，可能引起自燃或者爆炸导致人员伤亡 （9）气焊切割作业时会产生大量的火星,现场有易燃物品时可能引起火灾 （10）气焊切割作业气带使用期限过长或者保养不好，气带可能产生裂纹未及时发现，在作业时会造成气带漏气引起火灾或爆炸	（1）起重时必须有专人捆绑，专人进行沟通指挥，并保持安全作业距离；吊装作业前对吊装工具进行检查，如有破损时立即更换 （2）严格遵守“十不吊”准则，杜绝违章作业 （3）吊装作业时，起重臂下严禁站人，作业人员必须在吊装半径以外 （4）吊装器件时，必须检查确认捆绑牢固后再进行吊装 （5）高处作业时系好安全带，挂好安全绳，安全带高挂低用；特殊大气时，严禁高空作业 （6）高处作业间隙较大时，搭设踏板，捆绑牢固后再进行作业 （7）作业前开具动火作业票，经许可后再进行作业。作业前穿戴齐全防火材质劳动保护用品，观察周围环境，符合标准后再进行作业。作业时设专人进行监护指挥，并配备灭火器。作业完成后，检查是否留有危险高温残渣，并告知调度与设备司机进行检查 （8）切割作业时，要注意气瓶之间距离，气瓶与火源之间都必须满足安全距离 （9）作业前要将作业场地附近可燃物进行清理，现场设置灭火器，专人监护，作业完成后要对现场产生的火源进行处理（浇水、沙石掩埋等）

表14-4(续)

序号	风险等级	风险类型	风险内容	管控措施
15	低风险	作业人员类	（11）电焊焊接作业时，焊接产生的高温火星、焊渣接触到易燃易爆物品可能导致火灾或者爆炸 （12）车辆性能不佳造成车辆失控，导致撞伤人员和设备的 （13）运送人员及物资时机动车司机有接打手机等不安全行为，导致注意力不集中，刮碰到人员及设备造成伤害 （14）车辆行驶超载、超速，可能造成刮碰及车祸，导致人员受伤 （15）机动车进入作业现场未插高杆旗，在设备附近停放时不易被其他设备司机发现，可能发生碾压或者碰撞事故 （16）在作业现场随意调头、倒车，易使附近设备或车辆司机处置不及时，发生碰撞 （17）使用电动工具时，电动工具电源线绝缘外皮破损可能导致人员发生触电情况 （18）接焊机时焊机不合格的绝缘、接地或使用工具不正确可能导致人员发生触电情况 （19）搬运材料时，人员配合不当容易导致摔伤、扭伤	（10）气焊作业前仔细检查气带的完好程度，发现破损及时更换 （11）焊接作业时，要注意焊渣飞溅和熄灭处理 （12）驾驶人员驾驶车辆前先检查车辆各部件的安全性能 （13）作业人员作业前检查安全带安全性和挂靠点安全性 （14）乘车期间必须使用安全带 （15）按矿内规定悬挂高杆旗，注意速度行驶，严禁超载、超速 （16）车辆现场停放时，按照指定位置停放，与设备保持安全距离 （17）电动工具接电时，联系电工操作，严禁私自接线 （18）有专人监护下作业，严格执行审批制度 （19）作业时仔细观察作业环境、脚下环境，防止摔伤
16	低风险	作业场所类	带式输送机配合电工维修处理故障操作及监护工作时存在的风险： （1）作业过程中，有物料工具掉落可能砸伤下方工作人员的风险 （2）护栏开焊、缺失易造成人员跌落 （3）平台有杂物、平台栅格板有缺损易造成人员跌落 （4）站位不当、失去重心导致坠落伤人的风险 （5）高处作业未做防护措施或防护措施不当导致坠落伤人的风险 （6）特殊天气高空作业有跌落风险 （7）作业场地物品摆放杂乱易造成检修人员绊倒、摔伤或扭伤	（1）穿戴齐全劳动保护用品，作业过程中下方严禁通行或逗留。搬运物体时，缓抬轻放，多人配合作业时，专人指挥，协调一致。严禁抛投工器具和作业材料 （2）定期检查护栏，如有开焊、缺失要及时维修、更换 （3）仔细观察作业环境、脚下环境，防止摔倒。作业时需专人负责监护，相互保安 （4）禁止单人高空作业，做好互相监督。作业前确保自身环境安全，抓好站牢。禁止在站立面倾斜处作业 （5）高处作业时确保护栏、护网、踏板等设施安全。高处作业时必须挂好安全带（绳），安全带（绳）高挂低用 （6）特殊天气时，严禁高空作业 （7）作业时观察好作业环境、脚下环境，防止摔伤

表14-4(续)

序号	风险等级	风险类型	风险内容	管控措施
17	低风险	设备设施类	带式输送机配合电工维修处理故障操作及监护工作时存在的风险： （1）处理限位开关、编码器、急停按钮、照明系统、拉绳、传感器可能出现电伤的风险 （2）更换各种电器元件或连接电路时有挤压碰撞的风险 （3）使用电动工具时，电动工具电源线绝缘外皮破损可能导致人员触电 （4）检修电路电缆有触电的风险	（1）由电工进行处理，并配有专人监护。其他人员与带电设备保持安全距离，并做好安全隔离措施 （2）作业前需告知调度和设备司机，同意后再悬挂检修牌进行作业。注意周围环境，注意设备各系统动向。佩戴对讲机，保持通信通畅。加强沟通，重复指令明确指挥信号 （3）使用前检查工具完好性，确保工具安全合格。电动工具接电时，联系电工操作，严禁私自接线 （4）作业前检查电路电缆有无损坏。严格执行审批制度
18	低风险	作业人员类	带式输送机配合电工维修处理故障操作及监护工作时存在的风险： （1）作业过程中搬运物体掉落有被砸伤的风险 （2）设备误启动有绞伤的风险 （3）停送电操作不当有人员触电的风险 （4）对配电柜进行检修作业时，触碰工具非绝缘部位，可能发生触电伤害事故 （5）操作不当引起的碰撞易发生设备损伤 （6）操作不当引起的突然停机有造成设备损伤的风险 （7）搬运材料时，人员配合不当容易导致摔伤、扭伤	（1）穿戴齐全劳动保护用品，作业过程中严禁在输送带下方通行或逗留 （2）作业前首先告知调度和设备司机，同意后悬挂检修牌再作业 （3）停送电时加强沟通，并有专人监护 （4）有专人监护下作业。在更换各项电器元件开关前做好停电措施，并在就地箱处悬挂“有人工作，禁止合闸”指示牌 （5）司机必须经过培训，考试合格取得上岗证后，方可上机操作，并持证上岗。见习司机必须在司机指导下进行操作 （6）司机严禁班中饮酒及酒后上岗，考勤时做好酒精测试工作。加强安全培训，从思想上加强安全意识 （7）人员加强沟通配合，合理规划搬运量

表14-4(续)

序号	风险等级	风险类型	风险内容	管控措施
19	低风险	作业场所类	带式输送机配合清扫工作时存在的风险： (1) 作业过程中，有物料工具掉落可能砸伤下方工作人员的风险 (2) 钢丝绳起刺、断股有扎伤人员的风险 (3) 护栏开焊、缺失易造成人员跌落 (4) 平台有杂物、平台栅格板有缺损易造成跌落 (5) 作业场地物品摆放杂乱易造成检修人员绊倒、摔伤或扭伤 (6) 环境有风沙、粉尘易增加造成职业病患病风险	(1) 进入检修现场前，告知调度和工长，得到许可后方可进入作业现场。穿戴齐全劳动保护用品。清理作业时相互沟通配合，使用专用工具。严禁抛投工器具和作业材料。清理前注意周围环境，确保清理下的物料不会砸到其他人员 (2) 检查钢丝绳是否完好，有毛刺或起丝现象的要立即更换 (3) 定期检查护栏，如有开焊、缺失要及时维修、更换 (4) 观察好作业环境、脚下环境，防止摔倒。作业时需专人负责监护，相互保安 (5) 作业时观察好作业环境、脚下环境，防止摔伤 (6) 戴好口罩、防风镜等劳动保护用品，做好驾驶室的密封
20	低风险	设备设施类	带式输送机配合清扫工作时存在的风险： (1) 减速机、液力耦合器等油温过高易造成人员烫伤 (2) 清扫过程中触碰磨红的托辊有烫伤的风险 (3) 使用电动工具时，电动工具电源线绝缘外皮破损可能导致人员发生触电 (4) 清扫过程中，破坏电缆有可能导致人员触电	(1) 作业前仔细观察好周围环境，检查清理项目的温度，符合作业标准后再进行作业 (2) 作业时设专人进行监护指挥，并配备灭火器、水盆等防火降温用具 (3) 作业前检查工具的完好性，按规程使用安全合格的电动器具。使用电动工具时要有专人监护 (4) 作业前检查周围电缆有无损伤。如有损伤及时联系电工修复
21	低风险	作业人员类	带式输送机配合清扫工作时存在的风险： (1) 设备误启动有绞伤人员的风险 (2) 作业过程中搬运物体有掉落被砸伤的风险	(1) 进入检修现场前，告知调度和工长，得到许可后方可进入作业现场。到达清理现场时先拉拉绳，再拍急停，告知调度清理位置 (2) 穿戴齐全劳动保护用品。搬运物体时，多人沟通后配合作业，相互协调

表14-4(续)

序号	风险等级	风险类型	风险内容	管控措施
21	低风险	作业人员类	（3）电动工具（电镐）操作不当有伤人的风险 （4）站位不当、失去重心导致坠落伤人 （5）高处作业未做防护措施或防护措施不当导致坠落伤人 （6）车辆性能不佳造成车辆失控，可能撞伤人员和设备的 （7）运送人员及物资时机动车司机有接打手机等不安全行为，注意力不集中，导致刮碰到人员及设备 （8）车辆行驶超载、超速可能造成刮碰及车祸，导致人员受伤 （9）机动车进入作业现场未插高杆旗，设备附近停放时不易被其他设备司机发现，可能发生碾压或者碰撞事故 （10）在作业现场随意调头、倒车，易使附近设备或车辆司机处置不及时，发生碰撞 （11）清理时有油飞溅伤眼的风险	（3）作业前检查工具的完好性，按规程使用安全合格的电动器具。电动工具需要接电的必须由专业电工进行接电，严禁私自接电。使用电动工具时要有专人监护 （4）上下设备时扶好扶手。作业时注意脚下，禁止在站立面倾斜处作业。特殊天气时，严禁高空作业 （5）高处作业时必须系好安全带，挂好安全绳，安全带高挂低用。高处作业间隙较大时，搭设踏板捆绑牢固后再进行作业 （6）驾驶人员驾驶车辆前先检查车辆各部件的安全性能。作业人员作业前检查安全带安全性和挂靠点安全性。乘车期间必须使用安全带 （7）司机严禁班中饮酒及酒后上岗，考勤时做好酒精测试工作。加强安全培训，从思想上加强安全意识。穿戴好劳动保护，发挥反光条的作用。不站立在工程设备和车辆的盲区 （8）按矿内规定速度行驶，严禁超载、超速 （9）现场车辆必须配备和使用规定高杆旗。车辆到达现场时必须告知调度。车辆现场停放时，按照指定位置停放，与设备保持安全距离 （10）监管设备司机精神状态。加强安全培训，从思想上加强安全意识 （11）穿戴齐全劳动保护用品。根据作业内容使用护目镜、防油手套等防护用品
22	低风险	作业场所类	带式输送机稀油保养工作时存在的风险： （1）作业过程中，有工器具、材料、配件、物料掉落可能砸伤下方工作人员的风险 （2）作业场地物品摆放杂乱易造成检修人员绊倒、摔伤或扭伤 （3）环境中的风沙、粉尘易增加职业病患病风险 （4）狭小空间有扭伤、撞伤风险	（1）穿戴齐全劳动保护用品，作业过程中下方严禁通行或逗留。搬运物体时，缓抬轻放，多人配合作业时，专人指挥，协调一致。严禁抛投工器具和作业材料 （2）作业时观察好作业环境、脚下环境，防止摔伤。作业完成时收拾好使用过的工器具 （3）戴好口罩、防风镜等劳动保护用品，做好驾驶室的密封 （4）狭小空间作业注意观察周围环境，专人负责安全监管，穿戴好劳动保护用品

表14-4(续)

序号	风险等级	风险类型	风险内容	管控措施
23	低风险	设备设施类	带式输送机稀油保养工作时存在的风险： （1）钢丝绳起刺、断股有被扎伤的风险 （2）使用电动工具时，电动工具电源线绝缘外皮破损可能导致人员触电 （3）运油卡车运输途中或装卸油桶时油桶掉落易砸伤人员	（1）检查钢丝绳是否完好，有毛刺或起丝现象时要停止使用 （2）电动工具接电时，联系电工操作，严禁私自接线。如有电缆破损立刻停止作业，联系电工进行处理 （3）运油卡车按规定行驶和装卸润滑油。严禁超载、超速。装卸润滑油时用专用叉车和吊车进行装卸，严禁人员靠近
24	低风险	作业人员类	带式输送机稀油保养工作时存在的风险： （1）设备误启动有被绞伤的风险 （2）工器具损坏、超负荷工作有冲击伤人的风险 （3）使用吊车吊运油品时捆绑方法与要领不当，造成偏载或吊装重心不稳，重物倾斜、脱落、晃动有伤人的风险 （4）因指挥失误或司机误操作，作业人员躲闪不及被挤压在吊具和障碍物之间，造成挤伤 （5）吊车机体回转时配重部分将指挥或其他作业人员撞伤、挤伤 （6）钢丝绳检查不到位、使用不当有发生断裂、回弹伤人的风险 （7）站位不当、失去重心导致坠落伤人的风险 （8）高处作业未做防护措施或防护措施不当导致坠落伤人的风险 （9）特殊天气吊装有跌落的风险 （10）停送电操作不当有人员触电的风险 （11）搬运材料时，人员配合不当容易导致摔伤、扭伤 （12）保养时有油飞溅伤眼的风险	（1）进入检修现场前，确保设备停机，告知调度和设备司机、工长，得到许可后方可进行保养作业。进入作业现场后，采取挂拉绳或拍急停等防止设备误启动安全措施，悬挂检修牌 （2）作业前检查工器具的完好性，按照规范使用检修工器具 （3）严格遵守“十不吊”准则，杜绝违章作业 （4）配合吊装时必须与起重工做好沟通，并保持安全作业距离 （5）吊装过程中回转半径内严禁站人，吊装作业前对吊装工具进行复检，如有不符合吊装要求的吊具，则立即要求停止使用 （6）吊装作业时，起重臂下严禁站人，作业人员必须在吊装半径以外 （7）禁止单人高空作业，做好互相监督，作业前确保自身环境安全，抓好站牢 （8）高处作业时确保护栏、护网、踏板等设施安全。高处作业时必须挂好安全带（绳），安全带（绳）高挂低用 （9）特殊天气时，严禁高空作业 （10）确定需保养设备无电的情况下再开始作业，正确使用电气工器具，提高检修技能。停送电时加强沟通，严格执行审批制度并有专人监护下作业 （11）作业时需专人负责监护，相互保安。上下走梯时抓稳扶好，注意脚下环境 （12）保养时佩戴好护目镜

表14-4(续)

序号	风险等级	风险类型	风险内容	管控措施
25	低风险	作业场所类	带式输送机干油保养工作时存在的风险： （1）作业过程中有工器具、材料、配件、物料掉落可能砸伤下方工作人员的风险 （2）作业场地物品摆放杂乱易造成检修人员绊倒、摔伤或扭伤 （3）环境中有风沙、粉尘易增加职业病患病风险 （4）狭小空间有扭伤、撞伤风险	（1）穿戴齐全劳动保护用品，作业过程中下方严禁通行或逗留。搬运物体时，缓抬轻放，多人配合作业时，专人指挥，协调一致。严禁抛投工器具和作业材料 （2）作业时观察好作业环境、脚下环境，防止摔伤。作业完成时收拾好自己的工器具 （3）戴好口罩、防风镜等劳动保护用品，做好驾驶室的密封 （4）狭小空间作业注意观察周围环境，专人负责安全监管，穿戴好劳动保护用品
26	低风险	设备设施类	带式输送机干油保养工作时存在的风险： （1）使用补脂泵时，补脂泵电源线绝缘外皮破损可能导致人员触电 （2）运油卡车运输途中或装卸油桶时油桶掉落砸伤人员	（1）检查补脂泵电缆是否破损，如有电缆破损立刻停止作业，联系电工进行处理 （2）运油卡车按规定行驶和装卸润滑油。严禁超载、超速。装卸润滑油时由专用叉车和吊车进行装卸，严禁人员靠近
27	低风险	作业人员类	带式输送机干油保养工作时存在的风险： （1）设备误启动有被绞伤的风险 （2）工器具损坏、超负荷工作有冲击伤人的风险 （3）使用吊车吊运油品时捆绑方法与要领不当，造成偏载或吊装重心不稳，重物倾斜、脱落、晃动有伤人的风险 （4）因指挥失误或司机误操作，作业人员躲闪不及被挤压在吊具和障碍物之间，造成挤伤 （5）吊车机体回转时配重部分将指挥或其他作业人员撞伤、挤伤 （6）钢丝绳检查不到位、使用不当有发生断裂、回弹伤人的风险 （7）站位不当、失去重心导致坠落伤人 （8）高处作业未做防护措施或防护措施不当导致坠落伤人 （9）特殊天气吊装有跌落的风险 （10）停送电操作不当有人员触电的风险 （11）搬运材料时，人员配合不当容易摔伤、扭伤 （12）保养时有油飞溅伤眼的风险	（1）进行保养作业前首先告知调度和设备司机，同意后悬挂检修牌再作业 （2）作业前检查工器具的完好性，按照规范使用检修工器具 （3）严格遵守“十不吊”准则，杜绝违章作业 （4）配合吊装时必须与起重工做好沟通，并保持安全作业距离 （5）吊装过程中回转半径内严禁站人。吊装作业前对吊装工具进行复检，如有不符合吊装要求的吊具，则立即要求停止使用 （6）吊装作业时，起重臂下严禁站人，作业人员必须在吊装半径以外 （7）禁止单人高空作业，做好互相监督，作业前确保自身环境安全，抓好站牢 （8）高处作业时确保护栏、护网、踏板等设施有效。高处作业时必须挂好安全带（绳），安全带（绳）高挂低用 （9）特殊天气时，严禁高空作业 （10）确定需保养设备无电的情况下再开始作业，正确使用电器工器具，提高检修技能。停送电时加强沟通，严格执行审批制度并在专人监护下作业 （11）作业时需专人负责监护，相互保安。上下走梯时抓稳扶好，注意脚下环境 （12）保养时佩戴好护目镜

第五节　带式输送机作业隐患排查

一、隐患排查治理定义

“一企一标准，一岗一清单”编制是企业依据国家相关法律法规、标准规定，结合企业生产经营活动特点和岗位实际，从危险源辨识及风险评价入手，逐一梳理隐患排查的内容、标准、责任、周期，形成适应本企业生产经营特点、个性化的隐患自查标准。企业可以根据管理需要，对事故隐患进行内部分级管理，即“一企业一标准”。生产经营单位将个性化隐患自查标准按照岗位或者场所分解制定车间、班组和岗位的隐患排查清单，明确排查内容、排查周期、责任部门和责任人员等内容，即“一岗位一清单”。

编制“一企一标准，一岗一清单”的目的在于解决“谁来查，查什么，何时查，怎么查，如何改”的问题，从而实现企业隐患排查治理标准的具体化、岗位化和规范化。

二、带式输送机岗位隐患排查治理清单

1. 生产作业隐患排查治理清单（表 14-5）

表 14-5　生产作业隐患排查治理清单

隐患类型	存在隐患	整改过程中的防范措施
设备环境类	设备运转部位可能挤碰、绞伤或碾压作业人员	1. 进入现场人员正确佩戴使用劳动防护用品，注意周围环境 2. 严格执行操作规程，回转半径，走行区域严禁人员进入，加强联系，重复指令明确指挥信号，遵守各项安全操作规程，严禁违章指挥、违章操作
	护栏、格栅板是否安全可靠	定期检查护栏、格栅板。发现开焊或变形要及时维修处理
	平台、人行道是否有杂物影响人员通行	1. 保持平台、人行道通畅 2. 作业器材、设备零件用后及时回收
	作业帮由于出水及其他扰动会可能造成作业帮坍塌导致掩埋设备及人员	做好安全土挡，人员远离坍塌波及区域
	设备保护装置是否正常有效	定期检查拉绳、紧急停机按钮、限位开关等安全保护装置。保证在发生紧急状况时其安全可靠

表14-5(续)

隐患类型	存在隐患	整改过程中的防范措施
设备环境类	设备电缆是否安全可靠	1. 定期检查设备电缆，如有破损及时联系电工处理 2. 作业人员不得触碰电缆
	机电设备是否存在振动、异响、异味、漏油、高温等异常现象	做好机电设备日常、定期检查工作
	物料掉落可能砸伤下方人员	进入现场人员正确佩戴使用劳动防护用品，注意周围环境
	滚筒、托辊是否存在异常磨损产生发红或燃烧现象可能损伤输送带	1. 定期检查各滚筒、托辊 2. 加强巡检巡视，发现滚筒、托辊有损坏及时按规处理
	照明系统是否完好，满足作业要求	1. 定期检查照明系统，如有损坏及时更换 2. 设备司机夜间必须随身携带移动照明设备
人员行为类	劳动保护用品穿戴不齐全，易造成人员伤害	强化安全带帽教育，正确佩戴劳动防护用品，互相检查劳动防护用品是否穿戴齐全
	因人员操作不当造成设备发生碰撞受损	设备司机必须经过培训，考试合格取得上岗证后，方可上机操作，并持证上岗。见习司机必须在司机指导下进行操作，司机严禁班中饮酒及酒后上岗，考勤时做好酒精测试工作，加强安全培训，从思想上加强安全意识
	因人员操作失误、指挥失误造成设备误动作可能挤碰、绞伤或碾压作业人员	1. 设备司机必须经过培训，考试合格取得上岗证后，方可上机操作，并持证上岗。见习司机必须在设备司机指导下进行操作 2. 设备司机严禁班中饮酒及酒后上岗，考勤时做好酒精测试工作，加强安全培训，从思想上加强安全意识 3. 严格执行操作规程，回转半径、行走区域严禁人员进入，加强联系，重复指令明确指挥信号，遵守各项安全操作规程，严禁违章指挥、违章操作
	作业器材或工具掉落可能砸伤下方人员	1. 进入现场人员正确佩戴使用劳动防护用品，注意周围环境 2. 严禁抛投工器具和作业材料，工器具和作业材料用完后及时回收
	设备晃动或人员站位不当可能导致人员摔倒或从高处坠落	1. 设备上行走扶好扶手 2. 高处作业时正确使用安全绳

2. 设备交接班及巡检工作隐患排查治理清单（表14-6）

表 14-6 设备交接班及巡检工作隐患排查治理清单

隐患类型	存在隐患	整改过程中的防范措施
设备环境类	设备解锁运转时可能挤碰、绞伤或碾压作业人员	1. 进入现场人员正确佩戴使用劳动防护用品，注意周围环境 2. 严格执行操作规程，解锁运转时，必须设有专人监护、指挥。严禁违章指挥、违章操作
	护栏、格栅板是否安全可靠	定期检查护栏、格栅板。发现开焊或变形要及时维修处理
	平台、人行道是否有杂物影响人员通行	1. 保持平台、人行道通畅 2. 作业器材、设备零件用后及时回收
	物料掉落可能砸伤下方人员	进入现场人员正确佩戴使用劳动防护用品，注意周围环境
	搬运重物时由于人员配合不当可能导致重物掉落砸伤人员或设备	搬运重物时观察好作业环境，注意脚下，合理安排搬运量。必要时设专人监护、指挥
	巡检设备时是否可能发生人员高空坠落	1. 高处作业时正确使用安全绳 2. 高处作业间隙较大时，搭设踏板后，捆绑牢固后再进行作业
	车辆性能不佳、进入作业现场未插高杆旗、爆闪警示灯等安全设施。易造成车辆失控，可能导致撞伤人员和设备的风险	1. 驾驶人员驾驶车辆前先检查车辆各部件的安全性能。作业人员作业前检查安全带安全性和挂靠点安全性。乘车期间必须使用安全带 2. 现场车辆必须配备和使用规定高杆旗。车辆到达现场时告知必须调度。车辆现场停放时，按照指定位置停放，与设备保持安全距离
人员行为类	劳动保护用品穿戴不齐全，易造成人员伤害	强化安全戴帽教育，正确佩戴劳动防护用品，互相检查劳动防护用品是否穿戴齐全
	停机后操作台是否闭锁，操作台急停按钮是否按下	1. 设备司机严格执行设备操作规程，停机后将操作台闭锁，离开操作室时将操作台急停按钮按下 2. 维修、清扫人员进入检修现场前开具工作票，告知调度和设备司机，得到许可后方可进入作业现场。进入作业现场后，先拉拉绳，再拍急停，防止设备误启动
	因人员操作失误、指挥失误造成设备误动作可能挤碰、绞伤或碾压作业人员	1. 设备司机严格执行设备操作规程，加强沟通，可重复指令明确指挥信号，遵守各项安全操作规程，严禁违章指挥、违章操作 2. 维修、清扫人员进入检修现场前开具工作票，告知调度和设备司机，得到许可后方可进入作业现场。进入作业现场后，先拉拉绳，再拍急停，防止设备误启动

表14-6(续)

隐患类型	存在隐患	整改过程中的防范措施
人员行为类	设备晃动或人员站位不当可能导致人员摔倒或从高处坠落	1. 设备上行走扶好扶手 2. 高处作业时正确使用安全绳
	交接班乘坐车辆进入/离开作业场地司机饮酒后上岗、带病上岗、接打手机、注意力不集中等不安全行为可能造成交通事故	1. 驾驶人员驾驶车辆前先检查车辆各部件的安全性能 2. 作业人员乘坐时检查安全带安全性和挂靠点安全性 3. 乘车期间必须使用安全带 4. 按矿内规定速度行驶，严禁超载、超速 5. 穿戴好劳动保护，发挥反光条作用。安全协管员做好安全监督工作

3. 配合维修人员和清扫队的操作及监护工作隐患排查治理清单（表14-7）

表14-7 配合维修人员和清扫队的操作及监护工作隐患排查治理清单

隐患类型	存在隐患	整改过程中的防范措施
设备环境类	设备解锁运转时可能挤碰、绞伤或碾压作业人员	1. 进入现场人员正确佩戴使用劳动防护用品，注意周围环境 2. 严格执行操作规程，解锁运转时，必须设有专人监护、指挥。严禁违章指挥、违章操作
	护栏、格栅板是否安全可靠	定期检查护栏、格栅板。发现开焊或变形及时维修处理
	平台、人行道是否有杂物影响人员通行	1. 保持平台、人行道通畅 2. 作业器材、设备零件用后及时回收
	有物料工具掉落可能砸伤下方工作人员的风险	1. 进入现场人员正确佩戴使用劳动防护用品，注意周围环境 2. 进入检修现场前，告知调度、工长和设备司机，得到许可后方可进入作业现场 3. 严禁抛投工器具和作业材料 4. 严禁在作业区域下方通行或逗留
人员行为类	搬运重物时由于人员配合不当可能导致重物掉落砸伤人员或设备	搬运重物时仔细观察作业环境，注意脚下，合理安排搬运量。必要时设专人监护、指挥
	1. 检查、维护设备时是否可能发生人员高空坠落 2. 劳动保护用品穿戴不齐全，易造成人员伤害	1. 高处作业时正确使用安全绳 2. 高处作业间隙较大时，搭设踏板捆绑牢固后再进行作业 3. 强化安全戴帽教育，正确佩戴劳动防护用品，互相检查劳动防护用品是否穿戴齐全

表14-7(续)

隐患类型	存在隐患	整改过程中的防范措施
人员行为类		
	停机后操作台是否闭锁。操作台急停按钮是否按下	1. 设备司机严格执行设备操作规程，停机后将操作台闭锁，离开操作室时将操作台急停按钮按下 2. 维修、清扫人员进入检修现场前开具工作票，告知调度和设备司机，得到许可后方可进入作业现场。进入作业现场后，先拉拉绳，再拍急停，防止设备误启动
	因人员操作失误、指挥失误造成设备误动作可能挤碰、绞伤或碾压作业人员	1. 设备司机严格执行设备操作规程，加强沟通，可重复指令明确指挥信号，遵守各项安全操作规程，严禁违章指挥、违章操作 2. 维修、清扫人员进入检修现场前开具工作票，告知调度和设备司机，得到许可后方可进入作业现场。进入作业现场后，先拉拉绳，再拍急停，防止设备误启动
	设备晃动或人员站位不当可能导致人员摔倒或从高处坠落	1. 设备上行走扶好扶手 2. 高处作业时正确使用安全绳

4. 设备维护保养工作隐患排查治理清单（表14-8）

表14-8 设备维护保养工作隐患排查治理清单

隐患类型	存在隐患	整改过程中的防范措施
设备环境类	作业过程中，是否有工器具、材料掉落	1. 正确佩戴和使用劳动防护用品 2. 作业区域下方严禁通行或逗留 3. 严禁抛投工器具和作业材料
	工器具是否完好可靠	1. 作业前检查工器具的完好性，按照规范使用检修工器具 2. 电动工具接电时，联系电工操作，严禁私自接线。如有电缆破损立刻停止作业，联系电工进行处理
	钢丝绳是否有起刺、断股	检查钢丝绳是否完好，有毛刺或起丝现象的严禁使用
	护栏、格栅板是否完整可靠	1. 作业时必须挂好安全带（绳） 2. 作业前检查护栏、护网、踏板等设施完整可靠 3. 发现开焊或变形及时维修处理
	作业场地物品摆放是否导致人员绊倒、摔伤或扭伤	作业时仔细观察作业环境、脚下环境，防止摔伤。作业完成时收拾好现场工器具
	在装卸油泵、油桶时，存在掉落造成人员砸伤、设备损伤的隐患	1. 装卸润滑油时由专用叉车和吊车进行装卸，严禁人员靠近 2. 严格遵守“十不吊”准则，杜绝违章作业

表14-8(续)

隐患类型	存在隐患	整改过程中的防范措施
人员行为类	劳动保护用品穿戴不齐全，易造成人员伤害	强化安全戴帽教育，正确佩戴劳动防护用品，互相检查劳动防护用品是否穿戴齐全
	搬运材料时，人员配合不当可能导致摔伤、扭伤	1. 作业时须专人负责监护，相互保安。走上下梯时抓稳扶好，注意脚下环境 2. 搬运物体时，缓抬轻放；多人配合作业时，专人指挥，协调一致
	吊装作业时，作业人员是否在吊车安全距离以外	1. 吊装过程中回转半径内严禁站人，吊装作业前对吊装工具进行复检，如有不符合吊装要求的吊具，立即要求停止使用 2. 吊装作业时，起重臂下严禁站人，作业人员必须站在吊装半径以外
	保养时站位不当、失去重心可能导致人员坠落	1. 作业前确保自身环境安全，抓好站牢，做好互相监督 2. 高处作业时确保护栏、护网、踏板等设施安全。高处作业时必须挂好安全带（绳）
	司机操作不当导致设备误启动	进入检修现场前，确保设备停机，告知调度和设备司机、工长，得到许可后方可进行保养作业。进入作业现场后，采取挂拉绳或拍急停等防止设备误启动的安全措施，悬挂检修牌

5. 消防灭火工作隐患排查治理清单（表14-9）

表14-9　消防灭火工作隐患排查治理清单

隐患类型	存在隐患	整改过程中的防范措施
设备环境类	平台、人行道是否有杂物影响人员通行；安全出口是否被占用或堵住	1. 保持平台、人行道通畅 2. 作业器材、设备零件用后及时回收 3. 任何单位、个人不得占用、堵塞、封闭疏散通道、安全出口、消防车通道
	灭火器等消防设施是否完好	定期检查消防设施，如有失效、损坏现象立即更换补充
	应急照明、安全疏散指示标志是否完好有效	定期检查应急照明、安全疏散指示标志，如有损坏、缺失立即恢复补充
	疏散指示标志是否被遮挡	定期检查疏散指示标志，如有问题立即处理
	护栏、格栅板是否安全可靠	定期检查护栏、格栅板，发现开焊或变形及时维修处理

表14-9(续)

隐患类型	存在隐患	整改过程中的防范措施
人员行为类	劳动保护用品穿戴不齐全，易造成人员伤害	强化安全戴帽教育，正确佩戴劳动防护用品，互相检查劳动防护用品是否穿戴齐全
	灭火器等消防设施是否被埋压、阻挡、圈站、损坏、挪用	定期检查消防设施，如有埋压、阻挡、圈站、损坏、挪用现象立即恢复
	消防器材或工具掉落可能砸伤下方人员	1. 进入现场人员正确佩戴使用劳动防护用品，注意周围环境 2. 严禁抛投消防器材或工具，消防器材或工具用完后及时回收
	因外力因素或人员站位不当可能导致人员摔倒或从高处坠落	1. 设备上行走扶好扶手 2. 加强通信联系，重复指令明确指挥信号

第六节 《煤矿安全规程》及安全生产标准化相关规定

一、《煤矿安全规程》对带式输送机作业的相关规定

第五百七十条　采用带式输送机运输时，应当遵守下列规定：

（1）带式输送机运输物料的最大倾角，上行不得大于16°，严寒地区不得大于14°；下行不得大于12°。特种带式输送机不受此限。

（2）输送带安全系数取值参照本规程第三百七十四条。

（3）带式输送机的运输能力应当与前置设备能力相匹配。

第五百七十一条　带式输送机必须设置下列安全保护：

（1）拉绳开关和防跑偏、打滑、堵塞等。

（2）上运时应当设制动器和逆止器，下运时应当设软制动和防超速保护装置。

（3）机头、机尾、驱动滚筒和改向滚筒处应当设防护栏。

第五百七十二条　带式输送机设置应当遵守下列规定：

（1）避开采空区和工程地质不良地段，特殊情况下必须采取安全措施。

（2）带式输送机栈桥应当设人行通道，坡度大于5°的人行通道应当有防滑措施。

（3）跨越设备或者人行道时，必须设置防物料撒落的安全保护设施。

（4）除移置式带式输送机外，露天设置的带式输送机应当设防护设施。

（5）在转载点和机头处应当设置消防设施。

（6）带式输送机沿线应当设检修通道和防排水设施。

第五百七十三条　带式输送机启动时应当有声光报警装置，运行时严禁运送工具、材料、设备和人员。停机前后必须巡查托辊和输送带的运行情况，发现异常及时处理。检修时应当停机闭锁。

二、露天煤矿带式输送机/破碎站运输标准化管理内容及标准（表 14-10）

表 14-10　露天煤矿带式输送机/破碎站运输标准化管理内容及标准

项目	项目内容			基本要求
技术管理	设计			符合设计并按设计作业
	记录			设备运行、检修、维修和人员交接班记录翔实
作业管理	巡视			定时检查设备运行状况，记录齐全
	带式输送机	机头机尾排水		无积水
		最大倾角		符合设计
		分流站		分流站伸缩头有集控调度指令方可操作，设备运转部位及其周围无人员和其他障碍物，不造成物料堆积洒落
		清料		沿线清料及时，无洒物，不影响行车、检修作业；结构架上积料及时清理，不磨损托辊、输送带或滚筒
	破碎站	半固定式破碎站	清料	破碎站工作平台及其下面没有洒料
			卸料口挡车器	挡车器高度达到运煤汽车轮胎直径的 2/5 以上
			减速机	各部减速机无渗、漏油现象
			板式给料机	链节、链板无变形，托轮无滞转
			润滑系统	管路、阀门、油泵运行可靠，无渗油、漏油
		自移式带式输送机	液压系统	液压管路、俯仰调节液压缸等无渗漏，液压泵及液压马达运行平稳、无噪声，液压系统各部运行温度正常
			板式给料机	承载托轮无滞转，链节无裂纹，刮板无变形翘曲

第十五章　带式输送机运输作业安全操作技能

第一节　带式输送机操作规程

一、集中启动带式输送机

系统正常运行时必须采用集中控制方式。

（1）完成启机前全部检查工作。

（2）确认或操作就地箱转换开关至“集中”位置，就地箱“集中”指示灯亮。

（3）通知主控调度准备完毕，可以启动。

（4）主控调度按所选流程自动启动。

二、就地启动带式输送机

仅适于检查、检修时使用就地控制方式。

（1）完成启机前全部检查工作。

（2）通知主控调度送“允许就地”信号。

（3）现场就地箱转换开关打“就地”位置，就地箱“集中”指示灯熄灭。

（4）按就地箱“启动预告”按钮响铃3～5次后（如无预告铃省略此步），按就地箱“启动”按钮，带式输送机启动。

三、验带启机

用于过载停机时低速启机，不允许长时间验带启机。

将就地箱转换开关打到“就地”位，就地箱“集中”指示灯熄灭；主控发出“允许就地”指令。

（一）启机

（1）在AACM箱触摸屏上点击“控制方式”选择“验带运行”。

（2）按就地箱“启动预告”按钮，响铃 3~5 次。

（3）按就地箱“启动”按钮，带式输送机启动。

（二）停机

（1）按就地箱“停止”按钮，带式输送机停机。

（2）如不需再次验带启机，在 AACM 箱触摸屏上点击“控制方式”选择“满速运行”。

四、正常停机

（1）集中运行停机时，待输送带上无料后，由主控集中停机。

（2）就地运行停机时，现场就地箱按“停止”按钮即可。

五、紧急停机

如有紧急情况，需要立即停止输送带运行时，可采取以下任一方式停机：

（1）通知主控，紧急停机。

（2）把就地控制箱转换开关置“零位”位置。

（3）按下“急停”按钮。

（4）拉沿线拉绳。

（5）拉跑偏开关。

（6）按 AACM 箱急停按钮。

（7）切断控制电源。

第二节　带式输送机作业管理

一、作业前准备工作

（1）接班后认真检查所属设备状况，并穿戴好劳动保护用品。

（2）检查各观察孔的门密封情况。

（3）检查带式输送机内是否有异物。检查内破碎齿板、轴承完好情况，检查集中润滑桶内的油位情况。检查各部衬板是否紧固、各部螺栓是否紧固。

（4）检查附属设备部件是否完好、是否正常。

（5）检查控制盘的各种指示灯是否正常。

二、清理带式输送机上下中部槽措施

（1）通知主控室调度员和当班联合作业队队长。

（2）做好抠料时的保护措施，断掉带式输送机的主电源。

（3）进入中部槽内时，一定要系好安全带，采取好必要的安全防范措施，设置照明，找专人监护。

（4）工作完毕后解除保护，通知主控室调度员，通知当班队长。

三、维修人员作业时的相关措施

（1）通知主控室调度员维修人员将要工作的部位，并做好记录。

（2）督促其采取好安全防范措施方可作业。

（3）维修完毕后，检查现场，通知主控室调度员并做好记录。

（4）检修需要试机必须由岗位司机操作试机。

四、启机作业中的注意事项及方法

（1）启机准备工作完毕后，在确认本岗位设备均可运行时，通知主控室调度员本岗位设备一切正常。

（2）集中启机时由主控室调度员起动，就地启动时需征求主控室调度员同意后方可由本岗位司机就地启动。

（3）启机时要远离电机和带式输送机。

（4）发现生产中有影响视线的情况时，必须两人同行。

（5）巡检电机、减速机等运行情况，如发现异常情况立即停机检查，并通知主控室调度员。

（6）经常观察各部仪表的指示情况。

（7）破碎时禁止打开观察口门检查。

（8）带式输送机禁止重载启动。

（9）动态检查旋转部件时，至少保持 0.5 m 以上安全距离，防止造成人身伤害

五、抠中部槽时采取的相关措施

（1）通知主控室调度员，做好记录。

（2）做好抠料时的安全防范措施，先抠带式输送机下部中部槽，在抠带式输送机上部中部槽。

（3）处理时要听从专人统一指挥。

（4）清理完由统一指挥人员确认人员撤离现场后，通知主控室调度员方可启动设备。

（5）作业时严格遵守操作规程。

(6) 设备上各部照明保持完好。

(7) 检查旋转部件不许触摸，要保持一定的安全距离，防止伤及人身。

(8) 上、下设备时一定要站稳、抓牢，防止坠落。

六、停机操作

(1) 带式输送机必须按照主控室调度员停机顺序正常停机，保证带式输送机内没有料。

(2) 如带料停机必须将带式输送机内的料抠出。

(3) 检查清除中部槽内的异物等。

(4) 检查完毕后，必须将各个观察口关闭。

七、3000T、6000T 自移式带式输送机作业规程

第一条　工作面带式输送机中心线距下分台阶坡顶线不小于 12 m，距主台阶坡底线不小于 18 m。

第二条　带式输送机运输平盘宽度不小于 41 m（暂定）。

第三条　工作面带式输送机两侧需设宽不小于 5. 0 m 的道路，供辅助工程机械通过。

第四条　带式输送机输送物料时，上行角度不得大于 14°，下行角度不得大于 12°。

第五条　工作面平整度按采装作业规程要求及半连续运输系统安全规程要求。

第六条　接班司机检查设备后，立即向工长汇报设备状况并做记录。

第七条　系统启机：系统各设备均进入预选状态后，带式输送机司机在生产调度命令下，发出启机信号按下系统启动按钮，启机正常后通知电铲可以采装，系统开始作业。

第八条　系统作业时地面巡检人员检查物料转载点的对中情况、工作面情况、设备情况及设备作业安全。

第九条　系统停机：生产调度室下达准备停机命令后，电铲司机停止装料，带式输送机排空物料后，由带式输送机司机按程序停机，并汇报当班工长和生产调度。

第十条　集控系统的作业步骤

(1) 设备启动前由生产调度下达启动命令，现场人员接到命令后，对本岗位所辖的设备情况进行确认，胶带输送机司机按程序对皮带桥进行问询。

(2) 在现场运行人员向工长汇报正常的情况下，带式输送机司机利用通信

设备对现场人员进行通告，通告三遍后开始启机。

(3) 带式输送机司机开始启机，启动预告自动报警 30 s（确认现场人员离开现场）后，按照流程启动顺序自动启机，带式输送机司机室内可以监视启动过程和故障判断。

(4) 在设备运行过程中如有故障，由工长向生产调度上报故障情况，通知检修人员进行处理。排除故障后再次启机时，按上述程序进行。

(5) 停机时（正常停机）由生产调度下达停机命令

(6) 故障处理时，需就地启动设备时工长与生产调度联系后，按上述启动程序进行。

(7) 出现紧急情况，需要紧急停机，应及时按下急停按钮，并把情况汇报给当班工长。

第十一条　设备发生故障，预计检修时间超过 20 min，系统应停机。

第十二条　电铲机尾回转半径 7.95 m，带式输送机、输送带桥任何突出部位距电铲机尾回转范围净距离不得小于 1.0 m。

第十三条　电铲最大卸载半径 18.7 m，带式输送机受料斗进入该范围满足电铲卸货要求，其他部位不能进入作业范围。

第十四条　半连续工艺系统设备采用联锁控制，单台设备发生故障停机时，联锁上级设备将自动停机。操作人员上报停机原因。

第十五条　带式输送机入料粒度长、宽、高不得大于 1.8 m、1.2 m、1.0 m，出料粒度为 0~400 mm。发现可能损坏设备的异物时，立即停机上报并及时处理。

第十六条　电铲作业时，受料斗地面 50 m 范围内，严禁任何设备和人员进入。

第十七条　系统设备人工清理积料、滚筒粘料及卡块等接触设备移动转动部位时，必须做好呼唤应答，必须做好安全防护措施后进行清理。

第十八条　拉绳开关、就地控制开关必须谁断开谁复位，其他人员不得复位。

第十九条　设备长距离行走，必须由专人指挥，指挥人员要随时观察地面平整情况、设备间安全距离等，确保行走安全。

第二十条　设备各种保护开关及预警设施必须定期试验，确保安全有效。

第二十一条　严禁人员从高处（履带板、前梯、回转盘、走梯等）跳下。

八、设备巡检

（一）静态巡检

带式输送机启动前，需要对以下项目仔细检查：

（1）检查急停按钮、拉绳、拉绳开关、跑偏开关等安全装置。

（2）检查输送带有无明显的损伤。

（3）检查带式输送机上有无杂物，如有立即清理。

（4）检查托辊和滚筒，并清理粘料。

（5）检查各润滑部位润滑是否良好。

（6）检查清扫器的状态是否正常。

（7）检查并清理输送带沿线积料。

（8）检查并清理制动轮积土。

（9）检查并处理受、卸料口的粘料。

（10）检查头尾站结构件有无变形、开焊、断裂或松动等。

（11）检查灭火器材是否齐全有效。

（12）检查各部照明是否齐全有效。

（13）其他未能尽述但必要检查项目等。

（二）动态巡检

（1）检查电机、减速机运行状态是否正常。

（2）检查托辊、滚筒、平辊转动情况。

（3）检查输送带运行状态，是否跑偏、刮擦机架等。

（4）检查输送带张力是否正常，防止不正常运转。

（5）检查清扫器的清扫效果。

（6）观察输送带负荷量，随时同上、下部带式输送机司机保持联系。

（7）其他未能尽述但必要检查项目等。

（三）巡检技术依据

1. 目测

轴承密封应目测，轴承的润滑剂密封环和润滑装置也应检查，还必须检查润滑装置的功能，过脏的轴承各点必须清理。

2. 温度检查

正常工作温度约 50 ℃，手动检查。如果温度升高，不得超过 80 ℃，超过 80 ℃必须报告主控。

3. 噪声检查

发现运转声音不正常时，应做噪声检查并报告主控。

4. 窜轴检查

轴窜量不能超过 1 mm，否则必须进行检修。

（四）减速机

减速机的维护包括检查油循环温度、油位和噪声。

1. 温度检查

正常工作温度约 50 ℃，手动检查。如果温度升高，不得超过 80 ℃，超过 80 ℃必须报告主控。

2. 油位检查

油位在减速机静止不动时检查，根据油标刻度确定油位，油位必须在油标上下限之间，特别要注意油位不得低于油标下限。

3. 噪声检查

减速机发出不正常声音或者有杂音时，进行噪声检查并报主控。

用一个听力棒听轴承部位，均匀的嗡嗡声表明运转完全正常；沙哑的打击声，可能是由杂质引起的，金属发出的丁零鸣声直至干扰啸声是因为缺少润滑或者轴承间隙太小，运转时发出隆隆声说明滚动轴承有损伤，或者轴承间隙太大。

（五）制动器

（1）定期检查并调整制动器闸瓦间隙。

（2）更换磨损严重的制动器闸瓦。闸瓦的更换标准为闸瓦的磨损量不小于初始厚度的一半，如闸瓦的磨损不均匀应以最薄处计。

（3）闸瓦衬面有偏磨时，必须更换全套闸瓦。

（4）经常检查制动轮观察有无裂纹。

（5）经常检查液力推动器的油位及密封状态。

九、汇报程序

（一）故障汇报程序

（1）司机在运行前检查设备发现故障时，首先明确故障位置，初步判断故障原因，并立即向主控调度员汇报故障现象、故障部位，由主控调度员根据故障的性质和分类通知检修人员进行检修。

（2）司机在运行中发现设备故障时，应迅速对故障发生部位、严重程度进行判断。对不影响安全或设备功能的轻微故障，司机应立即向主控调度员汇报故障情况、故障位置，由主控调度员根据故障的性质和分类通知检修人员到现场。对于严重故障，司机应立即对设备进行紧急停机，停机后立即向主控调度员汇报故障情况、故障位置，由主控调度员根据故障的性质和分类通知检修人员进行检修。

（3）司机在停机后发现设备故障时，首先明确故障位置，初步判断故障原因，并立即向主控调度员汇报故障情况、故障部位，由调度员根据故障的性质和分类通知检修人员进行检修。如当班未对该故障进行处理，则应如实告知下个班组操作人员故障情况。上个班组若有遗留故障，当班司机应询问主控调度员能否正常作业。

（二）事故汇报程序

（1）发生设备事故时，司机应及时通知主控调度员和队（工）长，同时对现场做好防护措施，做好警示，防止发生二次事故。

（2）发生人身伤害事故时，司机及时通知主控调度员和队长，同时做好受伤人员的救治，保护好现场，做好警示，防止发生二次伤害。

第三节　带式输送机操作注意事项

岗位注意事项：

（1）严禁无关人员接近带式输送机。

（2）严禁使用带式输送机运输人和物件。

（3）无论输送带运行与否，严禁在输送带上站、行、坐、卧。

（4）带式输送机未经许可不得启动。

（5）严禁横跨带式输送机，必须从栈桥或头站处穿越带式输送机。

（6）在输送带运行中，严禁触摸输送带和转动部件。

（7）在输送带运行中，严禁清扫输送带下方物料和在输送带下方穿行。

（8）当滚筒、平辊、托辊因轴承损坏摩擦发热时，严禁停机，应立即采取降温措施（如用水、冰雪、二氧化碳灭火器等）冷却后方可停机。

（9）急停按钮只有在设备即将发生事故或危及人身安全时才能使用。

（10）紧急停机后，在原因不明或故障未排除之前，不准启机。

第四节　带式输送机常见故障及处理

一、输送带跑偏

输送带是输煤系统的关键设备，其安全稳定运行直接影响生产作业。输送带跑偏是带式输送机最常见的故障，及时、准确地处理跑偏问题是安全稳定运行的保障。跑偏的原因有很多，要根据不同的跑偏现象采取不同的调整方法解决问题。

（1）承载托辊组安装位置与输送机中心线的垂直度误差较大，导致输送带在承载段向一侧跑偏。

承载托辊组安装偏斜时受力分析如图 15-1 所示，输送带向前运行时给托辊一个向前的牵引力 F_q，这个牵引力分解为使托辊转动的分力 F_z 和一个横向的分

力 F_c，这个横向的分力使托辊轴向窜动，由于托辊支架的共顶拖滚无法轴向窜动，必然会对输送带产生一个反作用力 F_y，使输送带向另一侧移动，从而导致跑偏。

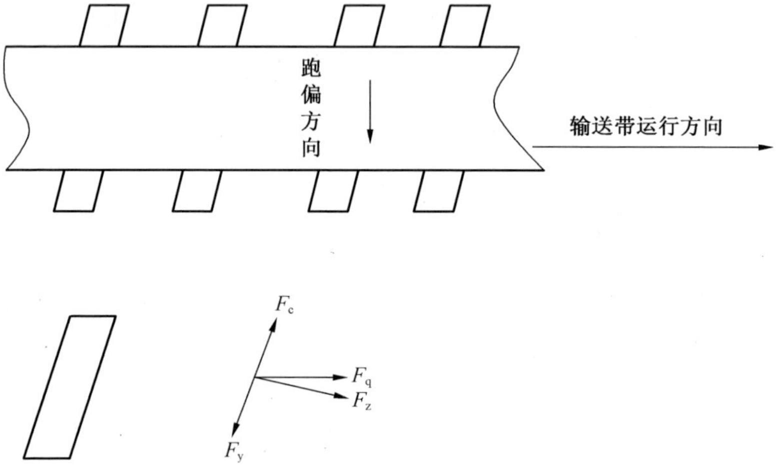

图 15-1　承载托辊组安装偏斜时受力分析

搞清楚了承载托辊组安装偏斜时的受力情况，就不难理解输送带跑偏的原因了，调整的方法也就明确了。第一种方法就是在制造时托辊组的两侧安装孔都加工成长孔，以便进行调整，具体调整方法如图 15-2 所示，输带偏向哪一侧，托辊组的哪一侧就朝输送带前进方向前移，或另外一侧后移。图 15-2 中输送带向下方跑偏，则上方托辊组应当向左移动，下方托辊组应当向右移动。第二种方法是安装调心托辊组，调心托辊组有多种类型如中间转轴式、四连杆式、立辊式等，其原理是采用阻挡或托辊在水平面内方向转动阻挡或产生横向推力使输送带自动向心达到调整输送带跑偏的目的，其受力情况和承载托辊组偏斜受力情况相同。一般在带式输送机总长度较短时或带式输送机双向运行时采用此方法比较合理，原因是较短带式输送机更容易跑偏并且不容易调整。而长带式输送机最好不采用此方法，因为调心托辊组的使用会对输送带的使用寿命产生一定的影响。

（2）头部驱动滚筒或尾部改向滚筒得轴线与输送机中心线不垂直，造成输送带在头部滚筒或尾部改向滚筒处跑偏。

滚筒偏斜时，输送带在滚筒两侧的松紧度不一致，沿宽度方向受到的牵引力 F_q 也就不一致，成递增或递减趋势，这样就会使输送带附加一个向递减方向的

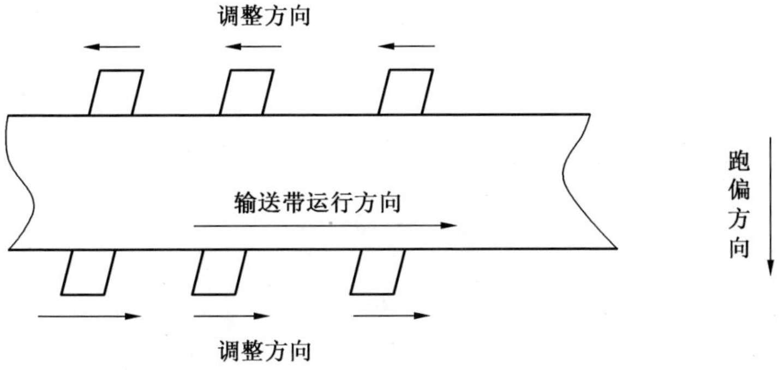

图 15-2　承载托辊组的调整方法

移动力 F_y，导致输送带向松侧跑偏，即“跑松不跑紧”。滚筒处跑偏的受力与调整方法如图 15-3 所示。

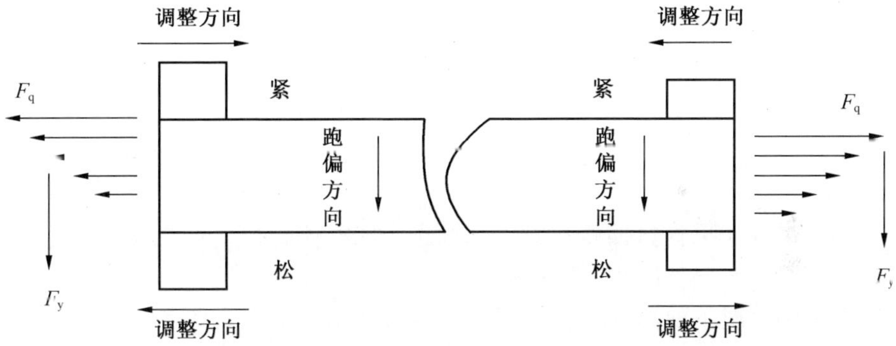

图 15-3　滚筒处跑偏的受力与调整方法

调整方法：对于头部滚筒如输送带向滚筒的右侧跑偏，则右侧的轴承座应当向前移动；输送带向滚筒的左侧跑偏，则左侧的轴承座应当向前移动，相对应的也可将左侧轴承座后移或右侧轴承座后移。尾部滚筒的调整方法与头部滚筒刚好相反。经过反复调整直到输送带调到较理想的位置。在调整驱动或改向滚筒前最好准确安装它们的位置。

（3）滚筒外表面加工误差、粘料或磨损不均造成直径大小不一，输送带会向直径较大得一侧跑偏，即“跑大不跑小”。

滚筒直径大小不一的受力情况如图 15-4 所示，输送带的牵引力 F_q 产生一个向直径大侧的移动分量 F_y，在 F_y 的作用下，输送带产生偏移。

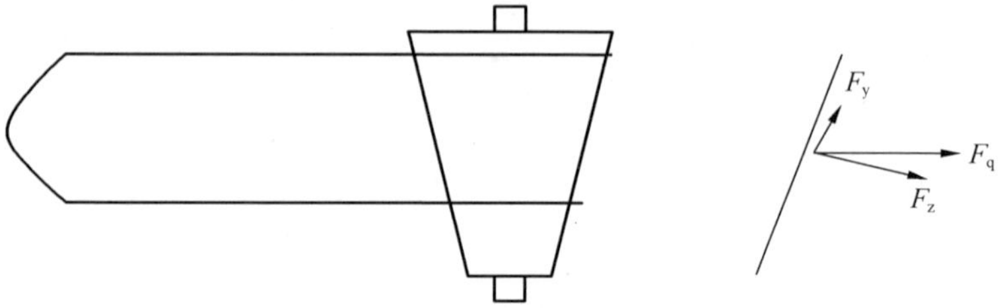

图 15-4 滚筒直径大小不一的受力情况

对于这种情况，解决的方法就是清理干净滚筒表面粘料，加工误差和磨损不均的就要更换下来重新加工包胶处理。

（4）转载点处落料位置不正，造成输送带跑偏。转载点处物料的落料位置对输送带跑偏有非常大的影响，尤其是上条输送机与本条输送机在水平面的投影垂直时影响更大。通常应当考虑转载点处上下两条带式输送机的相对高度，相对高度较低，物料的水平速度分量越大，对下层输送带的侧向冲击力 F_c 也越大，物料也很难居中，使在输送带横断面上的物料偏斜，冲击力 F_c 的水平分量 F_y 最终带偏输送带。如果物料偏到右侧，则输送带向左侧跑偏，反之亦然。落料点不正时输送带受力情况如图 15-5 所示。

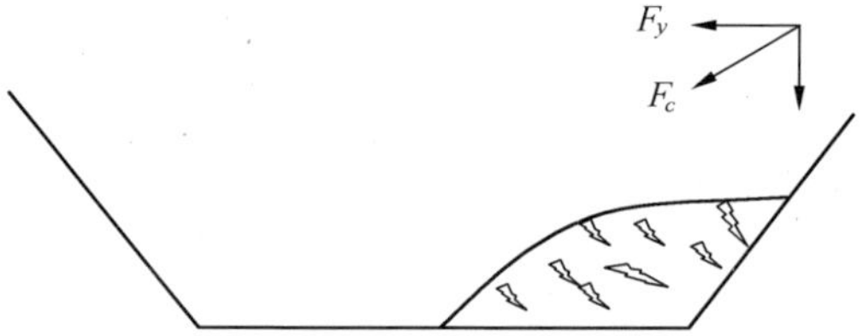

图 15-5 落料点不正时输送带受力情况

对于这种情况下的跑偏，在设计过程中应尽可能地加大两条输送机的相对高度。在受空间限制的带式输送机的上下漏斗，导料槽等部件的形式与尺寸更应该认真考虑。为防止输送带跑偏可在导料槽两侧增加挡料板阻挡物料，以改变物料的下落方向和位置。

（5）输送带本身的问题。如输送带使用时间长，易产生老化变形、边缘磨损，或者输送带损坏重新制作的街头中心不正，这些都会导致输送带两个侧边所受拉力不一致而跑偏。这种情况输送带会向一侧跑偏，最大跑偏在不正的接头处，处理的方法只有对中心不正的接头重新制作，输送带老化变形的给予更换处理。

（6）输送机的张紧装置使输送带的张紧力不够，输送带无载时或少量载荷时不跑偏，当载荷稍大时就会出现跑偏现象。张紧装置是保证输送带始终保持足够的张紧力的有效装置，张紧力不够，输送带的稳定性就很差，受外力干扰的影响就越大，严重时还会产生打滑现象。对于使用重锤张紧位置的带式输送机可添加配重来解决跑偏问题，但不应添加过多，以免使输送带承受不必要的张力而降低其使用寿命。对于使用螺旋张紧或液压张紧的带式运输机可调整张紧行程来增大张紧力。但是，有时张紧行程已不够，输送带出现了永久性变形，这时可将输送带截去一段重新胶接。

(7) 对于设计有凹段的带式输送机，如凹段的曲率半径过小，在启动时如果输送带上没有物料，在凹段区间输送带就会弹起，遇到大风天气时还会将输送带吹偏，因此，最好在输送带运输机的凹段处增设压带轮来避免输送带的弹起或被风吹偏。斗轮堆取料机的下层穿过式输送带在尾车堆料状态时就会产生一个很大的凹段，此处最容易发生跑偏。如果下层输送机有机架下沉，则更会加剧输送带的腾空范围，极易跑偏。因此，在设计阶段应尽可能地采用较大的凹段曲率半径来避免此类情况的发生。

(8) 双向运行带式输送机跑偏的调整。双向运行的带式输送机输送带跑偏的调整比单向带式输送机跑偏的调整要相对困难许多，在具体调整时应先调整某一个方向，然后调整另外一个方向。调整时要仔细观察输送带运动方向与跑偏趋势，逐个进行调整。重点首先应放在驱动滚筒和改向滚筒的调整方向上，其次是托辊的调整与物料落料点的调整。同时应注意输送带在硫化接头时应使输送带断面长度方向上受力均匀，两侧的受力尽可能相等。

二、输送带打滑

(一) 重锤张紧带式输送机输送带的打滑

使用重锤张紧装置的带式输送机在输送带打滑时可添加配重，添加到输送带不打滑为止。

(二) 螺旋张紧或液压张紧带式输送机输送带的打滑

使用螺旋张紧或液压张紧的带式输送机出现打滑时可调整张紧行程增大张紧力。

三、输送带撒料

带式输送机的撒料是一个共性问题，原因也是多方面的，需要加强日常的维护与保养。

(一) 转载点处的撒料

转载点处撒料主要是在落料斗、导料槽等处。如带式输送机严重过载，导料槽挡料橡胶裙板损坏，导料槽处钢板设计时距输送带较远橡胶裙板又比较长会使物料冲出导料槽。

(二) 凹段输送带悬空时的撒料

凹段输送带区间当凹段曲率半径较小时会使输送带产生悬空，此时输送带成槽情况发生变化，因为输送带已经离开了槽形托辊组，一般槽角变小，部分物料便会撒出来。因此，在设计阶段应尽可能地采用较大的凹段曲率半径来避免此类情况的发生。

（三）输送带跑偏时的撒料

输送带跑偏时的撒料是因为输送带在运行时两个边缘高度发生了变化，一边高一边低，物料从低的一边撒出，处理的方法是调整输送带，纠正跑偏。

四、输送带异常噪声

带式输送机运行时其驱动装置、驱动滚筒和改向滚筒以及托辊组不正常时会发出异常噪声，根据异常噪声可判断设备的故障。

（一）托辊严重偏心时的噪声

带式输送机运行时托辊常会发出异常噪声，并伴有周期性的振动。尤其是回程托辊，因其长度较大，自重大，噪声也比较大。产生噪声的原因主要有两个：一是制造托辊的无缝钢管壁厚不均匀，产生的离心力较大；二是在加工时两端轴承孔中心与外圆圆心偏差较大，使离心力过大。

（二）联轴器两轴不同心时的噪声

在驱动装置的高速端电机与减速机之间的联轴器或带制动轮的联轴器处发出的异常噪声。发生这种噪声时应及时对电机减速机的位置进行调整，以避免减速机输入轴断裂。

（三）改向滚筒与驱动滚筒的异常噪声

改向滚筒与驱动滚筒正常工作时噪声很小，发出异常噪声一般是轴承损坏，从轴承座处发出咯咯响声，此时要更换轴承。

五、输送带寿命较短

输送带的使用寿命和耐用程度与其质量有关。带式输送机运行时应保证清扫器可靠好用，回程输送带上应无物料，若无法保证就会发生回程输送带上的物料随回程输送带进入驱动滚筒或改向滚筒，硌坏输送带，还会损坏滚筒表面的硫化橡胶层，使输送带出现破口，降低输送带的使用寿命。选择输送带时可先进行外观检查，看是否存在龟裂、老化等情况。制造后的存放时间也是需要考虑的问题，时间过长最好不考虑采购。

六、输送带凸凹不平

（一）凸段输送带横截面中部起拱

带式输送机的凸段经常在输送带断面方向的中部起拱，即中部凸起，并会使输送带打折，叠起的输送带在进入改向滚筒或驱动滚筒区间后损坏程度会加剧。起拱或打折的主要原因是在输送带横断面的中部和外侧单位长度上的拉力值相差过大。差值的大小和凸段曲率半径、托辊槽角有关，槽角越大，凸段曲率半径越小，起拱与打折越严重。当带式输送机的槽角大于等于 40°时，即使在带式输送输机直段的头部或尾部托辊槽角过渡区间也可能发生起拱和打折，此时应减小槽角或加长过渡区间长度的距离，使输送带槽角缓慢过渡。对于凸段带式输送机应尽可能地增大凸段曲率半径和在满足输送能力的条件下减小托辊槽角。

（二）凸段输送带卡入平辊与斜辊之间

输送带卡入托辊组的平辊和斜辊之间的情况一般会发生在移动式散料运输机械上，如装船机，堆取料机，这类设备的悬臂梁根部位置在悬臂下俯时容易发生这种现象。下俯时相当于输送带出现了凸段，受几何位置尺寸的限制，过渡凸段曲率半径要求的尺寸很难满足，在输送带位于悬臂根部处若仅经过一两组托辊组就形成凸段输送带则会卡入托辊组的平辊和斜辊之间。解决方法是将此处由原来的一两组托辊组形成的凸段改为四组或五组甚至更多组。

（三）凹段启动时弹起或被风吹偏

带式输送机启动时如果输送带上没有物料，在凹段区间输送带就会弹起，遇到大风天气时输送带还会被吹偏，因此，最好在带式输送机的凹段处增设压带轮来避免输送带的弹起或被风吹偏。

七、减速机断轴

带式输送机减速机断轴发生在减速机高速轴上。最常见的是减速机第一级为垂直伞齿轮轴的高速轴。减速机断轴主要有以下 3 个原因。

（一）减速机高速轴设计强度不够

这种情况一般发生在轴肩处，由于此处有过渡圆角，极易发生疲劳损坏，如圆角过小会使减速机在较短的时间内断轴。断轴后的断口通常比较平齐。发生这种情况应当更换减速机或修改减速机的设计。

（二）高速轴不同心

电机轴与减速机高速轴不同心时会使减速机输入轴增加径向载荷，加大轴上的弯矩，长期运转会发生断轴现象。在安装与维修时应仔细调整其位置，保证两轴同心。在大多数情况下电机轴不会发生断轴，这是因为电机轴的材料一般采用 45 号钢，外加电机轴比较粗，应力集中情况要好一些，通常不会断裂。

（三）双电机驱动情况下的断轴

双电机驱动是在同一个驱动滚筒上装有两台减速机和两台电机。在减速机高速轴设计或选用余量较小时比较容易发生断轴现象。不采用液力耦合器的带式输送机驱动此类情况较易发生，这是因为两台电机在启动与运行时速度同步和受力均衡难以保证。采用液力耦合器后断轴现象较少发生，但使用时应注意耦合器加油量不宜过多，以免产生有限力矩，影响耦合器使用寿命。

八、CST 故障

CST 常见故障及处理措施见表 15-1。

表 15-1　CST 常见故障及处理措施

可能性故障状态	故障原因及纠正措施
所有传感器超出测量范围	1. 24 VDC 电源故障。所有模拟传感器为 2 线制，4~20 mA 信号，均由 24VDC 进行供电 2. 检测电源模块、熔断器、安全栅系统
功率信号波动或为零，导致带式输送机由于负载平衡报警停机	1. 功率变送器连接松动或屏蔽措施不正确，确保正确连接、屏蔽层可控接地 2. 检查功率信号变送器工作是否正常，必要时进行模块更换
负载平衡期间，从驱出现振荡，导致带式输送机负载失衡	1. PCV 阀故障，替换 PCV 阀 2. 闭塞阀故障，线圈烧毁或松动，替换线圈或拧紧螺钉（可通过上电的线圈带有磁性来检测线圈好坏）
无报警但带式输送机停机，或在紧停按钮正常时出现紧停动作	1. 运行（启动/停车）信号一直保持为“1”状态。若出现连接松动，会瞬间丢失运行信号，SLC 此时将此作为正常停车信号从而导致停车。拧紧连接并检测信号状态 2. 紧停（E/Stop）信号连接松动，会造成瞬间信号中断。拧紧连接并检测按钮触点状态。脏东西、水油的侵入也会导致触点出现故障
启动期间，CST 加速失败，不能维持满速运行或无离合器压力	1. 检查液压回路。启动电机后，检查系统压力表 PI-4。如果压力过低，调节安全阀 RV，检查过滤器和阀 PRV-1/PRV-2 2. 检查比例阀、放大器。若放大器出现严重偏移则更换放大器 3. 安全阀 PRV-1 有泄漏，更换此阀 4. 25 目过滤器阻塞，更换 5. 液压油过脏，需分析油样
润滑故障	1. Viking 双联泵故障，一级泵不能建立压力 2. 单向阀泄漏，替换 3. 10 目过滤器 FLT-2 阻塞，替换 4. 安全阀 PRV-2 泄漏，替换 5. Y 型过滤器阻塞，清洗。若油中杂质、脏物过多则更换液压油

九、AACM 故障

（一）启机故障

所有使输送机无法正常启机的故障统称启机故障。常见的输送机启机故障有软启动故障、主电动机无集中信号、无启动返回信号、输送机偷停等。

（1）软启故障即 AACM 的故障，是主控操作界面上的常见故障。除了以上温度、压力导致的故障外，软启故障还包括 AACM 循环油泵、耦合器加热、冷却风扇等未工作。AACM 循环油泵、耦合器加热、冷却风扇的配电均由 AP 箱配出。

（2）主电动机无集中信号的原因有系统急停、高压柜五项保护继电器未吸合、高压柜故障（PX 继电器）、高压柜转换开关未打集中、高压柜控制回路断电（熔断器损坏）、高压柜真空接触器未投放到位等。

（3）无启动返回信号可能原因有电磁继电器损坏、接线端子虚接等。

（4）输送机偷停是指输送机在启动一段时间后无故停机，停机后一切信号正常，再次启动可以正常启动的现象。输送机偷停的原因除了还在 AACM 软启动范畴外，还与加热、油泵、风冷、进出油口压力及温度（油箱内、进油口、出油口）有关。

（二）停机故障

常见的输送机停机故障有人为停机、设备保护自动停机、不可抗因素停机。

（1）人为停机主要是指运行司机在运检中发现设备隐患或发生事故时拉绳、按急停等人为停机。

（2）设备保护自动停机主要是指五项保护故障（拉绳、跑偏、打滑、堵塞、撕裂）、高压柜综保仪故障（速断、过流、接地）以及高压柜断相保护、通信故障（通信故障造成的信号传输受阻）等设备保护停机。

（3）不可抗因素停机是指因自然灾害造成的电网停电等停机故障。

十、典型故障库

输送带系统常见故障及处理措施见表 15-2。

表 15-2　输送带系统常见故障及处理措施

故障部位	异常状态	产生原因	排除方法
输送带	跑偏	机架滚筒安装不正	按调整处理
		伸长率不均匀	更换输送带
		接头不正	重新接头
		给料不正	调整给料口
		滚筒面、托辊面粘上粘料	清除粘上的粘料

表15-2(续)

故障部位	异常状态	产生原因	排除方法
输送带	打滑	张力不足	加大张紧力
		滚筒与输送带间夹入异物	清除异物
	带边破损	输送带通过空间过小	加大空间
		跑偏过大，触及异物	调整跑偏
		边胶老化变质	更换边胶
	带面破损	尖物冲击	异物去除，补胶
		滚筒面与输送带夹入尖物	清除异物，补带
电动机	声音异常和振动	轴承损坏	更换轴承
		缺相运转	接通相线
		螺栓松动	拧紧螺栓
	过热	输送带张力过大	调整张力
		轴承异常	排除或更换
耦合器	油温升高	油量不足	按规定补充油量
		油变质	更换
		超载	调整载荷
		频繁启动	减少启动次数
	漏油	密封圈损坏和松动	更换或固紧
		易熔塞熔化	更换
	噪声大	轴承磨损	更换
		电机与减速器轴不同心	重新调整
	冲击声	半联轴节销严重破损	更换
托辊	声音异常	轴承损坏或密封件脱落	更换
		缺油	补油
	不转	与输送带不接触	调整安装
		轴承卡死	检修或更换
	脱落	支柱豁口磨损严重或变形	检修、更换支架
滚筒	传动滚筒转速过低	电机达不到额定转速	检修电机
		耦合器充油量过小	按规定补油
		闸瓦间隙过小	调整制动器
		输送带卡住	排除卡住部位
	声音异常	轴承座内轴承磨损	更换
		螺栓松动	紧固

表15-2(续)

故障部位	异常状态	产生原因	排除方法
滚筒	温度异常	轴承磨损	更换
		轴承游隙过小	调整紧定套
		润滑油不足	补充
	胶面破损	刮伤、磨损	修补，更换滚筒体
		夹进尖物	清除，修补
	端盖漏油	密封圈损坏	更换
		端盖加工超差	涂密封胶或更换端盖
	胶面粘料	清扫效果不好	调整清扫器，加强清扫
清扫器	振动异常	输送带破损	修补输送带
		安装角度有误	调整
		刮片和刮板磨损不均	更换或调整
	清扫效果差	刮片或刮板间隙大	重新调整
		紧固螺栓松动	紧固
		刮片和刮板磨损不均	更换或调整
导料槽	裙板磨损	间隙过小	调整
	溢料	间隙过大	调整
	楔块脱落	卡紧力不足	重新组装
拉紧部位	滑轮、车轮不转	卡死	检修、保养
	钢绳断丝	锈蚀严重	加防锈油或更换
	拉紧后钢绳缓慢松弛	制动力矩不足或闸瓦间隙过大	调整主弹簧和闸瓦间隙
	拉紧小车频繁动作	拉力整定值给得过小	加大整定值范围
	拉紧滚筒歪斜	钢绳拉力不均、垂直拉紧重锤箱偏载	重新调整
		螺旋拉紧螺杆锁紧长度不等	
制动器	闸瓦不能完全打开	各铰接点轴孔或轴销磨损过大	消除间隙或更换零件
		闸瓦两端紧固螺母松动	拧紧
	制动时间大	主弹簧太松	调整主弹簧压缩行程
		杠杆行程不够	按规定调整行程
		制动轮、闸瓦沾有油污	擦净

表15-2(续)

故障部位	异常状态	产生原因	排除方法
制动器	闸瓦温升高	单边闸瓦与制动轮接触	调整闸瓦间隙
	通电后推杆不动作	电气线路有毛病	检修
		推杆卡滞	检修
		单向阀、补偿阀密封圈破损	更换
	推杆行程小于规定值	缺油	加油补充
		工作腔内有气体	排气
		补偿行程超出规定的最大值	调整
	推杆上升后自动缓慢下沉	密封圈磨损或严重变形	更换
		动铁芯阀片密封不严	消除可能残存的杂质
		单向阀漏油	更换
	推杆上升缓慢	主弹簧太紧	调整主弹簧长度
		线圈两端电压过低	消除
	断电后推杆下降缓慢	隔磁环漏装	重新装上
		线圈两端电压不能及时消失	检修
		推杆卡滞	检查是否弯曲
	频繁操作时推杆行程逐渐减小	油缸上的凸包与静铁芯两个孔未对正或线圈上月牙形垫堵住油孔	重新调整
	漏油	O形环不良	更换
	漏油	过量加油	把油排放到基准点
	线圈磨损	因混入水、油等异物引起的绝缘变化	检修
漏斗	堵料	堵塞保护不起作用	调整安装
		大块卡在漏斗口	清除
		漏斗口过小	改造出口，满足要求
	给料不正	漏斗口给料方向不正	加适当挡板改变料流方向
	漏料	衬板磨露	换衬板，补漏斗壁
	振动	螺栓松动或刚性小	紧固螺栓或加补强板
减速器	漏油	润滑油过多	放油、使油面达到指定刻度线
		结合面嵌入异物	修平结合面，除去异物
		紧固螺栓、排油螺栓松动	拧紧螺栓
	声音异常	润滑油不足	加到规定刻度线
		轴承损伤或间隙过小	更换或调整间隙

表15-2(续)

故障部位	异常状态	产生原因	排除方法
减速器	声音异常	齿轮接触不良或磨损	改善齿面接触状态或修整、更换
		紧固件松动	固紧
	温度异常	润滑油不足或过量	充进或放出，使油面正常
		轴承损伤或间隙变化	更换或调整间隙
		齿面异常磨损	修补或更换
		超负荷运行	减轻负荷
	振动异常	与电机轴安装超差	调整安装精度
		紧固件松动	拧紧螺栓
机架类	拉筋振幅过大	拉筋长、中间又未固定	倍上拉筋、中间加垫板焊上
	立柱弯曲	受力过大	加筋板和拉筋加固
	架体振动异常	刚性差或螺栓松动	加必要的筋板和拉筋、螺栓紧固
	油漆脱落	除锈不净、潮湿或碰撞	补漆
	焊缝开裂	制造质量差	补焊
保护装置	开关不动作	触点接触不良	安装调整、打磨触点
	输送带跑偏量过大或过小	跑偏开关安装位置过远或过近	重新安装调整
	打滑摩擦轮不转	触轮沾水或压力不足	除水或加大压力
	堵塞不起作用	弹性板环或开关失灵	调换弹性板或检修开关
	料流信号失常	摆臂过短或胶板磨损严重	重新调整或更换
卸矿车	飘带	压带辊安装过高	调整压带辊
		输送带张力过大	调整输送带张力装置
	电缆过紧和过松	电缆卷筒与行走不同步	调整电缆卷筒使其同步
	行走不到位	行程开关接触不良	检修开关或更换

十一、辅助设备故障

1. 除尘器常见机械故障及处理措施

具体措施见表15-3。

2. 空气压缩机的故障与排除

1）风机振动剧烈

（1）风机轴与电机轴不同心。

（2）机壳或进风口与叶轮摩擦。

表 15-3 除尘器常见机械故障及处理措施

故障表现	故障位置	出现故障原因	故障排除
清灰失效 阻力上升	1. 主风机工况不适 2. 空压机工况不适 3. 电磁脉冲阀故障 4. 提升阀故障 5. 滤袋故障	1. 风量太大，滤速太高 2. 空气压力太低 3. 脉动频率不符 4. 提升不到位或不密封 5. 粉尘堵塞、糊袋	1. 适当关小风量调节阀 2. 调整或调换空压机 3. 调整清灰周期 4. 修整提升机构 5. 更换滤袋、旧袋清洗
集尘率低 排放超标	1. 净气室内花板粘尘 2. 排气出口浓尘	1. 滤袋安装不良，滤袋破损 2. 密封门关闭不严	1. 重新安装滤袋 2. 更换滤袋或关紧密封门
粉尘排不出	电动卸灰阀故障	粉尘与阀叶黏结	清理卸灰阀
卸灰机构 失灵	1. 减速机不转 2. 联轴销断裂 3. 联轴器断裂	1. 减速机损坏 2. 卸灰阀卡住 3. 卸灰阀卡住	1. 检修或更换减速机 2. 更换联轴销 3. 更换联轴器

（3）基础的刚度不够或不牢固。

（4）叶轮铆钉松动或叶轮变形。

（5）叶轮轴盘孔与轴配合松动。

（6）叶片有积灰、污垢或被磨损、腐蚀或轴弯曲使转子产生不平衡。

（7）风机进、出口管道安装不良，产生共振。

（8）机壳、轴承座与支架、轴承座与端盖等连接螺栓松动。

2）轴承温度过高

（1）轴承座振动剧烈。

（2）润滑剂黏度不对、变质或含有异物；润滑剂填充不足或过多。

（3）滚动轴承损坏或轴弯曲；轴承内环或外环配合公差过松或过紧。

十二、电气系统常见故障及处理方法

除尘器常见电气故障及处理措施见表 15-4。

表 15-4 除尘器常见电气故障及处理措施

常见故障	可能原因	解决方法
空气压缩机 不工作	参见《空压机操作手册》	
除尘风机 不启动	1. PLC 电源、控制回路电源开关没有闭合 2. 交流电动机起动器脱扣 3. 中间继电器不正常 4. 交流接触器不正常 5. 控制回路接线松动 6. “控制方式”转换开关没有在自动位置	1. 闭合 PLC、控制回路电源 2. 检查脱扣原因，排除故障后合上起动器 3. 更换中间继电器 4. 更换交流接触器 5. 参见图纸，拧紧松动线路 6. 将“控制方式”转换开关转到自动位置

表15-4(续)

常见故障	可能原因	解决方法
卸灰阀不起动	1. PLC 电源、控制回路电源开关没有闭合 2.“控制方式”转换开关没在自动位置 3. 交流电动机起动器脱扣 4. 交流接触器不正常 5. 控制回路接线松动	1. 闭合 PLC 电源、控制回路电源 2. 将“控制方式”转换开关转到自动位置 3. 检查脱扣原因，排除故障后合上起动器 4. 更换交流接触器 5. 参见图纸，拧紧松动处

十三、五项保护常见故障及处理

(一) 现场开关接线

拉绳、跑偏、堵料、打滑等开关的内部接线一致。

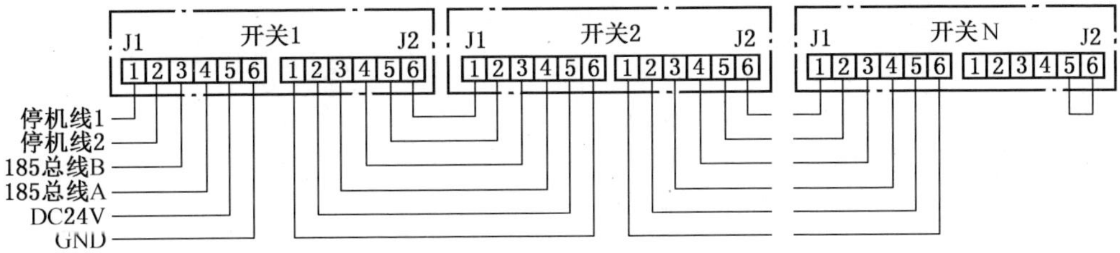

图 15-6 拉绳开关内部接线

拉绳开关内部接线如图 15-6 所示，图中：J1 列 1~6 号端子接来自综保仪方向的总线电缆，1 号、2 号为停机线，1 号为停机回程线，接白色，2 号为停机输入线，接蓝色；3 号、4 号为 485 总线，3 号为 B，接黄色，4 号为 A，接绿色；5 号、6 号接电源输入，5 号为 DC24V，接红色，6 号为 GND，接黑色。

为方便说明 1~6 号，J2 列端子命名为 7~12。7~12 号端子接后继总线电缆，7 号、8 号为电源输出，7 号为 GND，接黑色，8 号为 DC24V，接红色。9 号、10 号为 485 总线，9 号为 A，接绿色，10 号为 B，接黄色。11 号、12 号接停机线，11 号为停机输入线，接蓝色，12 号为停机回程线，接白色。

在处理输送机综保故障时，查找故障拉绳过程中常用短接停机线的方法。短接 1 号、2 号线时，不包括此拉绳在内的前端拉绳开关有效，后端拉绳开关无效；短接 11 号、12 号时，包括此拉绳在内的前端拉绳开关有效，后端拉绳开关无效；短接 2 号、11 号时，此拉绳开关无效，其余拉绳开关全部有效。

打滑接线如图 15-7 所示，图中，电缆 02-RS485-6 为专用通信电缆，来自主机方向。其中，01-1 为停机回程线，01-2 为停机输入线，01-3 为 485 总线 B，01-4 为 485 总线 A，01-5 为 DC24V，01-6 为 GND。

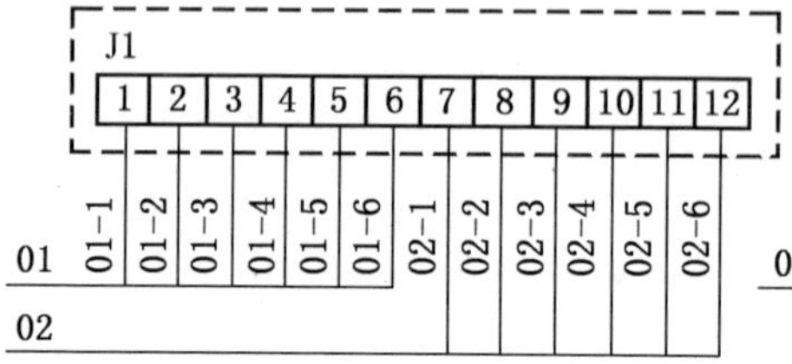

图 15-7 打滑接线图

电缆 02-RS485-6 为专用通信电缆，接下一结点。其中，02-1 为 GND，02-2 为 DC24V；02-3 为 485 总线 A，02-4 为 485 总线 B；02-5 为停机输入线，02-6 号为停机回程线。

电缆 03 为改向滚筒传感器随机电缆。其中，03-1 为 DC12V 输出；03-2 为 GND 输出；03-3 为传感器信号输入。

电缆 04 为驱动滚筒传感器随机电缆。其中，04-1 为 DC12V 输出；04-2 为 GND 输出；04-3 为传感器信号输入。

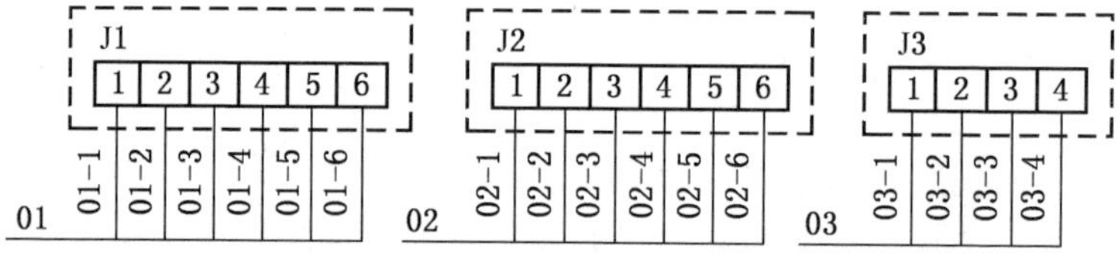

图 15-8 堵塞、纵撕开关接线图

堵塞、纵撕开关接线如图 15-8 所示，图中，电缆 02-RS485-6 为专用通信电缆，来自主机方向。其中，01-1 为停机回程线，01-2 为停机输入线，01-3 为 485 总线 B，01-4 为 485 总线 A，01-5 为 DC24V，01-6 为 GND。

电缆 02-RS485-6 为专用通信电缆，接下一结点。其中，02-1 为 GND，02-2 为 DC24V，02-3 为 485 总线 A，02-4 为 485 总线 B，02-5 为停机输入线，02-6 号为停机回程线。

电缆 03 为改向滚筒传感器随机电缆。其中，03-1 为 DC12V 输出，03-2 为 GND 输出，03-3 和 03-4 为传感器信号输入（堵塞开关无 03-4 线）。

(二) 现场五项保护开关故障处理

1. 常见拉绳开关故障

主控室屏幕画面显示拉绳故障，清除不掉，可能原因有：

(1) 低压配电柜内拉绳开关电源没电。

(2) 拉绳开关内电路板损坏。

(3) 现场某个拉绳开关没有恢复到初始状态。

(4) 通信故障。

2. 常见跑偏开关故障

主控室屏幕画面显示二级跑偏故障，清除不掉，可能原因有：

(1) 跑偏开关机构故障，没有恢复到初始状态。

(2) 低压配电柜内跑偏开关电源没电。

(3) 通信故障。

3. 空压机常见故障及处理

(1) 失电故障：空压机动力电源/控制电源失电。

处理方法：查动力电源、控制电源是否有电。

(2) 马达温度升高：马达启动过于频繁、负载过重，马达冷却不够充分，电机本身或轴承有问题。

处理方法：限制马达启动次数，降低加载设定压力。

(3) 压缩机温度升高：压缩机出口的油气混合气温度到 120 ℃。

处理方法：保持空压机通风良好，检查散热器无杂物覆盖，散热器散热良好，检查空压机油位，冷却风扇、温度传感器。

(4) 压力过高：压缩机出口压力到 1.5 MPa 跳闸。

处理方法：查加载设定压力是否高过压力传感器等，联系检修检查压力调节阀和减荷阀。

(5) 压力传感器故障：空压机各管线压力、温度及传感器接线有问题。

处理方法：联系检修或厂家。

(6) 电机转向错误：电机接线错误或电机启动时星/三角不能正常切换、压缩机本体上的转向信号传感器故障引起空压机报电机转向错误。

处理方法：联系检修查电机相序接线是否正确。

(7) 保养期满：空压机保养时间到期并超过了 100 h。

处理方法：联系检修对空压机进行保养，保养完毕后由运行人员将保养时间重新设定。

(8) 电磁阀故障：电磁阀松动或引线接头松动、断开。

处理方法：联系检修处理。

（9）冷却系统故障：空压机冷却风扇不转或有一个不转，风扇变形，风扇继电器老化故障，接线松动。

处理方法：联系检修查电机及电机接线是否完好。

（10）胶带失效：空压机驱动电机与压缩机的连接胶带损坏。

处理方法：联系检修换胶带。

（11）油压低：空压机油不足、油管路渗漏油现象、油泵进口滤网堵、油压调整（过压阀），油压调整弹簧出现卡涩泄压后不复位等。

处理方法：将空压机油位补充到正常位置，联系检修处理。

（12）外部故障：空压机电气保护回路接线或热控监测回路有问题。

处理方法：联系检修处理。

（13）空压机系统母管压力低：空滤堵，压缩机进气管漏气坏，空压机进气电磁阀故障不能正常开关，系统及管线有漏气，设备用气量增大，干燥器管路堵。

（14）空压机频繁负载、卸载：空压机的负载压力及卸载压力调整不当。

（15）空压机漏油：空压机箱体内进、回油管线连接部位不严，空压机储油罐油量太多，回油管堵，油分离芯损坏，油封坏。

4. 电动葫芦常见故障及处理

1）按启动开关后电电动葫芦不工作

产生这种现象主要是因电动葫芦没接通额定工作电压，无法工作，可以从以下三方面进行检查：

（1）供电系统是否对电电动葫芦电源送电，可用试电笔进行测试，如没送电，等送电后再工作。

（2）电动葫芦主、控回路的器件损坏、线路断开或接触不良，也会使电动葫芦电机无法通电。出现这种情况，需要检修主、控回路，检修时，为了防止主、控回路送给三相电机的电源缺相而烧毁电机，或电动葫芦电机突然得电运转，一定要将电动葫芦电机从电源线路上断开，只给主、控回路送电，然后点动启动和停止开关，检查分析控制电器及线路的工作情况，对有问题的电器或线路进行修复或更换。确认主、控回路无故障后方可重新试车。

（3）电动葫芦电机端电压比额定电压低 10% 以上，电机启动转矩过小，使电动葫芦起吊不动货物而无法工作。检查时，用万用表或电压表等测量电机输入端电压，确因电压过低而无法起动时，需要等系统电压恢复正常后再使用电动葫芦。若电动葫芦电机的电压正常，可电动葫芦就是不工作，这时需要考虑其他原因。如电机被烧毁，检修时需要更换电机；电动葫芦长期不用，保养不善等原因使制动轮与端盖锈死，起动时制动轮脱不开，电机发出“哼”的响声却转动不起来，电动葫芦不工作，这时应卸下制动轮，清洗锈蚀表面，然后重新试车；电机严重扫膛也会使电机不转动，发现这种情况应停止使用，必须进行大修或更换电机，以保证电动葫芦正常工作。另外，生产中严禁超载使用电动电葫芦，当货物过度超载时电葫芦吊不动货物，电机仅发出“哼”的响声而不运转，严重时还会烧毁电机，甚至引发事故，这时应立即停机，减轻货物，使电动葫芦在额定功率下工作。

2）电动葫芦运行时出现异常响声

电动葫芦的很多故障如控制电器、电机或减速器等故障往往伴随着异常噪声，这些噪声的位置及高低、音别随故障原因不同而有区别，检修时要多听多看，可以利用或根据故障响声特点确定发出响声的位置，寻找和检修故障。

（1）异常噪声发生在控制回路上，发出“哼”的噪声，一般是接触器出现了故障（如交流接触器触头接触不良、电压等级不符、磁芯被卡等），应对故障接触器进行检修，无法检修时必须更换，处理后，噪声自行消除。

（2）电机发出异常噪声，应立即停机，检查电机是否存在单相运转、轴承损坏、联轴器轴心不正及“扫膛”等现象，这些都会使电机有异常响声。不同故障的响声位置及高低、音别不同：单相运转时，整个电机发出有规律忽强忽弱的“嗡嗡”声；轴承损坏时，会在轴承附近发出“咯噔-咯噔”的“嗡嗡”声；联轴器轴心不正时，或电机轻微扫膛，整个电机发出极高音的“嗡嗡”声，并不时伴随着尖锐刺耳的声音。总之，应根据噪声的不同找出故障，逐项进行检修，恢复电机正常性能。当电机故障未处理时，禁止使用电动葫芦。

（3）异常噪声从减速器发出，减速器出现故障（如减速箱或轴承缺润滑油、齿轮磨损或损坏、轴承损坏等），这时应停机检查，首先确定减速器的减速箱或轴承在使用前是否加了润滑油，使用中是否定期更换润滑油，如没有按要求润滑，减速器不仅会产生过高的“嗡嗡”声，还会过度磨损或损坏齿轮及轴承。为了防止故障扩大，无论减速器齿轮过度磨损或损坏，还是减速器轴承损坏，都需要立即拆卸检修或更换，消除故障，降低噪声。

3）制动时停机下滑距离超过规定要求

电动葫芦长期停用时，有人误调整制动调整螺母，或制动环磨损过大，使制动弹簧压力减小，制动力降低，当停机时，制动不可靠，下滑距离超过规定要求，这种情况只要按电动葫芦说明书要求重新调整制动螺母即可。但工作中应注意，起升重物时，禁止调整、检查和维修制动器。有时调整了制动螺母，停机下滑距离仍超过规定要求，碰到此类情况就要考虑其他原因。首先，先拆开制动环，检查制动面上是否粘有油污，如粘有油污，摩擦因数降低会使制动时打滑，下滑距离超过规定要求，仅调整制动螺母用处不大，这时只有彻底清洗制动面

(清洗易用轻质汽油)，恢复制动面摩擦因数。其次，如制动环松动或损坏，制动环无法保证有效制动，只能更换制动环；有时发现制动环未损坏，仅制动环与后端盖锥面接触不良，制动时制动面接触过少，制动力过小，使下滑距离超过规定要求，检修时，为了增大制动力，应查找出接触不良的位置再进行修磨，增大制动时的接触面，无法修磨时要更换配件；电动葫芦电机联轴器窜动不灵或卡死，停机后，制动环与后端盖锥面接触不良或无法接触，使电动葫芦制动效果时好时坏，这类情况下应对联轴器进行检修或更换。制动器压力弹簧长期使用产生疲劳，弹簧力变小，停机时易制动不牢固，这时应更换弹簧，重新调整制动力。

4）电动机温升过高

先应检查电动葫芦是否超载使用，超载导致电机发热，长期超载将烧毁电机；电机未超载但仍发热，应检查电机轴承是否损坏；还应检查电机是否按规定工作制工作，这也是引起电机发热的原因之一，使用时应严格按电机工作制工作。电机运转时制动器间隙太小，未完全脱开，产生很大的摩擦力，摩擦发热的同时也相当于增加了附加载荷，使电机转速降低，电流变大产生热量，此时应停止工作，重新调整制动间隙。

5）重物升至半空，停车后不能再启动

先检查系统电压是否过低或波动是否过大，如是这种情况，只有等电压恢复正常后再启动。此外还要注意三相电机运转中是否缺相，这也会导致停机后无法启动，此时需要检查电源相数。

6）不能停车或到极限位置仍不停车

这类情况一般是接触器的触头熔焊，当按下停止开关时，接触器的触头不能断开，电机照常运转，电动葫芦不停车。极限位置如果限位器失灵，电动葫芦不停车。出现这种情况要立即切断电源，使电动葫芦强行停车。停车后，检修接触器或限位器，严重损坏无法修复的必须更换。

7）减速器漏油

（1）减速器箱体与箱盖之间，密封圈装配不良或失效损坏，应拆下检修或更换密封圈。

（2）减速器连接螺钉未拧紧，停机后应拧紧螺钉。

（3）电机扫膛，原因是电机轴上支承圈磨损严重，转子铁心产生位移，或因其他原因使定子铁心位移，造成电机锥形转子与定子间隙太小。电机发生扫膛后，应拆下支承圈进行更换，调整定子、转子锥面之间的间隙使之均匀，或送到维修厂修理。

5. 电子输送带秤的故障检查与处理

电子输送带秤主要由安装于带式输送机现场的秤架（称重桥架）及安装其

上的称重托辊和托辊架、轴承（含橡胶耳轴）或簧片支点、称重传感器及其连接件、测速传感器及其连接件、接线盒及安装于仪表（控制）室内的称重显示仪表计算器组成。其故障一般出现在安装于带式输送机现场的各部分。

1）现场外观检查与处理

当一台电子输送带秤计量性能变差时，应当先进行现场外观检查。检查秤架是否被物料或其他物体卡住，各支点轴承或簧片是否有问题，称重托辊转动是否正常，测速滚轮或滚筒转动是否正常等。当秤架被卡住时，应及时将卡物清除掉；如果支点轴承或簧片损坏，应及时更换；如果各转动部分不灵活，应及时加润滑油，加油不能解决问题时，应清洗或更换有关轴承。外观检查未发现异常时，应当根据具体情况对接线盒或测速传感器及其连接件系统或称重传感器进行检查。

2）接线盒的检查与处理

检查接线盒盒盖是否盖严，若未盖严，应采取有效措施，保证盒盖始终处于盖严状态。检查盒内是否有灰尘、是否潮湿。盒内有灰尘时，应当用毛刷清扫。盒内潮湿时，应用电吹风吹干。接线盒损坏或密封效果差时，应当更换接线盒或对接线盒采取防水防尘措施。

检查各正在使用的接线端子是否锈蚀，如有锈蚀，应将电缆线接头换至备用端子；若无备用端子，应当更换接线端子。检查各电缆线接头连接处是否有断线或接触不良现象，如有断线或接触不良，应重新连接。

3）测速传感器及其连接件系统的检查与处理

当怀疑测速传感器及其连接件系统有问题时，可检测输送带转整圈或数整圈时电子输送带秤仪表收到的测速传感器发出的脉冲数，看其是否基本一致或检测电子输送带秤半自动调零的时间，看其是否基本一致。当检测数据之间偏差较大时，说明测速传感器及其连接件系统有问题。

当判断测速传感器及其连接件系统有问题时，应打开测速传感器外壳进行检查。测速传感器及其连接件系统出现故障多数是测速电机与测速滚轮或滚筒之间的连接轴上紧固测速电机轴的顶丝松动或测速接近开关的紧固螺帽松动。此外还会出现测速电机断轴或测速接近开头的紧固螺帽紧固时力矩过大造成测速接近开关断裂，测速电机内部接触不良或测速接近开关内部损坏等故障。

有些电子输送带秤，紧固顶丝或紧固螺帽松动的现象时有发生。解决的办法是，在顶丝或螺帽的螺纹上涂上少量的密封胶或输送带胶，然后用适当的力矩紧固，待胶凝固后再使用。切忌使用金属黏结剂，否则以后需要拆卸时造成拆卸困难。如果已经使用了金属黏结剂造成拆卸困难，可以采用局部加热的方法进行拆卸。测速电机断轴或测速接近开关断裂时应当予以更换。如果怀疑测速电机或测否符合安全作业条件，如果不符，坚决制止作业。

（2）加强检修作业前和作业后的检查力度，在检修过程中建立工作票制度，当作业完成后，要通知现场岗位司机，经过检修人员与现场岗位人员双方检查合格，岗位司机在工作票上签字确认后，方可离开作业现场。

（3）加强同主控的沟通联系，如果维修人员没有与岗位司机进行现场交接，维修人员不能撤离工作现场，必须经主控室与运行单位联系等待现场岗位人员到达作业现场进行交接完成后，维修人员方可撤离作业现场。

（4）加强检修作业人员安全作业规程和操作规程以及各种补充规定的学习。

（5）严肃纪律，杜绝工作现场一切明火危险源，包括现场吸烟。

（6）加大防火期的宣传和教育工作。

（7）严格执行联合作业规程，当维修人员到达现场进行维修作业时，运行人员必须进行现场跟踪督促检查工作。

（8）要加强事故责任追究的力度，对监督指导不到位、安全技术培训不及时所发生的违章行为追究管理人员的责任，对违章行为的发生要从根源上进行分析，查找管理方面原因，严格执行安全生产问责制。加强对违章作业的查处力度，对日常检修、维护的管理力度要加大。强化安全生产技术的培训，提高员工的整体素质，杜绝各类安全事故的再次发生。

四、带式输送机输送带断头事故

（一）事故经过

2012 年 10 月 20 日白班，接班后检查 121 设备及输送带为正常。11 时 40 分主控通知启机，给电厂上煤，巡检人员在 12 时 30 分巡视检查一切正常，设备运行到 13 时 30 分主控监屏员发现 1233 输送带异常，通知当班巡检人员到现场检查，巡检人员检查确认 121 输送带接头断裂，随后报告主控调度，13 时 40 分左右队长、值长、主任到现场指挥处理。

（二）事故原因

（1）121 输送带接头粘接时间较长（已使用 5 年）。

（2）121 输送带由于设备故障及其他原因，带料停机，再次启机，使输送带承受过大拉力而对输送带接头造成损伤。

（3）输送带粘接材料不符合标准。

（三）整改措施

（1）加强输送带接头巡视力度，发现异常情况及时汇报处理。

（2）使用探伤仪，不定期对所有输送带接头进行检测。

（3）加强输送带粘接质量，严格按照输送带粘接工艺进行粘接。

五、采样机采样头损坏输送带事故

（一）事故经过

2013 年 10 月 14 日运行二部运行 B 队零点班，主控调度根据生产情况在 1 时启 701 号输送带上仓补煤，当运行到 2 时 30 分输送带突然停机，经本区域巡检人员检查发现 701 号输送带在其采样机处，被采样头穿破，纵向撕裂 13 m，事故现场实况如图 16-2 所示。

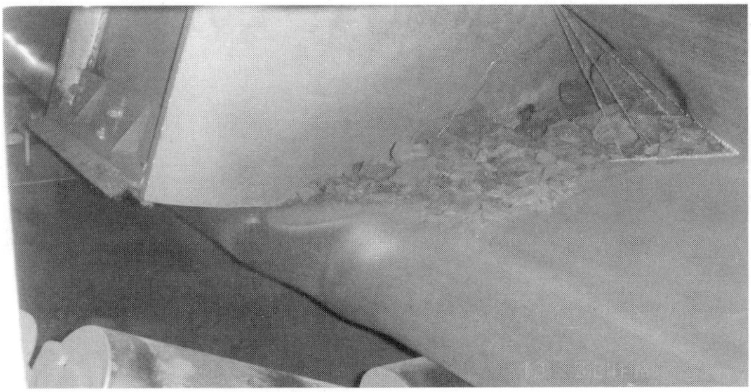

图 16-2　事故现场实况

（二）事故原因

101 号采样设备运行时，采样头与输送带的垂直高度过近是导致本次事故的直接原因。（经现场测量，采样头在运行时其轨迹距输送带两侧边缘各 15 mm，位于输送带中心位置时采样高度为 45 mm，当输送带有瞬间的跑偏或因托辊黏料发生小量抖动时，采样头将横向刮伤输送带。）

（三）预防措施

（1）普查各系统中部采样机采样头运行轨迹距离输送带的高度。

（2）将系统各输送带上的采样头，由钢质材料改造成硬质塑料板材，以减少采样头对输送带的损伤。

（3）降低采样头底下及附近的托辊架槽角，防止输送带进入挡料板内。

（4）停机时要对设备全面检查。

（5）各级管理人员要定期检查巡检人员对设备的检查情况。